Kai Bronner und Rainer Hirt (Hrsg.)

Audio-Branding

Entwicklung, Anwendung, Wirkung
akustischer Identitäten in
Werbung, Medien und Gesellschaft

Band 5

Kai Bronner und Rainer Hirt (Hrsg.)

Audio-Branding

Entwicklung, Anwendung, Wirkung
akustischer Identitäten in
Werbung, Medien und Gesellschaft

Verlag Reinhard Fischer
MÜNCHEN

Redaktion PRAXISFORUM MEDIENMANAGEMENT
Prof. Dr. Mike Friedrichsen
Lehrstuhl für Medienmanagement
Universität Flensburg
Internationales Institut für Management
Munketoft 3 b
24937 Flensburg
friedrichsen@uni-flensburg.de

ISBN 978-3-88927-411-3

© Verlag Reinhard Fischer, Weltistr. 34, 81477 München, 2007
www.verlag-reinhard-fischer.de
Druck und Bindung: docupoint, Magdeburg

Inhaltsverzeichnis

E. Zwischentöne:
Neue Medien, Popstars, Filmmusik und Hörmarken

F. Klang im Orchester der Sinne:
multisensuelle Kommunikation

Vorwort

Nachdem sich über das Online-Informationsportal für Audio-Branding und Corporate Sound www.audio-branding.de ein Netzwerk von Experten aufgebaut hatte, über das man Meinungen, Informationen sowie Tipps über die spärlich gesäte Fachliteratur austauschte, reifte schließlich die Idee, eine Publikation zum Thema herauszugeben und damit auch die bestehende Informationslücke zu schließen.

Über Format, Aufbau und Inhalte des Buches wurde man sich schnell einig: Um der Interdisziplinarität der akustischen Markenführung gerecht zu werden sowie den Stellenwert von akustischen Identitäten deutlich zu machen, aber auch um die Einordnung in einen gesellschaftlichen Gesamtkontext zu ermöglichen, muss das Thema von verschiedenen Seiten beleuchtet werden! Das heißt, einzelne Artikel von Experten aus den relevanten Fachgebieten wie Markenmanagement, Werbung, Sounddesign und Musikwissenschaft sollen in einem Sammelband zusammen geführt werden.

Bei der Auswahl der einzelnen Schwerpunkte haben wir uns daran orientiert, das Thema möglichst breit aufzuarbeiten, um die unterschiedlichen Facetten hervorzuheben, ohne jedoch wissenschaftliche Theorien und Hintergründe über Gebühr zu strapazieren. Der Praxisbezug steht im Vordergrund. Interessierte Leser, die einzelne Punkte weiter vertiefen möchten, finden dafür am Ende der jeweiligen Artikel Hinweise auf weiterführende Literatur.

In diesem Fachbuch sind die Autoren Experten auf ihrem Gebiet, weshalb auch nicht jeder verwendete Fachbegriff erklärt wird. Anders sieht es allerdings bei der Fachterminologie im Bereich des Audio-Branding aus. Hier gibt es noch keine einheitliche Sprachregelung, da es sich bei der akustischen Markenführung – z. B. im Vergleich zum visuellen Corporate Design – um eine noch sehr junge Disziplin handelt.

Es ließ sich deshalb auch nicht ganz vermeiden, dass in den Artikeln noch verschiedene Bezeichnungen und Synonyme vorkommen. Ein wesentliches Ziel des Buches aber ist es, die Grundlage für ein gemeinsames Sprachverständnis zu legen. Damit der Leser nicht unnötig irritiert wird, haben wir an den Anfang ein Glossar mit den wichtigsten Audio-Branding-Fachbegriffen und ihren entsprechenden Synonymen gestellt. Zum besseren allgemeinen Verständnis haben wir das Glossar um klangliche sowie markentechnische Grundbegriffe ergänzt.

Die zahlreichen Querverweise innerhalb der Artikel (❧ vgl. Artikel Autor XY) zeigen nicht nur die verschiedenen Zusammenhänge und Verbindungen zwischen den einzelnen Themenschwerpunkten des Buches, sondern machen auch deutlich, dass es sich bei der akustischen Markenführung um ein interdisziplinäres Fachgebiet handelt.

Wenn man soviel über Klang liest, möchte man natürlich auch etwas hören. Deshalb gibt es auf der Internetseite www.audio-branding.info Hörbeispiele zu den Artikeln. Falls es Audio- bzw. Videomaterial im Internet gibt, ist das am Ende der Artikel durch folgendes Symbol ⦅◀www⦆ gekennzeichnet. Die Internetseite zum Buch bietet darüber hinaus weitere Informationen sowie Gelegenheit zum Wissensaustausch und zur Diskussion.

Die akustische Markenführung steht erst am Anfang ihrer Entwicklung und dieses Buch kann nur eine Momentaufnahme des derzeitigen Standes wiedergeben. Die hier beschriebenen Prinzipien und Grundlagen werden aber auch noch in Zukunft von Bedeutung sein.

Wir wollen an dieser Stelle unseren Dank zunächst an Prof. Dr. Friedrichsen richten, in dessen Reihe *Praxisforum Medienmanagement* wir diesen Sammelband veröffentlichen durften. Auch sind wir unserem Verleger Reinhard Fischer für die unbürokratische und angenehme Zusammenarbeit sehr dankbar.

In besonderem Maße haben wir natürlich allen Autoren zu danken, ohne deren Kooperation und Einsatzwillen diese Publikation erst gar nicht möglich gewesen wäre. Nicht zuletzt sind wir all denjenigen zu Dank verpflichtet, die uns Inspiration und Motivation waren, uns mit Informationen versorgten, Anregungen gaben, Korrektur lasen oder uns auf irgendeine sonstige Weise unterstützten und somit zum Gelingen dieses Buch-Projektes beitrugen.

Die Herausgeber
Kai Bronner und Rainer Hirt

Glossar

A. Fachbegriffe Audio-Branding

Brand versus Corporate

Mit dem Begriff ‚Corporate' bezieht man sich auf ein gesamtes Unternehmen und mit ‚Brand' direkt auf eine einzelne Marke. So sind die Gestaltungsrichtlinien des Unternehmens DaimlerChrysler im Corporate Design zusammengefasst, wogegen es für die zum Unternehmen gehörende Automobilmarke Mercedes-Benz ein eigenes Brand Design gibt. Dementsprechend spricht man vom ‚Corporate Sound' oder ‚Brand Sound' (siehe dort). Bei Marken, die sich auf das Unternehmen als Ganzes beziehen – wie z. B. bei der *Lufthansa* –, spricht man auch vom Corporate Brand (Corporate Sound).

Akustische Leitidee

Aus der Markenidentität abgeleitete Kreatividee für die akustische Ausgestaltung der Marke, analog zur visuellen Gestaltungsidee eines Brand Design (Corporate Design).

Akustische Markenführung

Der Management-Prozess der akustischen Markenkommunikation. Die Hauptziele sind dabei Bekanntmachung, Differenzierung und Identifikation der Marke.

Audio-Branding
(Sound Branding, Sonic Branding, Acoustic Branding)

Der *Prozess* des Markenaufbaus und der Markenpflege durch den Einsatz von akustischen Elementen (der Audio-Branding-Elemente) im Rahmen der Markenkommunikation.

Brand Sound, Corporate Sound

Die akustische Dimension des Brand Design (Corporate Design). Spiegelt die akustische Identität einer Marke (eines Unternehmens) wider und wird durch Audio-Logo, Brand Song, Brand Voice etc. hörbar.

Brand Sound Identity, Corporate Sound Identity
(Akustische Markenidentität, Akustische Unternehmensidentität,
Akustisches Markenprofil)
Bildet die Orientierungs-Grundlage für den akustischen Markenauftritt (Unternehmensauftritt) und den Einsatz akustischer Branding-Elemente. Sie kommt im Brand Sound (Corporate Sound) zum Ausdruck und stellt die akustische Identität einer Marke (eines Unternehmens) dar.

Commercial Song
Dient als Spotuntermalung und Hintergrundmusik und wird im Unterschied zum Brand Song (siehe dort) nur vorübergehend oder einmalig in den Werbemaßnahmen eingesetzt.

Sound-Styleguide
(Acoustic Design Manual, Brand Sound Guidelines)
Ein Regelwerk über alle Brand Sound-Elemente (Corporate Sound-Elemente) und Leitfaden für deren Anwendung.

Die Kern-Elemente des Audio-Branding:

Audio-Logo (Sound Logo, Sonic Logo, akustisches Logo,
Kennmotiv, Jingle, akustische Signatur)
Das Audio-Logo stellt das akustische Identifikationselement einer Marke dar und wird oft mit dem (animierten) visuellen Logo kombiniert. Es sollte prägnant, unverwechselbar, einprägsam, flexibel sein und zur Marke passen (Marken Fit). **Sonderform Jingle:** stellt im eigentlichen Sinne die Vertonung des Werbeslogans dar („Haribo macht Kinder froh, und Erwachsene ebenso", „Mars macht mobil bei Arbeit Sport und Spiel") und vermittelt akustisch die Werbebotschaft.

Brand Song (Corporate Song, Markenlied)

Musikstück nach klassischem Liedschema mit Strophe, Refrain etc. Komposition bzw. Auswahl erfolgt anhand der akustischen Markenidentität. Wird im Gegensatz zum reinen Commercial Song (siehe dort) über einen längeren Zeitraum verwendet und kann variiert sowie situationsbedingt angepasst werden.

Brand Voice (Corporate Voice, Markenstimme)

Das stimmliche Element in der Markenkommunikation. Repräsentiert die Markenpersönlichkeit und ist häufig Bestandteil eines Audio-Logos.

Sound-Objects (Klangobjekte)

A. Sound-Icon

Sound-Icons sind die kleinsten bzw. kürzesten Klangelemente des Audio-Branding. Sie weisen über das Merkmal der Ähnlichkeit direkt auf die Markenleistung hin. In der Mensch-Maschine-Kommunikation bei auditiven Benutzerschnittstellen (Auditory User Interface = AUI) werden sie als Auditory Icons bezeichnet.

B. Sound-Symbol

Sound-Symbols sind abstrakte Klangobjekte und besitzen – im Unterschied zu den Sound-Icons – keine Ähnlichkeit zu dem Gegenstand, auf den sie verweisen. Sie werden bei auditiven Benutzerschnittstellen als Earcons bezeichnet.

Sound-Ground (Klangfläche)

Die Unterscheidung zwischen Figur und (Hinter-)Grund in der visuellen Gestaltung lässt sich auf die akustische Ebene übertragen. Während sich Figur und Grund vor allem durch die räumliche Ausdehnung unterscheiden (groß-klein), lassen sich Klangfläche und Klangobjekt am leichtesten anhand der zeitlichen Ausdehnung (kurz-lang) auseinander halten. Klangflächen oder Sound-Grounds sind demnach längere „Sounds" bzw. Flächen („Streicher-Flächen", „Synthesizer-Flächen"). Sie können eine Art Klangteppich bilden und wirken im Hintergrund.

B. Fachbegriffe Klang

Akkord

[der; französisch]
Der Zusammenklang von mindestens drei. Die Töne können als gebrochener Akkord auch nacheinander erklingen.

Akustik

Ursprünglich die Lehre von den physikalischen Schallvorgängen als Wellen-phänomene in Festkörpern, Flüssigkeiten und Gasen auf Grundlage mecha-nischer Molekülschwingungen. Heute umfasst die Akustik zusätzlich die Lehre von der Schallwahrnehmung (u. a. die Psychoakustik) und den Schallwirkungen (z. B. als physiologische Veränderungen im Ohr als Folge hoher Schallintensität).

Audiovisuell

Die Verbindung von auditiven und visuellen Informationen. Das Gehör und Sehvermögen betreffend.

Auditiv

Das Hören betreffend.

Geräusch

Wahrnehmung eines Schalls ohne eindeutig bestimmbare Tonhöhe. Im Gegensatz zum Klang basiert ein Geräusch auf einem nichtperiodischen oder impulsartigen Schallvorgang.

Klang

Grundlage des Klangs ist ein periodisches Schallsignal. Ein Klang besteht aus einem Grundton und einem Obertonspektrum (Harmonischen), das aus Vielfachen der Grundfrequenz besteht. Die Frequenz des Grundtons bestimmt die wahrgenommene Tonhöhe, Zahl und Ausprägung der Obertöne (Amplitude) bestimmen die Klangfarbe.

Klangfarbe (Timbre)

Die wahrgenommene Klangfarbe wird durch Zahl und Amplitude der Obertöne, d.h. durch die Form des Obertonspektrums bestimmt. Die charakteristischen Schallspektren der Musikinstrumente bewirken die charakteristische Klangfarbe. Anhand der Klangfarbe der Sprache sind Vokale unterscheidbar und Sprecher eindeutig identifizierbar. Daneben kommt der Klangfarbe große emotionale Bedeutung zu.

Musik

Nach heutigem Sprachgebrauch gilt jede klanglich gestaltete Ausdrucksform im weitesten Sinne als Musik. Musikalische Klassifikationen, definiert nach Zweck (Filmmusik, Tanzmusik), Aufführung (Konzertmusik, Hausmusik), Besetzung (Gitarrenmusik, Vokalmusik) oder Kompositorik und Technik (Zwölftonmusik, elektronische Musik) machen die verschiedenen Ausprägungen von Musik einerseits deutlich, lassen sich andererseits jedoch nicht auf ein übergeordnetes theoretisches System beziehen. Auch die Unterscheidung zwischen sogenannter E-Musik und U-Musik ist eher unbrauchbar (Grundlegende veränderte Auffassung von Musikästhetik im 20. Jahrhundert).

Musik-Genre

Definiert unterschiedliche Musikstile bezüglich ihrer Herkunft, Ausprägung, Instrumentierung und Verbreitung (z. B. Klassik, Elektronische Musik, Rock, Pop etc.).

Partitur (Score)

Eine Partitur (ital. partitura "Einteilung") ist eine untereinander angeordnete Zusammenstellung aller Einzelstimmen einer Komposition oder eines Arrangements, so dass ein Dirigent das musikalische Geschehen auf einen Blick überschauen kann. Partituren werden auch verwendet, um Musik reproduzierbar aufzubewahren.

Psychoakustik

Beinhaltet die Suche nach quantitativen und verallgemeinerbaren Beziehungen zwischen physikalischem Schallreiz (Schallereignis) und Schallwahrnehmung (Hörereignis). Entstand als Teilgebiet der Psychophysik. Physikalische Schallereignisse können die Wahrnehmung von Hörereignissen bewirken, die sich als Geräusch- oder Klangobjekte manifestieren.

Rhythmus

Ordnungs- und Gestaltungsprinzip des zeitlichen Ablaufs in Musik, Tanz und Dichtung.

Soundscape (Klanglandschaft)

Der Begriff wurde vom kanadischen Komponisten Murray Schafer in Analogie zur landscape (Landschaft) eingeführt. Ein Soundscape weist einen eher diffusen Hintergrund sowie Bedeutung tragende Elemente des Vordergrunds auf (soundmarks in Analogie zu landmarks). Jede auditiv wirksame Umgebung kann als Soundscape verstanden werden. Die kompositorische Gestaltung von Soundscapes umfasst räumliche Differenzierung nach Vorder- und Hintergrund sowie das bewusste Setzen bedeutsamer Elemente, die dem Hörer Orientierung vermitteln.

Tongeschlecht Dur

[lateinisch durus, „hart"]
Bezeichnung eines Tongeschlechts, das alle Tonarten umfasst, deren Tonleiter-system neben 5 Ganztonschritten 2 Halbtonschritte aufweist, und zwar von der 3. zur 4. und von der 7. zur 8. Stufe. Der Dur-Dreiklang besteht aus Grundton, großer Terz und reiner Quinte.

Tongeschlecht Moll

[lateinisch mollis, „weich"]
Das „weiche" Tongeschlecht, dessen Dreiklang aus kleiner Terz und reiner Quint aufgebaut ist (z. B. c-es-g). Im 16. Jahrhundert bildete sich aus der äolischen, dorischen und phrygischen Kirchentonleiter das Moll im heute ge-bräuchlichen Sinn.

C. Fachbegriffe Markentechnik

Branding
Ausgehend vom ursprünglichen "Brandzeichen" zur Eigentums-Kennzeichnung von Tieren beschreibt Branding heute alle Aktivitäten zum Aufbau einer Marke, mit dem Ziel, das eigene Angebot aus der Masse gleichartiger Angebote hervorzuheben und eine eindeutige Zuordnung von Angeboten zu einer bestimmten Marke zu ermöglichen.

Corporate Brand (Unternehmensmarke)
Marke, die sich auf das Unternehmen als Ganzes bezieht und im Gegensatz zur Produktmarke, die primär auf die Kunden fokussiert ist, auf sämtliche Anspruchsgruppen des Unternehmens ausgerichtet ist.

Corporate Design (CD) (Unternehmensdesign)
Gestalterische Umsetzung der Corporate Identity, wobei die multisensorische Geschlossenheit des Erscheinungsbildes eines Unternehmens im Vordergrund steht.

Corporate Identity (CI) (Unternehmensidentität)
Spezifisches, klar vom Wettbewerb unterscheidbares Selbstverständnis eines Unternehmens (gesamte Selbstdarstellung eines Unternehmens nach außen und innen), das sich ausgehend von der vorhandenen Unternehmenskultur in der Erscheinung (Corporate Design), in den kommunikativen Maßnahmen (Corporate Communications) und im Verhalten aller Mitarbeiter (Corporate Behavior) äußert.

Marke (Brand)
Bestehend aus einem oder mehreren der folgenden Markenelemente: Name, Begriff, Zeichen, Symbol und/oder Gestaltungsform. Ziel einer Marke (früher: Warenzeichen) ist es, die Leistung eines oder mehrerer Anbieter zu kennzeichnen und von Wettbewerbsangeboten zu unterscheiden.

Markenelemente (Markenbestandteile)
Als Gestaltungsparameter zur Markierung einer Leistung werden visuelle, akustische, olfaktorische, haptische und gustatorische Signale eingesetzt.

Markenidentität (Brand Identity)

Summe der Merkmale einer Marke, die diese dauerhaft gegenüber anderen Marken abgrenzt.

Markenimage (Markeneinstellung)

Wahrnehmungen einer Marke, die in Form von Markenassoziationen im Gedächtnis repräsentiert sind.

Markenwert (Brand Equity/Brand Value)

Wert einer Marke "in den Köpfen der Konsumenten" im Vergleich zu einer unmarkierten, objektiv jedoch gleichen Leistung. Finanzwirtschaftlich handelt es sich um den Barwert aller zukünftigen Einzahlungsüberschüsse, die mit der Marke erwirtschaftet werden; verhaltenstheoretisch handelt es sich um das Ergebnis unterschiedlicher Konsumentenreaktionen auf Marketingmaßnahmen einer Marke versus einer fiktionalen Marke, hervorgerufen durch spezifische, im Gedächtnis gespeicherte Vorstellungen über die Marke.

Quelle Fachbegriffe Markentechnik: www.markenlexikon.com

A. Auftakt und Einstimmung

Musik als Repräsentation von vorgestellten Handlungen – Ausdrucksmodelle und die Wirkung von Musik

Herbert Bruhn

Universität Flensburg

1. Einleitung

Seit ungefähr fünfzig Jahren wird Musik gezielt als Mittel zur Unterstützung von Werbebotschaften eingesetzt – Musik wurde mit einem Produkt oder einem Firmenangebot verbunden. In Deutschland hatte Siegmund Helms das Thema erstmals aufbereitet – als Material für die Musikpädagogik.[1]

Das Thema kam gut an: Werbemusik war willkommener Anlass, die Wirkmechanismen der Musik und die Manipulation der Jugendlichen durch die Musikindustrie kritisch zu hinterfragen. Diese Einstellung war eindeutig eine Folge der Adorno-Kritik aus den 50er Jahren: Damals warf der gerade aus dem Exil zurückgekehrte Adorno den deutschen Musikpädagogen vor, keine Lehren aus der Zeit vor dem 2. Weltkrieg gezogen zu haben und immer noch als übergeordnetes Ziel die Gemeinschaftserziehung der NAZIs zu verfolgen.[2] Die meisten Musikpädagogen zeigten sich von diesem Vorwurf schwer getroffen – die kritische Durchsicht der Inhalte führte zu der heute noch überwiegenden Intellektualisierung des Musikunterrichts mit Wissenschaftsanspruch.[3]

Helms legte damals eine Art Musiklehre für die Werbemusiken der 70er Jahre vor. Generationen von Staatsexamenskandidaten haben so *Haribo* als Prototypen für die Medienbeeinflussung von Jugendlichen kennen gelernt und weiter vermittelt. Wie die Musik allerdings ihre Wirkung entfaltet, wurde

---

[1] Vgl. Helms 1981
[2] Vgl. Adorno 1952 und 1957
[3] Siehe im Überblick Gieseler 1986

selten detailliert beschrieben. Die ersten empirischen Arbeiten waren vorsichtig bis ablehnend.[4] Die Effektivität wird meist in Frage gestellt und der Grund für den Einsatz für unmoralisch erklärt.

Gleichzeitig wird aber die mangelnde Beteiligung der Musikwissenschaftler am Einsatz von Musik in der Werbung beklagt. Ein logischer Widerspruch, wie z. B. in der Cartoonserie von *Hägar dem Schrecklichen*: „Das Essen ist schlecht hier ... und die Portionen so klein".

2. Wundersame Wirkungen

Klaus-Ernst Behne fasste vor wenigen Jahren die ihm zugänglichen Studien zur Wirkung von Musik zusammen und führte eine Metaanalyse der Daten durch.[5] Im Verlauf der letzten 50 Jahre wurden jedes Jahr mehr Studien zur Wirkung von Musik durchgeführt – immer weniger Studien konnten jedoch von der Wirkung von Musik im Hintergrund überzeugen. Verwundert nimmt Behne an anderer Stelle zur Kenntnis, dass man der Musik trotzdem „begeistert und bedingungslos" die wundersamsten Wirkungen zuschreibt.[6]

Kaum jemand wird anzweifeln, dass Musik auf den Gemütszustand wirkt oder sogar therapeutisch eingesetzt werden kann. Die meisten Menschen setzen Musik ein, um ihre Stimmung gezielt zu verändern (Kontrasteffekt) oder zu stützen (Kongruenzeffekt).[7] Es bleibt jedoch weiterhin ein breiter Graben zwischen der täglichen Erfahrung „Musik bewirkt etwas in mir" und dem Wissen eines angeblichen Experten, dass er kaum mehr tun kann, als aus naiver Intuition Musik für die Darstellung einer Firma oder eines Produkts auszuwählen.

Am weitesten verbreitet ist die Vorstellung, das Tongeschlecht habe eine eindeutige Auswirkung auf die mit einer Musik vermittelte Stimmung: Dur = fröhlich, Moll = traurig. Das lässt sich mit wenigen Musikbeispielen widerlegen: Das Rondo alla turca, der „türkische Marsch" aus der Klaviersonate KV 331 von Mozart ist in Moll komponiert, aber keineswegs traurig – die langsamen tragischen Sätze in den Sonaten und Sinfonien von Beethoven sind fast alle in Dur-Tonarten geschrieben

Wenn man allerdings Erwachsenen bzw. Kindern die Aufgabe gibt, Musikstücke einer fröhlichen und einer traurigen Stimmung zuzuordnen, so treffen sowohl Erwachsene als auch 5 bis 8 Jahre alte Kinder ungefähr gleich genau das Tongeschlecht, in dem das Stück original komponiert wurde. Also scheint die Faustregel zu stimmen: Dur ist fröhlich, Moll ist traurig –

---

4 Vgl. Meißner 1973; Kafitz 1977; Hagemann/Schürmann 1988
5 Vgl. Behne 1998
6 Vgl. Behne 1994
7 Vgl. Pekrun 1985

immerhin für über 80 Prozent der befragten Erwachsenen und Kinder (s. Tabelle 1).

Tabelle 1: Die Versuchspersonen sollten ein Musikstück darauf hin beurteilen, ob es fröhlich oder traurig klingt. Sie hörten vier Versionen von jedem Musikstück: ein Original (O), dann je eine Version mit geändertem Tempo (T) bzw. Tongeschlecht (DM) und eine Version, in der beide Merkmal verändert waren (T+DM). Die Zahl der richtig beurteilten Stücke wird als Prozentzahl angegeben (Dalla Bella, 2001).

	Erwachsene	Kinder 5;0	6;0-8;0
Original	86,8 %	84 %	88 %
Tempo verändert	81,8 %	70 %	75 %
Dur-Moll getauscht	70,7 %	79 %	75 %
beides verändert	56,4 %	59 %	58 %

Dagegen spricht, dass bis zu 30 % der Befragten das Vertauschen von Dur und Moll nicht bemerken können oder wollen. Die Aussage über fröhlich oder traurig scheint von mehr Parametern abhängig als nur vom Tongeschlecht. Alle musikalischen Parameter – Klang, Rhythmus, Melodie, Harmonie und formale Gestaltung – haben Einfluss auf das Eindrucksurteil des Hörers. In diese Richtung zeigen die Daten von Balkwill und Thompson, die das Urteil von Musikhörern in Beziehung zu Expertenratings über die musikalischen Parametern in Beziehung gesetzt haben.[8]

Tabelle 2: Korrelationen zwischen der Anmutung eines Musikstücks als fröhlich oder traurig und Expertenratings für fünf musikalische Parameter zeigen, wie unterschiedlich die hier beurteilten Musikstücke waren. Der Klang schien entweder keine Rolle zu spielen. Oder die Versuchspersonen variierten in ihrem Urteil zu stark (Balkwill & Thompson, 1999).

Beurteilung	Tempo	Rhythmus	Klang	Tonumfang	Melodie-Komplexität
traurig	-.92**	.75**	.00	-.53**	.64**
fröhlich	.85**	-.76**	.13	.44	-.66**

** $p < .01$

Die hochnegative Korrelation zwischen Traurigkeit und Tempo deutet darauf hin, dass langsames Tempo möglicherweise eine Grundvoraussetzung für die Empfindung von Traurigkeit ist. Die hohe negative Korrelation zwischen

---

[8] Vgl. Balkwill/Thompson 1999

Fröhlichkeit und der Komplexität des Rhythmus weist auf, dass ein fröhlicher Rhythmus eher einfach gehalten ist.

Eine Zuordnung musikalischer Komponenten zu Emotionen findet man bereits seit den 30er Jahren des letzten Jahrhunderts: Gundlach[9] konnte aus Experimenten Emotionsbegriffe für die Beschreibung von Rhythmen und Melodien ableiten. Kötter ließ barocke Arien an Hand eines Fragebogen mit Adjektiven beurteilten und war erstaunt über die geringe Varianz innerhalb einer Schülergruppe: Obwohl sie wenig Hörerfahrungen mit dieser Musikrichtung hatten, wiesen Faktorenanalyse und Clusteranalyse auf sehr ähnliche Beurteilungen hin.

Eine Systematik der Zusammenhänge hat offensichtlich die Gruppe der Psychologen aus München erkannt.[10] Sie schafften es, zwanzig Improvisationen für drei Grundemotionen herstellen zu lassen, deren Zuordnung bei 4440 Beurteilungen zu 78,33 % richtig waren: Trauer konnte am besten identifiziert werden (85 %), Freude (77 %) und Wut (72 %) etwas schlechter.

3. Affektenlehre – Ausdruckmodelle

Im Barock, so hört man immer wieder, soll es üblich gewesen sein, mit wenigen kompositorischen Mitteln eine Stimmung herzustellen. Diese Kunst wurde als „Affektenlehre" bezeichnet – eine Art Geheimwissenschaft, mit einem Regelwerk, nach dem man zielsicher die emotionale Aussage eines Musikstücks herstellen konnte. Werner Braun bestätigte 1994, was man schon lange ahnte: Es gab die Theorie nie. Mitte des 18. Jahrhunderts hatte wahrscheinlich ein Musikkritiker (damals überwiegend schriftstellerisch tätige Amateure) den Begriff der Lehre von den Affekten verwendet. Die endgültige Definition findet sich bei Heinrich Kretzschmar in einem Handbuchartikel um 1900 [11], den man somit als Erfinder der Affektenlehre bezeichnen könnte.

Tabelle 3 (nächste Seite): Entwurf einer Theorie zu den Ausdrucksmodellen – beispielhaft zeigt Rösing an vier Emotionen, dass die daraus erwachsenden Verhaltensweisen sich typischerweise im Ausdruck der Musik widerspiegeln. Tabelle in Anlehnung an Rösing 2005 (Nachdruck).

---

[9] Vgl. Gundlach 1935
[10] Vgl. Mergl/Piesbergen/Tunner 1998
[11] Vgl. Braun 1994

Tabelle 3:

		Imponiergehabe	Zärtlichkeitsbekundung	Resignative Passivität	Betonte Aktivität
Verhaltensweise	Aktion	Bedächtig, gemessen, zielstrebig und bestimmt	Behutsam, vorsichtig, sich anschmeichelnd	Langsam, abgespannt, schlaff, gehemmt - kreisend, ohne Stoßkraft	Voller motorischer Spannkraft, vital, übersprudelnd, agil, sprunghaft
	Gestus	Sich-groß-Machen, angespannt, aufrecht, unnahbar	Sich-klein-Machen, unaufdringlich - zurückhaltend	In-sich-zusammenfallend, geschlossen, Tendenz des Absinkens, schwerfällig	Offen, sich öffnend (z. B. Arme in die Luft werfen), vorwärtsdrängend
	Äußerung	Übermächtig – voluminös, expansiv - beeindruckend	Leise, zart und liebevoll, sanft	Dunkel, monoton, farblos	Hell, intensitätsgeladen, lebendig - abwechslungsreich
	Funktion	Machtrepräsentation, werbende Wirkung bei Gleichgesinnten, Unterwerfung fordernde Drohgebärde gegenüber Feinden	Aufgabe der eigenen Machtposition, Einstimmung auf einen Schwächeren (z. B. Mutter-Kind-Beziehung). Geborgenheit und Schutz vermittelnd	Abkapselung vom alltäglichen Leben, Rücksichtnahme erheischend, Korrespondenz mit der emotionalen Qualität Trauer	Veräußerung von innerer Aktivität, Korrespondenz mit der emotionalen Qualität Freude
	Melodik	Weit gespannt, großer Ambitus	Einfach, umgrenzte Motivskala, überschaubare Motive in Bogenform	Kreisende Motivik, schrittweise fallende Melos	Weiter Ambitus, aufwärtsstrebend, große Intervalle
Musikalische Kennzeichen	Rhythmus	Stark akzentuiert, nachdrückliche Betonungen	Gleichmäßig, pulsierend, flexibel	Ohne Stoßkraft, schleppend, konturlos, Tendenz zum Erstarren	Vielfältig, lebendig, kontrastreich, hüpfend - synkopisch
	Tempo	Nicht zu schnell, schreitend	Gemäßigt bis schnell	Sehr langsam, durch Ritardandi geprägt	Durchaus schnell, Accelerandi
	Zusammen-klänge	Dicht und abgerundet, harmonisch	Nur vereinzelt, Bevorzugung von Quinten und Terzen, einfache Harmonik	Komplex, komplizierte Akkordverbindungen	Klar und durchhörbar, Betonung der Diskanttöne im Akkord, einfache Harmoniefolgen
	Klangfarbe	Intensitätsgeladen, massiv, (Blechbläser und Schlagzeug)	Nicht verschwimmend, geringe Intensität (leise, helle Streicher oder Holzbläser, Metallophone)	Dunkel, verschmelzend, wenig Intensität (tiefe Streicher)	Hell, strahlend, intensitätsgeladen
Musikbeispiele	Allgemein	Typ: Marschmusik. Interkult. Charakteristik: Stimme o. Instrumente mit großem Klangvolumen, extreme Klang- und Geräuschdichte	Typ: Schlummer- und Wiegenlieder. Interkult. Charakteristik: Vokal mit nur melodieunterstützender Instrumentalbegleitung	Typ: Trauermusik, Adagio-Sätze. Interkult. Charakteristik: Tempo unterhalb Pulsschlagfrequenz, dunkle Stimm- und Instrumentalfarben, abwärtsschreitende Motive	Typ: Festmusik, Presto-Sätze. Interkult. Charakteristik: Stimme und Instrumente in hoher Lage, übersprudelnde Tempi
	Speziell	Berlioz: Romeo und Julia, Einleitung; Berg: Wozzeck, Szene Marie – Tambourmajor; Fakt-Marsch im Werbespot; Spot der Esso AG 1980	Offenbach: Hoffmanns Erzählungen, Barkarole; Chopin: Nocturnes im 6/8-Takt; Musik in den Werbespots für Credo, Sanso und Jacobs-Kaffee	Trauermarsch von Strauss (Metamorphosen); Mozart: KV 477; Beginn der Calgon-Werbung 1980	Beethoven: op. 81a, Le Retour; Fidelio-Finale und Schluss der 9. Sinfonie; Virtuosenstücke im Presto; 2. Teil der Calgon-Werbung 1980

Helmut Rösing nimmt in den siebziger Jahren des letzten Jahrhunderts die barocke Diskussion wieder auf und leitet die Theorie der *Ausdrucksmodelle* ab: Das Musikstück spiegelt das Verhalten von Menschen wider. In der Handlung, im körperlichen Gestus, in der verbalen Äußerung und in der Handlungsabsicht lassen sich Aspekte beschreiben, die in ihrem Ausdruck eine Entsprechung in der Musik haben. Im Aufsatz von 1985 beschreibt Rösing beispielhaft für Freude, Trauer, Machtgefühl und Zärtlichkeit, welche Eigenschaften ein davon getragenes Musikstück haben müsste. Diese Eigenschaften erhielt das Musikstück über die physikalisch erklingenden Töne hinaus – ein Musikstück ist nicht nur schnell, hat eine Melodie mit großen Intervallen und klingt hell, sondern ist gleichzeitig fröhlich und lebens-bejahend.[12]

Übersummenhaftigkeit

Die Gestaltpsychologen insbesondere der Berliner Schule (Wertheimer, Köhler, Hornbostel, Metzger) unterscheiden zwischen der physikalischen und der psychischen Welt – die physikalische Welt muss vom Menschen erst angeeignet werden – das ist der Prozess der Wahrnehmung des Reizes. In der Wahrnehmung schließen sich die physikalischen Einzel-eigenschaften für den Menschen zu einem Gegenstand zusammen, den er beurteilen kann.[13]

Das Erleben eines Musikstücks beinhaltet mehr als den bloßen Klang. Der physikalische Klang wird gewissermaßen um eine psychische Komponente erweitert. Die Gestaltpsychologen der ersten Hälfte des 20. Jahrhunderts haben von *Übersummenhaftigkeit* der Musik gesprochen: Über die Summe der physikalischen Phänomene eines erklingenden Musikinstruments hinaus erhält der Klang eine weitere Eigenschaft, die im erlebenden Subjekt entsteht: Diese nur im Erleben realen Eigenschaften wie heiter oder tragisch werden vom Musikhörer aber dem Musikstück zugeschrieben. Im Prozess der Aneignung der physikalischen Realität von Klängen entsteht eine psychische Wirklich-keit, die mehr als die Summe der physikalischen Reize ausmacht (siehe Kasten: *Ehrenfels-Prinzipien*).

---

[12] Vgl. Rösing 1975 (2005), 1985. Im Nachdruck von 2005 wurden die ursprüng-lichen Begriffe *Freude*, *Trauer*, *Machtgefühl* und *Zärtlichkeit* durch die Bezeichnungen *Betonte Aktivität*, *Resignative Passivität*, *Imponiergehabe* und *Zärtlichkeitsbekundung* (siehe auch Tabelle 3) ersetzt.

[13] Dazu Metzger 1975

Ehrenfels-Prinzipien

Christian von Ehrenfels (1859-1932), der auch den Begriff „Gestalt"
prägte, wies darauf hin, dass sich die wahrgenommene Welt von der physikalischen Welt deutlich unterscheide: Die wahrgenommenen Gegenstände
werden erlebt und erhalten im Erleben neue, zusätzliche Eigenschaften,
sogenannte Gestaltqualitäten:

(1) Ganzheitlichkeit: Eine Vielzahl auditiver Eindrücke wird zu einem
    Musikstück.
(2) Übersummenhaftigkeit: Dieses Musikstück vermittelt emotionale Inhalte.
(3) Transponierbarkeit: Die mit einem Musikstück verbundenen Emo-
    tionen entstehen immer wieder neu, von Konzert zu Konzert. Auch
    wenn sich die physikalischen Gegebenheiten ändern, so bleiben
    innermusikalische Verhältnisse erhalten.[14]

Die Anregungen von Rösing sind in den letzten Jahren eigentlich nicht aufgenommen worden. Unabhängig von Rösing hat sich der Gießener Psychologe
Scherer in mehreren Arbeiten mit dem emotionalen Aspekt von Sprache
beschäftigt. Der musikalische Anteil der Sprache ist die Sprachmelodie – die
Prosodie der Sprache. Auf der physikalischen Ebene, der Analyse von Wellen-
form und Dynamik, lassen sich stille Freude und Trauer nicht unterscheiden.
Experimentell ließ sich dieser Effekt erst zeigen, wenn man Schauspieler
bittet, einen Text emotional gefärbt zu sprechen. Die Grundemotionen Trauer,
Freude und Schmerz lassen sich ausgezeichnet unterscheiden.[15]

Musikalischer Ausdruck ist in Kategorien gegliedert. Die Kategorien
gehen ineinander über – die Grenzen sind wie zum Beispiel bei Tönen der
Tonleiter flexibel und individuell unterschiedlich. Der Ausdruck von Musik
kann durch kleine Veränderungen im physikalischen Auftritt psychisch in eine
andere Kategorie verschoben werden. Helmut Rösing sah dies ebenfalls so,
betont jedoch, dass an erster Stelle die Absicht des Komponisten steht.

Führt man diese Idee fort, so kann man behaupten, dass es falsch ist, den
Willen des Komponisten als ästhetische Kategorie anzusehen. Ein Musikstück
ist nur dann gut aufgeführt, wenn der Wille des Komponisten sich im Willen
des Interpreten, des Musikers wiederfindet. Dann teilt sich der Wille des
Komponisten über den Interpreten dem Hörer mit – im Schopenhauerschen
Sinn enthält dann das Musikstück den Willen des Komponisten.[16] Übersetzt in
die Sprache und das Denken des 21. Jahrhunderts bedeutet dies: Der
emotionale Ausdruck von Musik entsteht aus der Handlungsabsicht der

---

[14] Dazu Ehrenfels 1890, 1960 sowie Bruhn 1993
[15] Vgl. Scherer 1986, 1995
[16] Dazu Weyers 1976 sowie Müller/Wapnewski 1986

Interpreten. Das Musikstück wird zum Modell für Handlungen, wenn der Interpret die Handlungsabsicht des Komponisten erkennt und nachvollzieht.

4. Musik entsteht in der Vorstellung des Hörers

Der Wille des Komponisten leitet sich nicht automatisch aus dem notierten Werk ab. Wie der rumänische Dirigent und Musikphänomenologe Sergiu Celibidache (1912-1996) sagte: Es steht alles in den Noten – nur das Wesentliche nicht. Der Interpret muss sich in die Absicht des Komponisten hineinversetzen und dessen Aussage übernehmen. Im Konzert überträgt der Hörer die wahrgenommene Kraft, Freude oder Zärtlichkeit auf den Interpreten – die psychologische Voraussetzung für die Entstehung des Starkults. Die Musik macht den Musiker groß (❧ vgl. Artikel C. Ringe).

Der Interpret handelt und vermittelt die hinter der Handlung stehenden Impulse über den Klang. Ein aggressiv geführter Geigenbogen erzeugt andere Klänge als weiche Legato-Striche. Dies hört man – selbst wenn man die Musik über Medien übertragen bekommt. Die Handlung des Musikers ist hörbar und kann selbst bei schlechter Übertragungsqualität entschlüsselt werden.[17]

Verschiedene Aspekte dieser Handlung gehen in die Musik über und können dann unabhängig von der Handlung wieder herausgehört werden. So lässt sich die Wirkung von Musik in der Therapie erklären: Die Klienten[18] stellen ihre Gefühle in musikalischen Handlungen dar. Dadurch kann die Musik zu einem Teil des Klienten selbst werden. Die Darstellung der Gefühle über das Musizieren hat zusätzlich große Vorteile gegenüber der Verbalisierung: Worte können leichter für Inhalte genommen werden – Musik birgt viele Unklarheiten, so dass sich der Therapeut mehr Mühe bei der Interpretation geben muss und andererseits der Klient die Interpretation abwehren kann, wenn sie unpassend ist oder zu weit führt.

Ähnlich ist die Wirkung von Musik im Einsatz bei der Werbung zu verstehen: Neben tektonischen Funktionen (Vorspann, Gliederung der Werbung, Nachspiel) übernimmt die Musik die Vermittlung des Gesamteindrucks und der Stimmung. Die Musik bestimmt das Image des Produkts oder der Firma – der Hörer oder Betrachter überträgt die hinter der wahrgenommenen Musik stehenden Handlungen.

So wird die eine Sorte Kekse durch mehrheitsfähige volkstümliche Musik zum Familienkeks, die andere Sorte durch moderne Musik zum Energiespender. Eine Bank betont ihre Mächtigkeit und bietet an, den Weg mittels Nietzsche und dem großen Sinfonieorchester von Strauss frei zu machen. Die andere Bank lässt Regenschirme tanzen und die Assoziation entstehen, es sei

---

[17] Vgl. Thompson 1993 sowie Thompson/Robitaille 1992
[18] In der Musiktherapie werden Patienten als „Klienten" bezeichnet.

ein Leichtes, mit den Finanzmärkten umzugehen und den Wetterfronten der Börse auszuweichen.

5. Ausblick

Die Theorie der Ausdrucksmodelle wurde bereits vor 25 Jahren formuliert. Dennoch ist bisher wenig Mühe darauf verwendet worden, die Wirksamkeit der musikalischen Parameter empirisch zu bestimmen. Das hängt sicher damit zusammen, dass die naive Wissenschaftsgläubigkeit wertvolle Wirkungen der Musik von vorneherein annimmt, auch wenn die seriösen Wissenschaftler davor warnen.

So hat die bedeutendste wissenschaftliche Falschmeldung der 90er Jahre das Dementi der Erfinderin bereits um fünf Jahre überlebt: Francis Rauscher wurde berühmt mit dem „Mozart-Effekt": das Anhören einer Mozartsonate sollte zur Förderung der Intelligenz führen. Schon Anfang des neuen Jahrhunderts erklärte sie: "My colleagues and I do not claim that listening to classical music will improve children`s mathematical or spatial scores".[19]

Die Euphorie über die Intelligenzvermehrung wird aber noch lange Bestand haben, weil insbesondere die Bestände der Pressearchive (*Spiegel*, *Springer*, *Burda*) selten oder gar nicht auf ihre Richtigkeit hin überprüft werden, bevor man sie erneut verwendet. Empirische Untersuchungen bleiben gering in ihrer Wirkung: Zum einen: Musik ist tatsächlich nicht immer eindeutig in ihrer Aussage (siehe Abb. 1 auf der nächsten Seite).[20]

---

[19] Rauscher 2006, S. 451; 📖 vgl. Artikel H. Raffaseder
[20] Vgl. Wilms 2001

Abb. 1: Nicht alle Emotionen können mit musikalischen Mitteln dargestellt/ improvisiert (oben) oder aus Musik herausgehört werden (unten) – graue Balken signalisieren Ablehnung, weiße Balken Zustimmung (Willms, 2001: Befragung von 30 Patienten der Psychosomatischen Abteilung im LKH Schleswig, die Musiktherapie zur Unterstützung der Psychotherapie erhielten).

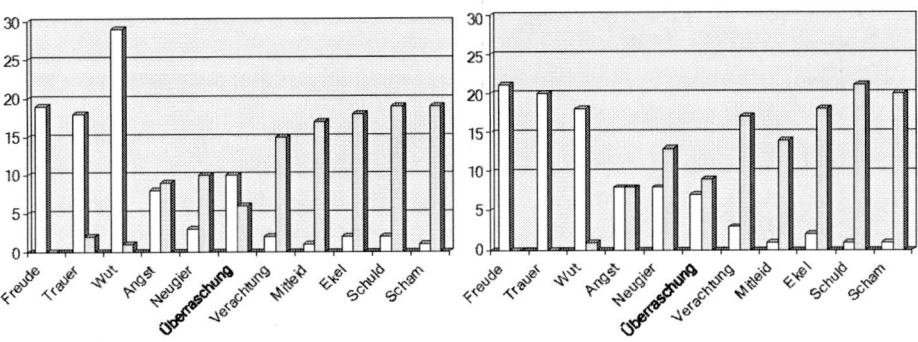

Vor allem aber: Wie kann man etwas beweisen oder widerlegen, wenn der sogenannte *gesunde Menschenverstand* längst von der Richtigkeit überzeugt ist?

Die immer engere Verzahnung des Musikerlebens mit wirtschaftlichen Aspekten bringt vielleicht die Wende. Wirtschaftliche Erfolge auf Grund von Musik müssen zumindest in der Finanzstatistik sichtbar sein. Spielt Musik in Werbung und Imagedarstellung eine wirksame Rolle, so wird von dort aus ein Anpassungsdruck ausgehen, dem sich die Bildungspolitik nicht entziehen kann. Die neue Forderung hieße dann:

Audio-Branding für die Schule – durch guten Musikunterricht.

(◀ www) Klangbeispiele zu diesem Artikel auf **www.audio-branding.info**

Literatur

Adorno T. W.: Dissonanzen, 6. Aufl. 1982, S. 62-101. Göttingen: Vandenhoeck & Rupprecht 1957 : Kritik des Musikanten, S. 101-119, 1952 : Zur Musikpädagogik 1956

Balkwill L.-L., Thompson. W. F.: A cross-cultural investigation of the perception of emotion in music: Psychophysical and cultural cues, S. 43-64. Music Perception 17 (1): 1999

Behne K.-E.: Kann Musik heilen? Heilshoffnungen als Teil des musikalischen Bewusstseins. Regensburg: ConBrio 1994

Behne K.-E.: Zu einer Theorie der Wirkungslosigkeit von (Hintergrund-)Musik. Musikpsychologie, S. 7-23. Jahrbuch der DGM, Bd. 4: 1998

Braun W.: Affekt. In Finscher, L. (Hg.), Musik in Geschichte und Gegenwart Sachteil Bd. 1, Sp. 31-41. Stuttgart/Kassel: Metzler/Bärenreiter 1994

Bruhn H.. Gedächtnis und Wissen. In: Bruhn H., Oerter R. & Rösing H. (Hg.), Musikpsychologie – ein Handbuch, 4. Aufl. 2002, S. 539-545. Reinbek: Rowohlt 1993

Dalla Bella S., Peretz I., Rousseau K., Gosselin N.: A developmental study of the affective value of tempo and mode in music. Cognition, 80 B1-B10, 2001

Ehrenfels C. v.: Über "Gestaltqualitäten", Nachdruck von 1960. Darmstadt: Wissenschaftliche Buchgesellschaft 1890

Gieseler W.: Orientierung am musikalischen Kunstwerk oder: Musik als Ernstfall. In: Schmidt, H.-.C. (Hg.), Handbuch Musikpädagogik, Band 1: Geschichte der Musikpädagogik , S. 174-214. Kassel: Bärenreiter 1986

Gundlach R. H.: Factors determining the characterization of musical phrases, Nachdruck in Rösing, H. (Hg.), Rezeption von Musik. Darmstadt: Wissenschaftliche Buchgesellschaft 1935

Hagemann H. W., Schürmann P.: Der Einfluss musikalischer Untermalung von Hörfunkwerbung auf Erinnerungswirkung und Produktbeurteilung, Marketing 10 (4), S. 271-276: 1988

Helms S.: Musik in der Werbung. Wiesbaden: Breitkopf Härtel 1981

Kafitz W.: Der Einfluss der musikalischen Stimulierung auf die Werbewirkung (Diss. phil.). Saarbrücken: Universität des Saarlandes 1977

Meißner R.: Die Funktion von Musik in der Rundfunk- und Fernsehwerbung (Diss. masch.-schr.). Berlin: Technische Universität 1973

Mergl R., Piesbergen C. Tunner W.: Musikalisch-improvisatorischer Ausdruck und Erkennen von Gefühlsqualitäten, in: Musikpsychologie: Jahrbuch der Deutschen Gesellschaft für Musikpsychologie 13, S. 69-81: 1998

Metzger W.: Der Geltungsbereich gestalttheoretischer Ansätze. In: Ertel S., Kemmler L., Stadler M. (Hg.), Gestaltpsychologie, S. 2-7. Darmstadt: Steinkopff (original: Vortrag 1966) 1975

Müller U. & Wapnewski P. (Hg.): Wagner-Handbuch. Stuttgart: Kröner 1986

Pekrun R.: Musik und Emotion. In: Bruhn H., Oerter R. & Rösing H. (Hg.): Musikpsychologie, S. 180-188. München: Urban & Schwarzenberg 1985

Rauscher F. H.: The Mozart effect in rats: Response to Steele. Music Perception, 23 (5), S. 447-453: 2006

Rösing, H.: Zur Interpretation emotionaler Erscheinungen in der Musik. In: Dahlhaus C. (Hg.) Beiträge zur musikalischen Hermeneutik, S. 175-185. Regensburg: Bosse 1975. Nachdruck in Rösing H.: Das klingt so schön hässlich. Bielefeld: transcript 2005

Rösing H.: Musikalische Ausdrucksmodelle. In: Bruhn H., Oerter R. & Rösing H. (Hg.): Musikpsychologie - Ein Handbuch in Schlüsselbegriffen, S. 174-179. München: Urban Schwarzenberg 1985

Scherer K. R.: Vocal affect expression: A review and a model for future research, Psychological Bulletin, 99, S. 143-165: 1986

Scherer K. R., Wallbott H. G., Summerfield A. B. (Hg.): Experiencing emotion: A cross-cultural study Cambridge: Cambridge University Press 1986

Scherer K. R.: Expression of emotion in voice and music. Journal of Voice, 9 (3), S. 235-248: 1995

Thompson W. F., Robitaille B.: Can composers express emotions through music? Empirical Studies of the Arts, 10 (1), S. 79-89: 1992

Thompson W. F.: Modeling percieved relationships between melody, harmony, and key. Perception & Psychophysics, 53 (1), S. 13-24: 1993

Weyers R. W.: Arthur Schopenhauers Philosophie der Musik. Universität Köln: Diss. phil. der Philosophischen Fakultät 1976

Willms H.: Ist Musik die Sprache der Gefühle? Zur sozialpsychologischen Funktion von Musik, Vortrag auf der Jahrestagung der Deutschen Gesellschaft für Musikpsychologie, 21.-23. September 2001 (erhältlich über Schleswig, Landeskrankenhaus)

Audio-Branding – alles neu?

Georg Spehr

Freier Multimedia Designer mit Schwerpunkt akustische Gestaltung,
Dozent beim Studiengang Sound Studies, Universität der Künste, Berlin

Audio-Branding, Sound Branding, Sonic Branding, Acoustic Branding, Sound
Identity, Acoustic Identity, Markenklang oder Corporate Sound sind alles
Begriffe, die man verstärkt im Zusammenhang mit Sounddesign oder akustischer Gestaltung in den letzten Jahren wahrgenommen hat. Sie beschreiben
einen Vorgang, der mithilfe von Klang eine emotionale Beziehung zwischen
Sender und Empfänger aufbaut, assoziative Anker zur Wiedererkennung
schafft, Botschaften kommuniziert und ein Image vermittelt und festigen kann.

Die Begrifflichkeiten sind neu, aber das, was sie umschreiben, gibt es
vermutlich schon seit den Tagen, in denen die Spezies Mensch gelernt hat,
Klang zu generieren und seitdem findet eine stetige Weiterentwicklung statt.
Klar, man erinnert sich, dass da seit über zehn Jahren das akustische Logo
eines Autoherstellers durch die Medien wummert. Wir hören seit mehreren
Jahrzehnten die Titelmelodie eines Western-Filmes[1] im Zusammenhang mit
einer Zigaretten-Marke. Für elektronische Geräte, die aufgrund ihrer Beschaffenheit nicht klingen, werden eigene Sounds kreiert. Akustische Identitäten
gibt es aber schon wesentlich länger als fünfzig Jahre.

1. Bruder Jakob, schläfst du noch? Hörst du nicht die Glocken? Ding, dang, dong.
Kanon zu 4 Stimmen, Worte und Weise aus Frankreich um 1860

Glocken gibt es vermutlich schon seit über 4000 Jahren und schon immer
standen die Klänge einer Glocke sowohl im religiös-spirituellen als auch in
einem weltlichen Kontext. Mythologisch stehen Glocken für die Kommunikation mit übersinnlichen Wesen und in vielen Religionen gelten ihre Klänge
als Bindeglied zwischen Himmel und Erde.

---

[1] The Magnificent Seven, Elmar Bernstein, 1960

Sie fanden Verwendung als Musikinstrument, Wecker, Zeitgeber, Alarm-
signal und Aufruf zum Gebet. Ihr Klang sollte Götter besänftigen, Dämonen
bannen, Feinde und Beutetiere verwirren. In vielen Brauchtümern spielen
Glocken eine wichtige Rolle, wie beispielsweise im Alpenraum mit dem Aus-
und Einläuten des alten bzw. neuen Jahres oder beim Fasching, um böse
Geister zu verscheuchen.

Glocken beschreiben auch eine Art phonetischen Raum, denn das Gebiet,
in dem man die Glocken einer Kirche hören kann, gehört zu ihrer Gemeinde.
In dichter besiedelten Gegenden oder Städten wird durch einzelne Läuteordnungen festgelegt, wie die Kirchenglocken zu läuten haben, damit sich ein
harmonisches Klangbild ergibt, wenn mehrere Kirchen zur gleichen Zeit
läuten. Darüber hinaus wird in der Läuteordnung beschrieben, in welcher Art
und Weise vor, während und nach dem Gottesdienst, bei Taufen, Hochzeiten,
Bestattungen und ähnlichen Ereignissen die Glocken gespielt werden müssen.[2]
Durch die Anzahl der Glockenschläge und die speziellen Klangstimmungen,
Läutetechniken, Anschlagsarten der Glocken können sich viele unterschiedliche Motive und Melodien ergeben, so dass es möglich ist, z. B. bei einer To-
tenmesse durch ein bestimmtes System von Anschlagfolgen auch den sozialen
Status, Alter und Geschlecht des Toten zu vermitteln.

Anlass zum Läuten der Kirchenglocken gab es früher oft auch bei besonderen, nicht kirchlichen Ereignissen, z. B. bei Siegesfeiern oder Geburtstagen
von Landesherren und bei Katastrophen wie Unwettern oder Bränden (Sturm-
läuten).[3] Heute wird Glockengeläut weitestgehend nur noch mit der Kirche in
Zusammenhang gebracht. Ausnahmen sind das Glockenschlagen in der Neu-
jahrsnacht oder als Uhrzeit-Angabe regelmäßig zur Viertel- und vollen
Stunde. In aller Regel erklingen dazu zwei unterschiedliche Glocken, wobei
die mit der höheren Tonlage die Viertelstunden und die mit der tieferen die
vollen Stunden kennzeichnet. Bei einem 12-Stunden System könnte Drei-Uhr-
Nachmittags (15.00 Uhr) lautsprachig dann so klingen:
DING - DING - DING - DING --- DONG - DONG - DONG

Ein Glockengeläut kann aber auch zum Synonym oder Wahrzeichen für
eine ganze Stadt werden. Das Glockenspiel des Uhrenturms vom Westminster
Palace ist eines der bekanntesten Wahrzeichen von London. Die Melodie oder
der tiefe Glockenschlag zur vollen Stunde sind wahrscheinlich in jedem zweiten Fernseh- und Kinofilm als Klischee-Beschreibung für London zu hören
und der Radiosender „BBC London" nutzte sie als Pausen- und Erkennungszeichen.

---

[2] Beschreibung der Läuteordnung der Stadtkirche Bad Reichenhall:
     http://www.bad-reichenhall-evangelisch.de/kirchlichegebaeude/stadtkirche/glocken.html
[3] Mehr zu Läuteordnungen und ihre Bedeutungen:
     http://www.musicanera.de/lvb27.htm

Nicht nur große Glocken haben ihre auditive Bedeutung, sondern auch kleinere Glockenformen spielen in unserem Alltag eine klangliche Rolle. So schrillen Schulglocken bei Unterrichtsanfang und -ende, Theaterglocken rasseln mit einem Code die Zuschauer und Schauspieler auf ihre Plätze, Rezeptionsglocken rufen mit kurzem lauten „Pling" Hotelangestellte herbei, Kuhglocken lassen einen mit ihrem gemächlichen Dengeln an kitschige Alpenlandschaften denken und klingende Glöckchen sind zur Weihnachtszeit vor allem in den Medien allgegenwärtig.

2. TA TAAH TA-TA TAAH TA TAAAAH TA TA ...
Anfang des Prelude vom „Te Deum" von Marc-Antoine Charpentier, Erkennungszeichen der Eurovision, in Lautsprache

Eine Fanfare ist ein Tonstück mit Signalcharakter oder ein Musikstück für Trompeten und Hörner oder ein Musikinstrument oder die französische Bezeichnung für Blech- oder Militärmusik. Viele (klangliche) Umschreibungen für ein Wort und die Anwendungen sowie Assoziationen zu Fanfaren-Klängen sind vielfältig. Sie stehen für Macht, große Ereignisse, wichtige Nachrichten und bestimmte Handlungen.

Einfache Naturtrompeten wurden bei einer Vielzahl antiker Völker in Europa und Asien für liturgische und militärische Anlässe geblasen. Im frühen Mittelalter wurde das Instrument in seiner lang gestreckten Form für militärische oder höfische Zwecke genutzt. Könige und Feldherren ließen sich mittels Fanfaren ankündigen.

Die Jägerzunft ruft schon seit Jahrhunderten mittels festgelegter Horn-Signale zur Jagd. So wird beim „Anblasen" mit einer schnellen, aufsteigenden Tonfolge die Jagd eröffnet und beim „Abblasen" mit einer langsameren, absteigenden Tonfolge die Jagd beendet. Zusätzlich verleiht das traditionelle „Halali" der Zunft quasi eine eigene Klangmarke.[4]

Der Ausruf „Der König kommt!" wird Fanfaren- und Trompeten-Stößen oft gleichgesetzt, auch wenn Monarchen sich heute nur noch sehr selten mit Fanfaren-Ankündigungen durch die Straßen bewegen. Nicht zuletzt deswegen, weil in vielen Filmen und Hörspielen die Figur eines Königs mit einem satten „Trara" eingeführt wird. Und populäre Produktionen für Kinder wie z. B. „Der kleine König"[5], in denen ein Fanfarenstoß die Geschichte eröffnet, sind beste Voraussetzungen dafür, dass diese Konditionierung erhalten bleibt.

---

[4] Ursprünglich diente das Halali dazu, Treiber und Hunde lautstark anzufeuern. http://www.meutejagd.de/halali.html; Erläuterung verschiedener Jagdsignale: http://www.berufsjaeger-bayern.de/signale/
[5] „Der kleine König" von Hedwig Munck, Komposition Achim Gieseler, erschienen bei Universal Family Entertainment. http://derkleinekoenig.de, http://universalfamily.de

Herolde kündigten ihre Nachrichten mittels „Heroldstrompeten" an. Diese Art und Weise des Ankündigens ist immer noch ziemlich populär, zwar nicht mehr in Form eines Einzelnen, sondern durch Nachrichtensendungen im Fernsehen. Beim Vergleich der Nachrichten-Opener verschiedener Sender kann man feststellen, dass alle aus einer musikalischen Eröffnung bestehen, die stark durch Bläser geprägt ist, neben einigen anderen Erkennungsmerkmalen, auf die ich noch zu sprechen komme.

Die Eröffnung mit Fanfaren und Hörnern ist seit jeher ein fester Bestandteil von Großereignissen wie Paraden und Wettkämpfen. So werden bei den Olympischen Spielen neben der offiziellen Hymne auch eigens für die Spiele komponierte Fanfaren-Themen gespielt. Damit sollen Emotionen in Form von Spannung, Vorfreude und Gemeinschaftsgefühl ausgelöst und Freundschaft, Frieden und Einigkeit symbolisiert werden.[6]

Die klangvolle Bläser-Eröffnung eines Großereignisses wird oft auch bei Fernseh-Sendungen genutzt. So verwendet die Eurovision, ein Netzwerk der Europäischen Rundfunkorganisationen, seit über fünfzig Jahren das Prelude des „Te Deum" von Marc-Antoine Charpentier. Während damals das Musikstück als Opener verwendet wurde, um keine Nutzungsrechte zahlen zu müssen, ist es heute im Zusammenhang mit Fernsehprogrammen markenrechtlich als Logo exklusiv für die Eurovision registriert.[7]

Im Fernsehen ist allerdings nicht unbedingt ein Großereignis notwendig, um dieses Prinzip anzuwenden. Viele Sendungen und Serien haben Erkennungsmelodien, in denen Bläser die Leitinstrumente sind. Ein kleiner Auszug von vielen:
- Das Aktuelle Sportstudio - Thomas Reich/Max Greger (1963)
- Der Siebte Sinn - Alfred Noell (1966)
- Hitparade - James Last (1969)
- Tatort - Klaus Doldinger (1970)
- Die Sendung mit der Maus - Hans Posegga (1972)
- Glücksrad - Klaus-Peter Sattler - (1988)

---

[6] „The Opening Ceremony is the occasion of lighting the flame that burns during the Games. The delegations of all the nations participate in a formal parade. The music and choreography intensify these unique moments, which are filled with emotion, and symbolise friendship, peace and unity. (...) The Organising Committee for the Games in Salt Lake (SLOC) have entrusted John Williams with the task of composing the official theme of the Salt Lake City Olympic Winter Games. He previously composed the themes for the Summer Games in 1984, 1988 and 1996. Mark Waters has been appointed conductor."
http://www.olympic.org/uk/games/slc2002/gallery/index_uk.asp
[7] 50 YEARS OF EUROVISION, EBU DOSSIERS (2004), S. 36
http://www.ebu.ch/CMSimages/en/dossiers_1_04_eurovision50_ve_tcm6-13890.pdf

3. dit dah - dit dit dah - dah dit dit - dit dit - dah dah dah - dah dit
dit dit dit dah - dah dit dit dit - dit dah dit - dit dah - dah dit - dah
dit dit - dit dit - dah dit - dah dah dit
Das Wort Audio-Branding dargestellt in der Lautsprache des
Morsecodes (dit = kurz, dah = lang)

Mit der Industrialisierung und Entdeckung der Elektrizität entstanden neue Klänge, die in ihrer Beschaffenheit und Verwendung klanglich so prägnant waren, dass sie immer noch bestimmten Klischees, Tätigkeiten oder Ereignissen zugeordnet werden. Auf zwei davon möchte ich näher eingehen.

Der Morsecode ist ein Verfahren zur Übermittlung von Buchstaben und Zeichen. Dabei wird ein konstantes Signal ein- und ausgeschaltet. Dazu kann jedes Medium verwendet werden, das zwei verschiedene Zustände (Ton an, Ton aus) deutlich darstellen kann.

In seiner eigentlichen Funktion hat er heute an Bedeutung verloren und wird nur noch selten verwendet. Der Einsatz als klangliche Metapher dagegen für Kommunikation, Neuigkeiten oder Nachrichten wird in den Medien reichlich praktiziert. Einige Beispiele:

- Symbolische Morsezeichen werden bei Kurznachrichten als Opener und Trenner benutzt.
- In Spielfilmen werden Szenen, in denen moderne eigentlich lautlose Kommunikationsmittel wie z. B. Satelliten vorkommen, mit Morsecode-Tönen unterlegt.
- Das Signal, das den Wetterbericht der Tagesschau (ARD) beendet, enthielt früher den Code für „QAM ~ Wettervorhersage" (--•- •- --).
- Ein SMS-Signalton bei Nokia-Mobiltelefonen entspricht dem Code für „SMS" (••• -- •••).
- Die BBC nutzte die Anfangstöne der Beethoven'schen Schicksals-Symphonie als Pausenzeichen, welche mit dem Morse-Zeichen für V („Victory") übereinstimmt (•••-).
- Die Erkennungsmelodie der Heute-Nachrichten (ZDF) enthält den Code für „HEUTE" (•••• • •-- - •).

Bis in die achtziger Jahre standen in den Nachrichtenredaktionen Fernschreiber (Telex), welche Nachrichten in Schriftform übermitteln konnten. Diese erzeugten im Betrieb ein rhythmisch tickendes Geräusch (wie das schnelle gleichmäßige Anschlagen einer Schreibmaschine) und ließen Redewendungen wie „Tickermeldungen" oder „eine Nachricht läuft über den Ticker" entstehen.

Und damit möchte ich noch mal auf die Nachrichtensendungen des Fernsehens zurückkommen, deren Erkennungsmelodien sich im Wesentlichen aus drei Audio-Branding-Elementen zusammensetzen: Fanfaren-Motive, Morsezeichen und Tickergeräusche [8].

Eine besondere Art von Beständigkeit in Bezug auf Audio-Branding beweist dabei die ARD mit der Tagesschau, der dienstältesten Nachrichtensendung des deutschen Fernsehens. Entstanden 1952, hat sie sich im Laufe der Jahrzehnte nur fünf Mal klanglich verändert. Die größte Veränderung im Sinne von neu fand 1956 statt, als die erste Erkennungsmelodie, die noch sehr der UFA-Wochenschau [9] ähnelte, von dem bis dato gültigen Kompositions-Schema abgelöst wurde [10]:

1. Gong
2. Sprecher („Hier ist das 1. deutsche Fernsehen mit der Tagesschau")
3. Fanfarenmotiv (TAAAH TAA TA TA TA TAAH)

Der Gong übernimmt nicht nur die Funktion eines Auftaktes, sondern auch die eines Zeitzeichens (er ertönt zur genauen Uhrzeit des Sendetermins, meist zur vollen Stunde).

Unter dem Begriff Zeitzeichen versteht man die Folge eines oder mehrerer kurzer Signaltöne, die einen besonderen Zeitpunkt hervorheben sollen. Man hörte es häufig im Rundfunk zur vollen oder halben Stunde als Einleitung für Nachrichtensendungen. Eine akustische Kennung, die heute nur noch sporadisch genutzt wird (z. B. im Deutschlandfunk). Meist bestehen Zeitzeichen aus sinusähnlichen kurzen Tönen auf den Sekunden 57, 58, 59 sowie einem längeren Ton exakt zur vollen Stunde.

PIEP - PIEP - PIEP --- PIIIIEP ---------- „Es ist 12 Uhr. Sie hören die Nachrichten..."

Das Radio als rein akustisches Medium war natürlich von Anfang an darauf angewiesen, spezielle akustische Kennungen zu entwickeln, um die eigene Identifikation zu ermöglichen. Bis in die achtziger Jahre wurden von den Stationen eher bedächtige Pausenzeichen (mit viel Stille davor und dahinter) genutzt, die aus glockenartigen Tönen bestanden (Hessischer Rundfunk), sich aus Melodien regionaler Volkslieder zusammensetzten (Bayerischer Rundfunk: „Solang der alte Peter...") oder einfach das Senderkürzel in Töne übersetzten (Sender Freies Berlin: Drei Töne es - f - b). Die heutigen Jingles sind dagegen wesentlich lauter, dichter und aufwändiger produziert, weil sie neben Sender-Namen und -Frequenz auch die inhaltliche Ausrichtung und Zielgruppe vermitteln müssen (🕮 vgl. auch Artikel J. Groves).

---

[8] Ticker und Morsezeichen werden meist in Form eines klanglich musikalischen Rhythmus umgesetzt.

[9] http://www.deutsche-wochenschau.de

[10] Die Änderungen, die 1970, 1978, 1984, 1994, 1997 stattfanden, sind keine Neukompositionen, sondern zeitgemäße Modernisierungen. http://www.tagesschau.de/download/

Ein anderer Medienbereich, der schon sehr früh akustische Kennungen entwickelt hat, sind die Produktionsstudios für Kinofilme. Mit der Erfindung des Tonfilms war es möglich, die visuellen Logos vor dem Spielfilm akustisch zu untermalen. Zwei der Bekanntesten sind wohl das Fanfaren-Thema (!) von 20th Century Fox[11] oder das Löwenbrüllen von MGM[12].

4. Bond, James Bond.
Sean Connery, George Lazenby, Roger Moore, Timothy Dalton, Pierce Brosnan, Daniel Craig als „007".

1962 startete eine Kinoserie, die neben einem starken visuellen auch ein starkes akustisches Branding besitzt. In 22 (offiziellen) Filmen bis heute swingt sich die Agentenfigur James Bond als 007 durch die Filmwelt. Die musikalischen Elemente gehören neben bestimmten visuellen und inhaltlichen Elementen zum festen Bestandteil eines jeden Films und tragen ganz erheblich zur Wiedererkennung und Emotionalisierung beim Zuschauer bei. Im Wesentlichen bezieht sich das auf die Kern-Motive der Stücke „James Bond Theme" von Monty Norman (1962) und „007" von John Barry (1963). Sie werden konsequent in jedem Film eingesetzt. Z. B. in der Eröffnungssequenz mit Blick durch den Pistolenlauf oder in Filmsequenzen, die Bond in Aktion zeigen. Die ersten 20-30 Minuten eines Bond-Filmes sind dabei am stärksten durch ihr audiovisuelles Erscheinungsbild in Bezug auf Wiedererkennung geprägt:

- Eröffnungssequenz („Gun Barrel Sequence") - Variation des „James Bond Theme"
- Pre-Title-Sequence (als „Opening Gambit" oder Prolog) - Untermalung von Filmsequenzen mit Motiven der Stücke „James Bond Theme" und „007"
- Titel Sequenz (Credits) - extra komponierter Filmsong mit fast immer wiederkehrenden musikalischen Stilelementen wie z. B. starken dynamischen Bläsersätzen und die Einbindung des Filmtitels im Gesang.

Filmtheoretisch betrachtet sind alle drei Punkte notwendige Elemente der Diegese, der „erzählten Welt" des Bond-Universums, in der sich die Geschichte entfalten kann, damit der Betrachter sie versteht.[13] Und auch im Sinne

---

[11] Komponiert von Alfred Newmann, 1933
[12] „Leo the Lion" brüllte 1928 zum ersten Mal.
[13] Man unterscheidet zwischen „extradiegetischer" Musik (wenn sie von „außerhalb" der erzählten Welt kommt z. B. als Kommentarmusik oder zur Erschaffung von Atmosphäre und von den Figuren selbst nicht wahrgenommen wird) und „diegetischer" bzw. „intradiegetischer" Musik (auch die Figuren hören sie, wenn sie beispielsweise das Radio andrehen, tanzen etc.).

einer Markenpersönlichkeit „James Bond" sind sie fester Bestandteil dieser, weil sie maßgeblich zu ihrem Image beitragen.[14]

5. Neu und doch nicht neu

Beispiele wie die aufgeführten gibt es noch viele und sicherlich kann man bei einigen darum streiten, ob ihr Audio-Branding gewollt war oder sich erst im Laufe der Zeit durch den stetigen Einsatz dazu entwickelt hat. Aber das ist auch nicht wichtig. Es geht vielmehr darum zu verstehen, dass der konzeptionelle, gestalterische Umgang und Einsatz mit Klang nicht eine Trenderscheinung oder eine kreative Arbeitsbeschaffungsmaßnahme einiger Agenturen ist, sondern ein Prozess, der sich über die Jahrhunderte hinweg entwickelt hat und heute angesichts der immer mehr zunehmenden akustischen Überflutung und Verdichtung der Umwelt eine Notwendigkeit geworden ist. Nicht damit es noch lauter wird, sondern um wieder akustisch differenzierter wahrnehmen zu können und die klangliche Umweltverschmutzung zu reduzieren. In diesem Sinne, für ein (gut) klingendes Morgen.

(www) Klangbeispiele zu diesem Artikel auf **www.audio-branding.info**

---

[14] Die Musik wie auch die Eröffnungssequenz sind markenrechtlich geschützt. Sie dürfen nur in den Bond-Produktionen von „Eon Productions Ltd" verwendet werden.

A Short History Of Sound Branding

John Groves

Groves Sound Branding, Hamburg

1. History?

When I was asked to write a short history of Sound Branding, I felt like a six year old being asked to write his memoirs. Sound Branding hasn't even started walking yet, so what is with the history? Should I write a chronological list of the developments to date? Would it be interesting or useful? I called the man who had called me. "Wouldn't it be more interesting if I presented a case study?" I asked, "or if I present our methodology?" I could almost hear him pouting in the silence at the other end of the phone, so I sighed, agreed, got out my laptop and here I am – writing this short history of Sound Branding.

Ok, a short history of Sound Branding

Well, Sound Branding is old and new. It is so old, that the church has it and so new that it has to be explained to virtually every marketing or brand manager. Admittedly, I was one of the first out there on my soapbox preaching about it, but contrary to popular belief, I didn't invent it. Sound Branding evolved out of necessity from the established rules and procedures for visual branding. The eye, for some strange reason, is the preferred organ that brands have used up until now as the entrance to consumers minds. Brands now realize that sound may have been neglected as a communications tool. And things are changing rapidly.

The church, incidentally gave us what was possibly the first truly integrated corporate identity with all the trimmings. They have a very clear corporate structure, corporate behaviour (hands together) as well as corporate clothing (Cassock) and Corporate headquarters (Rome). And they have a logo (Cross), a brand sound (Bell) – even a brand instrument (Organ)! They also had corporate architecture long before *McDonald's*! But I digress…

2. Where it all started

But they want history! Let the harps play an arpeggio and make the TV screen go all wavy as we go back in time – to the year 1995…

This was the year that I had my first real consulting assignment for Sound Branding. I had used principals much earlier but this was the first time I actually was paid specifically for consulting and advising about the process of creating a Sound Identity and not just music production. When I think about it, *DEA*, as in "Hier Ist DEA – Hier Tanken Sie auf", was possibly the first brand for which I produced a complete Sound Identity – Sound Logo, Brand Song, Sound Icons, Soundscapes, and Telephone – the whole kit. And this was in the dark ages of 1987!

The main element for DEA wasn't a Sound Logo but a Jingle. Having grown up in England there are lots of jingles that were planted in my mind – and some of them are still in my head today. Jingles like " You'll wonder where the yellow went, when you brush your teeth with *Pepsodent*" and "boom-boom-boom-boom – *Esso blue*" or even "Now hands that do dishes can feel soft as your face – with mild green *fairy liquid*".

I am surprised that, after 30 or so years, these melodies and lyrics are still so clear. In exactly the same way that the lyrics of all the pop songs of my youth used the melody as a Trojan horse to get into my brain, these sponsored messages are still there available for instant recall – right along side "Hey Jude" and "Yesterday". Amazing! But, I digress…

The WDR

We didn't call it Sound Branding then. My contract was for the "development and implementation of Corporate Music for five radio stations". At the time, radio stations had problems seeing themselves as a brand and I was not a welcome guest for some of the producers. They feared that, by being considered a product (heaven forbid!), they would be treated in the same way as if the brand in question was a dog food. Actually, the process is virtually identical. Nevertheless, they were aware that, despite them having excellent program content, their conflicting programs and mix of music styles were no longer working. They were losing ground to the new private radio stations in a market where they had been alone for so long. Listeners perceived them as being distant and aloof. They realised that, unless some radical changes were made – not just to the product, but to their image and attitude – they would be losing even more listeners. They decided on a major program reform. The position of each station was musically analysed, redefined or modified and given a clear definition. To do this we needed to make an independent air check. In those days it involved sending two men to Cologne to record 48 hours of all five stations. This was possibly our first Brand Audit.

It was intended that WDR 1 would intensify its efforts as a youth station, but in the end it was decided they should leave the WDR umbrella and have their own ID (which proved to be a good decision as they have been immensely successful). The second program should be the main middle of the road AC (Adult Contemporary) station. The third would have a classical image, while Station number 4 is now what the Germans call a Schlager- and Volksmusik-Station although it is much more. Station 5 became a minority/political type programme but was then re-launched as a Talk Radio.

Having completed this basic restructuring, the individual programmes got juggled about and reassigned to new slots where they fitted better. A Sound Logo was created which strictly adhered to the criteria you will read later. Each station got its own fitting sound. Each program also retained its musical identity by having a unique theme and presentation package which conse-quently quoted or integrated the main WDR Sound Logo.

I realise that it is impossible to squeeze so much information about such a huge project into one little paragraph and make it understandable. I will cut to the chase and just say that the mission was accomplished. After the reform, the *Independent Media Analysis* reported that the amount of listeners for Eins Live (WDR1) went from a market share of 3.8% to 11.7% which is an increase of around 300%. Not bad, eh? And the last I heard was that WDR 4 is still Germany's most heard Radio Station. Now, I'm not claiming that these results are solely due to the new Sound ID, but as we are talking about a mono-sensory media, it just might have something to do with it!

And, dear friends, the main element for achieving this was a simple but sensible Sound Logo.

NIVEA
Another early project was *Nivea*. Here is a snippet of a lecture I first held at the Eyes and Ears of Europe annual conference in Cologne on October 1st 1999 (later also for the European Broadcasting Union at the *ZDF* in Mainz). It had the rather dry and lengthy title of „ The Neglected Potential – Audio Design as a Branding Tool for Radio and Television".

"A group of products are bound together under the name of Nivea, which was initially a brand name for a hand cream. It was decided that all packaging and communications for this range should use the prescribed CI. Until now, there have been no efforts to get all the products under one roof musically so we have several options. As the music is communicated to the public primarily together with pictures in TV Commercials, one option would be to use the same music for all products and all films. Here the same 20, 30 second recording is meant. That would indeed provide continuity but it would possibly also give us a few problems as well. Firstly, each product has an individual target group. The person wanting to get rid of his acne, for example, would most probably identify himself with another style of music than, say, the person wanting to get rid of grey hair or iron out her, or his, wrinkles. Secondly, the style & pace of each film would be different, as would be the emotional content. The solution is that every film should get its own

*individual music, illustrative or otherwise, with one element common to all –
the Sound Logo. When this Sound Logo is used consequently it will help
communicate the image of quality and competence expected from the name
Nivea by instilling a sense of trust in the listener."*

Nivea took our advice and the Sound Logo was developed and
implemented. Sadly, due to a number of reasons including creative resistance,
two unaligned advertising agencies and lack of Brand Sound Guidelines, it
just sort of fizzled out.....

3. The Sound Logo

Both the WDR and Nivea examples are based on Sound Logos. A Sound ID
does not however have to be based on a Sound Logo – and having a Sound
Logo is by far not the same as having a Sound ID. At the time of writing we
are in a transitionary phase. There is an acute awareness of the enormous
potential that a unique Brand Sound has to offer in brand communications.
The problem is that brands are enthusiastically adding ding-dong-dings at the
end of their TV spots and thinking they are *Intel*. They will soon discover that
it is not that easy.

In a study carried out by *Cheskin Research* and *Headspace* regarding
Sound and Brand[1], one of the key findings is that the sound was able to
communicate Intel's main brand attributes just as efficiently and effectively as
the visuals. The report findings indicate that, when designing the Sound Logo
(brand signature), it's critical that existing brand attributes be understood and
that sound expresses these attributes. The report concludes by saying that
sound can also have a negative impact on brand imagery.

So, what are we hearing here? Two bits of vital information: The first is
good news – „Sound alone has the capability to convey brand attributes". The
Intel Sound Logo was apparently designed to communicate attributes like
energy & high quality as well as to portray an accurate decade association.
The good news means that image building can be done equally well in a
cheaper medium – for instance radio. Cool! So, what's the bad news? I'll say
it again – „Sound can just as easily have a negative impact on brand as a
positive impact." Considering our current state of generic ding-dong-dings, it
is obvious that "communicating brand attributes" seems to have been left out
of the offending brand's shopping list!

Ok, I'll come down from the barricades. I'm passionate about this and
every time I hear one of those things on the TV I almost spill my tea. If things
don't change, the Sound Logo will have joined the ring-tone as a major cause
of environmental sound pollution.

---

[1] www.cheskin.com

But let's think positive. Soon, due to books like this one, maybe brands will become aware of criteria like fit, differentiation and consequent usage. They will discover that a good sound will help to make them more identifiable and memorable and help contribute to a more efficient communication. In plain talk, communications using good Sound Branding will be recognised with less push, which means more and better contact for less money. Eventually a good Sound ID can even become a brand asset but it's a long and bumpy road. Even the best Brand Sounds are useless unless there are agreed rules of usage and methods of enforcement and control. Nivea, the worlds 99th best global brand (*Interbrand - Best Global Brands by Value for 2006*) had to learn this lesson the hard way.

Books have a long life. It could be that by the time you are reading this that things have normalized and that all major brands have aesthetic and pleasurable – or at least bearable – Sound Identities. I'll drink to that! (Tea, of course!)

I'll say it again, Sound Logos are nothing new. Strangely enough, the ding-dongs are nothing new either! As kid, I can remember vividly how the sound of our doorbell triggered a voice in my head that said "*Avon* calling!" I don't even remember how it got there but the Sonic Mnemonic is indelible emblazoned on my brain.

Another one was the unique chimes of *ATV* television. Together with an animated graphic, the letters A - T - V unfolded, each accompanied by its own note. As a grand finale, the words "channel nine" came on the screen and were accompanied by three timpani hits – two deep, one high mimicking perfectly the spoken rhythm of the words "Chan - el nine" - dim-dim dum!

3.1 Methodology

As mentioned before, there are forms of Sound Branding that don't use a Sound Logo, such as the Key Sound Elements used by *O2* and *Gerolsteiner*, but in most cases Sound Logos currently provide the basis for a Sound ID. So, what can be done to prevent a brand that has just discovered the benefits of communicating with sound and music from developing an irrelevant or non-specific Sound ID? The Sound Logo Design and Judgement Criteria is the basis of the methodology that is used today at *Groves Sound Branding*. It was partly developed from experience gained from working with the world's leading branding companies. Back then, I was amazed at how systematic the approach of such companies was compared to that of the music producer/composer and the kind of briefings we still sometimes get from advertising agencies. Creative people such as musicians and composers as well as agency people used to shudder at terms like methodology, strategic development and structured process. Things are changing and getting more in-line with the mind-set of the likes of communication & brand managers.

A Sound Logo is a Sonic Mnemonic – an audible mnemonic device that can make associations and links. Some examples are police sirens, the ringing of a telephone, the cry of a baby. We know that sound and music can also communicate emotions and create geographic as well as time-related links. The relationship of sound to colour, although perhaps not so widely known, is well documented by such people as Goethe & Kandinsky.

But, let's get to work: We have learned that a Sound Logo should ideally communicate brand attributes. What other qualities does a good Sound Logo have to have? The catalogue of parameters may vary slightly from case to case, but importance is usually placed on the following criteria. They are primarily the design parameters but they are identical with the judgement criteria for the selection of Sound Design Elements. In the meantime, the following criteria have pretty much become the accepted norm:

3.2 The Criteria

Fit

When talking about "fit", we don't mean fit as in healthy, but more like pertinent or relevant. Match or conform may even be more accurate. It wouldn't hurt if the Sound Logo had relevance to the brand. It's not paramount, but take a look at *Deutsche Telekom* (*T-Mobile*), *Audi* and *Intel*. They are benchmarks and all "fit" wonderfully. Ideally a Sound Logo, as part of a Sound Identity, will reflect the brand's values and interpret its attributes into sound or music. If a good fit is not possible or, for whatever reason, not desired, it is very important not to contradict any of the brand's values or its attributes. This will most definitely have an adverse effect. It's like wearing a jacket that's much to big or small or in a style that really doesn't fit you. It's not gonna been flattering!

Distinctive

The Sound Logo has to be distinctive. Otherwise you are not going to be recognised or you'll be confused with someone else. Sometimes so-called "me-too" products want to have an indistinct generic sound – and possibly be intentionally mistaken with someone else, but usually, differentiation is essential, which makes this a very important parameter to get right. Differentiation means being different (surprise, surprise!) – but different from what? Or from who? This is why it is important to know what's happening sound wise in your market sector – or better in the whole market place. When you know who is doing what, you must be able to quantify the data. This makes things measurable and therefore comparable. Only then can we identify clusters and free areas – and identify the benchmarks. To stay distinctive we recommend protection by registering the Sound ID as a Sound Trademark.

Memorable

Seems logical. Who would want something you cannot remember? This parameter is a little more difficult to quantify, as it is highly subjective. It relies on the talent of a composer or sound designer creating something that will have the properties necessary for retention by the masses. Being distinct and unique is half way there, but memorability is by definition, the ability of being able to recognise and recall. This is important for building associations. One way to achieve memorability is to be catchy and make what the Germans call an „ear worm". It's a sort of a mini hit that you can't get out of your head. But one note or even just a sound can be both distinctive and memorable. For instance, the first note of "Sloop John B" from the *Beach Boys* or the first chord from "Hard Days Night" by the *Beatles*. Both are instantly recognisable and unmistakable. They are so emblazoned in our minds that there is no doubt that they are memorable (🕮 see also article H. Raffaseder). They are in fact "unforgettable" (Thank you, Nat!)

Flexible

There are two kinds of flexibility: musical and technical.

Musical flexibility is necessary if a theme is to be quoted in different musical contexts or styles. Not all melodies have the same degree of flexibility. Melodies containing strange intervals or blue notes will not be as easily variable as simple melodies based on the tonic and dominant notes of a scale. Some melodies in a minor key may be emotionally inflexible. A system has been developed to ensure that proposed themes or Sound Logos conform to certain rules to ensure both tonal and genre flexibility. If it is intended right from the beginning that the Sound Logo will be quoted in different music styles and instrumentations, then paying close attention to flexibility is a must

Technical flexibility refers mainly to the choice of audio frequencies. Certain sounds will not work optimally in all applications – listen to the *Philips* simplicity Sound Logo and the *Audi* man & machine Sound Logo (🕮 see article K. Bronner). Although both score top marks in "fit" by optimally communicating the brand values, the Sound Logo from Philips is so sharp that it cuts like a knife right between your eyes. And Audi's backwards heartbeat leaves my television loudspeaker's tongue hanging out – exhausted. What's more, neither of them can work effectively cross-platform due to limited and non-optimal frequency spectrums.

So, ideally a Sound Logo should work equally well in all applications and touch points. For a number of reasons, this may not always be possible. Firstly, current and possible future applications must be identified by studying the various touch points. Then, by bringing the relevant touch points into descending order of importance it will become apparent which applications may or may not be compromised.

Concise

A good Sound Logo has to be short and to the point. My team has forbidden me to use the word „synergy," which used to be one of my favourite Buzzwords. I wish someone would forbid me to say "less is more", because I hate it! But it applies here. No excess baggage. No waffling around. What good is a 10 notes Sound Logo that will end up having to fit a two-second visual. So for concise, also read „short". *Deutsche Telekom (T-Mobile)* manages to get its message across in 880 milliseconds (Yes, we measured it!).

So, we have established that the practice of Sound Branding has existed a lot longer then the term, but using Sound Logos has only really caught the imagination of the marketing community since *Intel* and *Deutsche Telekom (T-Mobile)* started having such documented success. At the time of writing, these two Sound Logos are still the benchmark with regard to both design and usage. Let's consider branding in its most elementary sense – marking something to make it recognisable – although not with a red-hot branding iron but with sound. I have a cartoon in my head of a herd of cows out on the prairie. Each cow has its individual brand mark on its rump, but acoustically, they are all just mooing. Sound Branding, as a process is able to give the cows that belong to a particular Ranch its own unique moo – I mean voice. Ideally, it is a voice that reflects the image or values of the ranch – a voice that makes our sound branded cows stand out from the crowd.

These basic parameters, together with other findings, form the basis of the creative brief for creating the Sound Logo. They are the same exclusive objective criteria that must be agreed to in a creative workshop as judgement parameters.

So remember – „Fit, Memorable, Flexible, Concise, Distinctive". Unless all five criteria are met, it is the wrong idea and it should be discarded. Otherwise there is a big chance of you getting lost in the crowd with the "ding-dong dingers". On the web site of a well-known Sound Designer, a Sound Logo is defined as being "an acoustic illustration of an animated brand logo". I hope I have convinced you that it is much, much more!

4. Creativity – Strategy

Being regarded as a creative person, I am frequently asked "How do you always come up with an idea? Aren't you worried that you will dry up?" I now answer "Not any more!" I can remember in the early days when I have walked out of an agency briefing laughing and backslapping, just to find myself later biting my lip in the back of a taxi on my way back to the office thinking "Shit! What am I going to do?" Then I started reading books on how to be creative, usually titled something like "How To Be Creative" (Very creative title?). I learned a few basics that helped me define some of the criteria for approaching the task of composing. It taught me that one must have a strategic process to channel the creative energy. It is no good having your net set wide to trawl in any ideas that come. The net must be set very slim so as just ideas that fit the defined criteria swim in.

This would be out of the scope of this article if I try to go to deep into this aspect, but it is important to mention it, as this was the birth point of the development of a structured process for creating a Sound Identity – the process that is now called Sound Branding. Well, elsewhere in this book I'm sure you will find other terms for it, which just proves that the saying "ask three experts, get four opinions" could be true!

5. Intuition versus strategy

I would risk stating that developing anything that will be put to use should have a system. I am constantly surprised to discover how many decisions are made without weighing up options and analysing needs. Sound Communications, to have optimal effect, cries out for a system. It must be analytical and use experience values and data. But a system should not totally rule out intuition. Intuition, a sublime sense based on buried knowledge and experience should not be confused with guesswork. The sound of a brand is far too important to leave to intuition. Brands need strategy. Nevertheless, intuition is vital for an accurate interpretation of data and statistics. It shouldn't be ignored when making judgement or forming an opinion. Many wrong decisions are made based on the blind trust of data. When you are presented with information suggesting or stating that 1 and 1 is 3, I suggest you double check. There are a number of well documented historic boo boos that have been based on wrong or wrongly interpreted data (see section 'music experts').

But Sound Logo & Sound ID development isn't the only area of Sound Communications that should follow a structured process. Brand & artist partnerships (📖 see also article C. Ringe), as well as the development of Corporate or Brand Songs will benefit from a systematic approach. Even the choice of music for a campaign or a single TV spot will be surer if based on existing structured processes and not purely personal preference – or guess work!

6. Future applications

Where can things go? Currently, the buzzword is Multi-sensory Communication. Here we are talking 3S 2T – Sight, Sound, Smell, Taste and Touch. So, let's have a look at smell (what?). As we don't yet have Smelly-vision, we will have to consider the product itself, the point of sale – and the packaging. But stop – I'm not going to get into Multi-sensoral Communication, as it is apparent that we are not yet able to optimally use the dual-sensory communication possibilities we have had for years.

So, staying in the sound domain, we have the obvious touch points where sound can be used. But what about the product itself or the packaging? Using the sound of the packaging in brand communications is in itself nothing revolutionary. Over the years we have been involved with it ourselves a few times. The "crinkle-crinkle" of a *Schmackos* dog food bag was an effective Sonic Mnemonic which was built into radio and TV ads in the eighties. The sound of the metal bottle top holder for *Flensburger Pilsner* is still being used today. We also had a hand in the "thwack" of the *Visa Card* and the "Zisch" of *Coca Cola Light*.

But, how about the other way around. Taking the Sound Logo or another element of the Sound ID and using it in the packaging? Well, I haven't seen it yet, but there are methods of giving the packaging a sound that could tie in to other touchpoints and become a part of a Sound ID. I have heard of supermarkets with shopping carts that use Bluetooth to trigger small sound chips in packaging or shelves as the shopper passes by. For such applications, a brand's Sound ID is going to have to be pretty distinct to be recognisable.

7. Music Experts

Depending on who is responsible for the music choice, the end result can be very different. There is a danger of directors and creatives over-involving their egos and putting their desire of winning creative advertising prizes above the job of creating an optimal homogenous and cohesive piece of audio-visual communication.

A common problem is that creative persons are more concerned with aesthetics then marketing matters. They have very little knowledge of the communicative possibilities of music, something that will disappear in the future when Sound Studies become a part of standard schooling. Some may even have the prime objective to be regarded as hip by their peers. (Mainstream? Moi?) I have experienced all the phases – *Yello, Classical, Vangelis, Moby, Buddha Bar, Massive Attack, Fatboy Slim, Cafes Koss* and *del Mar, Drum n Bass*. Trouble is that, demographically most of this music is elitist and has a minority appeal. It creates an impression of hipness in the mind of the creator but what about the target group? The worm must taste good for the fish, not the angler. If we look at car advertising, which usually sets the standards for aesthetics, we went through a long period of using drum n bass. One brand after another used the same music style, regardless of the brand attributes, the image or their client group. Even if we disregard the desire for differentiation, the creatives are using the same worms to catch all sorts of fish. Even low price, mass market car models have used cutting edge yuppie sounds in their TV advertising that went way over the heads of their potential buyers. The music must fit.

Sounds simple, doesn't it? It is actually that simple. The music must fit in one way or another. It must not alienate the receptor, or he will just switch his brains to standby and he won't feel addressed. Look at the target group and decide on a style or genre that won't alienate them. Decide on what function the music should have. Put these two things in your briefing and you are well on your way.

Still, marketing managers continue to rely on personal preference to define the sound of their brand. Why is this? Why is every one suddenly a music expert? The *iPod*? Who knows, but fact is there is a lot of over-confidence of decision makers regarding their music communication choices. The choices are often based on personal subjective taste or their own interpretation of the brand's perceived image especially when it comes to using certain styles of music or sponsoring a specific artist.

Apart from the Intel study, there is a wealth of empiric evidence to prove that using the wrong music can actually harm the brand (🖫 see also article K. Bronner). I suggest we all accept this. For those who don't believe that there is a right or wrong music, I suggest that this evening you create the ambience for a romantic candle light dinner – and put on a CD of German marching music. (That'll get you both in the mood!)

Ok, we are only human, but in the present climate brands just can't afford to make errors. Some say that if you are not making mistakes you are not doing enough, but make this an exception. Here you can't risk learning by doing, especially considering that music has the potential to become a brand asset.

8. Brand Sound Consultants

Some are still sceptical about the concept of Sound Branding, despite the overwhelming evidence of its benefits. Recently, a creative director sneeringly asked me why I think the world needs a Brand Sound Consultant. I answered that there are many areas where I would consider it wise to enlist the help of a specialist. For example, I have a financial advisor, a fitness advisor and an architect. Their experience and knowledge, not to mention passion and talent, have a huge value to me. There is no way I could achieve the same level of expertise in all these fields and I can't afford to make mistakes: Not with my building activities – or my health.

To illustrate the importance of expertise, I like to use the analogy of the architect and the builder because I think it makes it clear what we are up against.

Before we set out to build a house it is always a good idea to have a plan. Except for the lucky few who can allow themselves the luxury of "learning by doing" it is also advisable to have an architect. He will be educated in all aspects of house building and will have had the necessary experience to prevent you from making mistakes. He will be able to make sure that the owners' wishes and preferences are considered at the right time. He will also be able to advise on details that will improve the functionality of the building and possibly enhance its value. When the architect is removed from the equation, the builder will only build the house that the client orders. Sure, the basic requirements – such as floor, walls and roof – may not pose much of a problem. The problems come in making an efficient and effective plan. What is needed, how will it be done and in what order? Even with a good builder who is helpful and involved, he can't possibly be held responsible for asking the right questions at the right time. Questions like: Where does the sun rise? Is it possible you will have more children? Do you really want the toilet next to the kitchen? The architect also acts as a moderator for channelling the opinions and wants of involved parties. He speaks fluent plumber, carpenter and electrician.

9. The ending

Sound Branding is powerful. The development process is a set of steps that, when done correctly and in sequence, will greatly increase your chance of getting to your goal quickly and effectively. It is not rocket science, even if some may mystify things making the process seem complicated and therefore more valuable. The process, if it is a good one, must be logical and plausible.

The Sound Branding Consultant has to be clear and understandable and develop a common language with his client. In the end, marketing criteria and brand attributes must be translatable into sound and music. In short, he has to bring objectivity into a highly subjective theme. This role is not a replacement for the composer or music producer. It requires a whole different collection of skills, experience and perception.

So, I managed to sneak in a few work examples and a chunk of my life story along with the compulsory history. But Sound Branding is not an absolute science: New knowledge is being amassed every day. The first movers and early adopters have long since been reaping the benefits.

It is my hope that books like this will contribute to more effective and efficient sound communications by making guess work history.

(◀ www) Klangbeispiele zu diesem Artikel auf **www.audio-branding.info**

Literatur

Dieser Artikel enthält Auszüge aus dem Buch „Brand Sound!", das 2007 beim Hermann Schmidt Verlag Mainz erscheint.

This article contains excerpts from the book „Brand Sound!" that will be published by the Hermann Schmidt Verlag Mainz in 2007.

B. Klangvolle Marken:
Von der Marke zum Markenklang

Von der Markenidentität zum Markenklang als Markenelement

Karsten Kilian

Universität St. Gallen, Markenlexikon.com, Würzburg

1. Markenidentität als Basis

Unternehmen prägen Marken und Marken prägen Unternehmen. Sie formen die Identität eines Unternehmens und seiner Leistungen und lassen bei den Kunden auf dem Wege der Markenkommunikation ein Image des Unternehmens entstehen. Bei der Corporate Identity (CI) handelt es sich dabei um das Selbstbild des Unternehmens, wohingegen das Corporate Design als Fremdbild der (Unternehmens-)Marke aus Kundensicht bezeichnet wird.

Ausgangspunkt jedweder Markenkommunikation bildet die Unternehmens- bzw. Markenidentität. Verfügen Unternehmen wie *Siemens* oder *Virgin* über ein Markenhaus (Branded House), bei dem (fast) alle Produkte unter der Unternehmensmarke angeboten werden, so sind Unternehmens- und Markenidentität deckungsgleich. Verfügt ein Unternehmen demgegenüber über ein „Haus der Marken" (House of Brands) mit vielen separaten Einzelmarken wie es bei *Procter & Gamble* und *Unilever* der Fall ist, so weichen Unternehmens- und Markenidentität mehr oder weniger stark voneinander ab. Meist wird dann, ausgehend von der Mission und den Werten der Unternehmensphilosophie, die gewünschte Markenidentität abgeleitet. Im vorliegenden Beitrag wird zur Vereinfachung von einem Markenhaus ausgegangen, weshalb die Begriffe Unternehmens- und Markenidentität (Corporate bzw. Brand Identity) synonym verwendet werden.

Die Markenidentität dient als Grundlage für die Auswahl und Entwicklung geeigneter Markenelemente. Grundsätzlich kann sie nach Aaker definiert werden als „a unique set of brand associations that the brand strategist aspires to create or maintain. These associations represent what the brand stands for and imply a promise to customers from the organization members."[1]

Bei der Markenidentität handelt es sich Burmann und Meffert zufolge um „das bestimmende Konstrukt, welches eine Marke authentisch werden lässt und sie nachhaltig differenziert."[2] Aaker zufolge verdeutlicht die Markenidentität den Mitarbeitern eines Unternehmens die Richtung, den Zweck und die Bedeutung der eigenen Handlungen im Sinne der Marke.[3] Die Markenidentität kann auch als Selbstverständnis eines Unternehmens bzw. eines Leistungsangebotes und damit als Vorstellung von sich selbst verstanden werden. Sie beschreibt, wie eine Marke aus Sicht des Unternehmens aufgefasst werden sollte und erleichtert im Außenauftritt die Abgrenzung vom Wettbewerb. Innengerichtet bietet die Markenidentität einen Orientierungsrahmen für das eigene Verhalten.

Zu den konstitutiven Merkmalen der Markenidentität zählen Konsistenz, Einzigartigkeit, Reziprozität und Kontinuität (KERK). Die Identität muss erstens Widersprüche bei Entscheidungen und in der Kommunikation der Marke nach innen und außen vermeiden. Sie muss stets an allen Berührungspunkten (Touchpoints) mit den Kunden auf die gleiche Art und Weise erlebbar sein. Zweitens gilt es eine Identität zu finden, die über ein hohes Maß an Individualität verfügt und sich damit klar und deutlich vom Wettbewerb abhebt und abgrenzt. Dabei muss berücksichtigt werden, dass eine Markenidentität drittens erst durch die Interaktion mit den Nachfragern an den Touchpoints entsteht. Schließlich gilt es viertens die essenziellen Merkmale, den Kern der Markenidentität, im Zeitverlauf gegen alle Widerstände beizubehalten.[4] Keller spricht in diesem Zusammenhang auch vom Brand Mantra bzw. der Marken-DNA.[5] In ähnlicher Weise verwendet Deichsel die Bezeichnung des Genetischen Codes der Marke, dessen Leistungsmuster Orientierung bietet. Der Genetische Code verdeutlicht Möglichkeiten und Grenzen der evolutionären Erweiterung von Marken im Zeitverlauf. Dabei wird stets eine selbstähnliche, nicht mechanische Reproduktion angestrebt, die schöpferisch zwischen Wiederholung und DNA-konformer Variation pendelt.[6]

Während die Essenz und der Kern einer Marke Aaker zufolge vom Inhalt her unveränderlich sind, kann die erweiterte Markenidentität im Zeitablauf inhaltlich modifiziert werden. Aus kommunikativer Sicht sind demgegenüber alle drei Ebenen der Markenidentität selbstähnlich veränderbar, d. h. die Art der Kommunikation der im Kern unveränderlichen Markenidentität kann zeit-

---

[1] Aaker 1996, S. 68
[2] Burmann/Meffert 2005, S. 39
[3] Vgl. Aaker 1996, S. 68
[4] Vgl. Burmann/Meffert 2005, S. 45
[5] Vgl. Keller 2003, S. 45 und S. 153 ff.
[6] Vgl. Deichsel 2006, S. 317 ff.

gemäß angepasst wird. Im Folgenden sind die drei Ebenen der Markenidentität in Anlehnung an Aaker kurz erläutert[7]:

- Essenz: Ein einziger Gedanke, der die Seele der Marke einfängt
- Kern: 2-4 Dimensionen, die die Vorstellung von der Marke kurz und bündig zusammenfassen
- Erweitert: Strukturierung, Konkretisierung und Verdeutlichung der Identität durch wichtige Details und Elemente

Ist die Markenidentität festgelegt, gilt es im nächsten Schritt die Marken-positionierung abzuleiten. Sie beschreibt den Teil der Markenidentität, der gegenüber der Zielgruppe aktiv kommuniziert wird und einen klaren Vorteil gegenüber Wettbewerbsmarken deutlich hervorhebt.[8] Während zu de-finierende gemeinsame Merkmale (Points-of-Parity) einer Kategorie Asso-ziationen entstehen lassen, die eine Marke mit ihren Wettbewerbsmarken teilt und sie als legitimen und glaubwürdigen Marktteilnehmer in einer Leistungs-kategorie auszeichnet, werden die Differenzierungsmerkmale (Points-of-Difference) dazu genutzt, sich klar vom Wettbewerb abzugrenzen. Sie führen dazu, dass eine Marke als stark, vorteilhaft und einzigartig wahrgenommen wird.[9] Die Auswahl und Entwicklung primärer und sekundärer Marken-elemente hilft, dieses Ziel zu erreichen.

2. Markenelemente als Ausdruck der Markenidentität

Wie gezeigt wurde, gilt es zur Umsetzung der Markenpositionierung primäre und sekundäre Markenelemente auszuwählen und auszugestalten. Während die primären Markenelemente eine Marke erst zur Marke werden lassen (Muss-Branding), reichern die optionalen sekundären Markenelemente die Markenidentität zusätzlich an (Kann-Branding). Primären und sekundären Markenelementen gemeinsam ist, dass sie als zentrale Inputgrößen die Corporate Communications (CC) maßgeblich prägen, unabhängig davon ob über die Medien (z. B. in TV-Spots oder Printanzeigen) oder persönlich (z. B. durch den Außendienst oder auf Events) kommuniziert wird. Das Ergebnis sämtlicher Kommunikationsbemühungen an allen Touchpoints lässt sich anhand der Bekanntheit und den mit einer Marke verbundenen Assoziationen ermitteln, wie Abb. 1 deutlich macht.

---

[7] Vgl. Aaker 1996, S. 85 ff. sowie Aaker/Joachimsthaler 2001, S. 55 und S. 64
[8] Vgl. Aaker 1996, S. 71
[9] Vgl. Keller 2003, S. 131 ff.

Abb. 1: Von der Markenidentität zum Markenimage

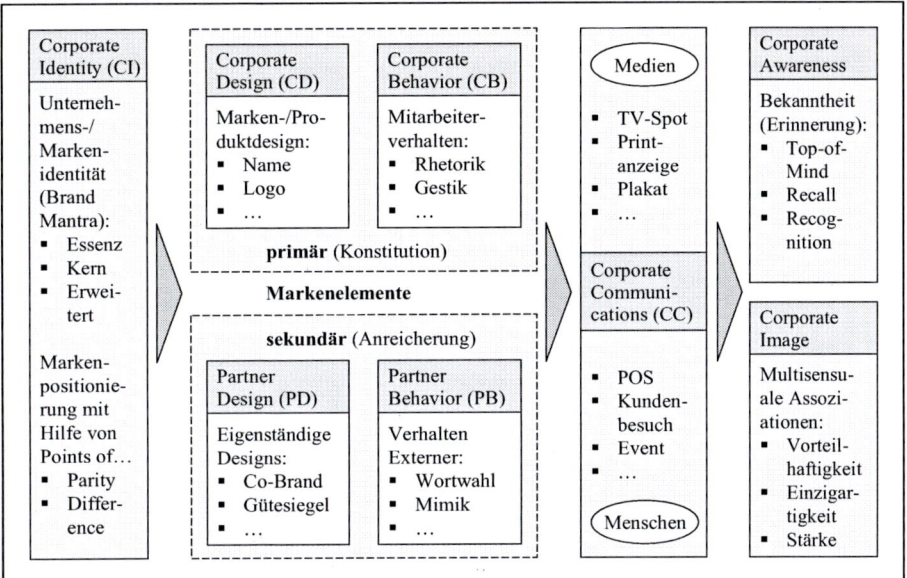

Im Folgenden werden mögliche Ausprägungen des primären und sekundären Brandings näher betrachtet. Als Bindeglied zwischen der Markenidentität und der Markenkommunikation nehmen sie eine Schlüsselrolle für den Markenerfolg ein.

2.1 Markenkonstitution durch primäre Markenelemente

Als primäre Markenelemente gelten „alle Gestaltungsparameter zur Markierung der Leistung."[10] Sie bilden die Grundlage jeder Marke und ermöglichen erst ihre Etablierung am Markt (Markenkonstitution). Zu den primären Markenelementen zählen unter anderem Markennamen, Internetdomains und Slogans, Logos, Symbole und Schlüsselbilder, Produkt-/ Verpackungsdesign und -haptik sowie Markenmusik, die im folgenden Kapitel ausführlich betrachtet wird.[11]

Daneben findet vermehrt auch der produktabhängig realisierbare, typische Geschmack bzw. Duft eines Angebots Berücksichtigung. Die drei oder mehr Sinne ansprechende Markenkommunikation wird zukünftig weiter an Bedeutung gewinnen, da klassische Elemente im Wesentlichen „ausgereizt"

---

[10] Baumgarth 2004, S. 160
[11] Vgl. Keller 2003, S. 174; ähnlich Baumgarth 2004, S. 160 ff., der in diesem Zusammenhang den Ausdruck Brandingelemente verwendet.

sind. Da sie bisher nur von wenigen Unternehmen genutzt werden, eignen sie sich hervorragend zur Differenzierung (vgl. hierzu auch den zweiten Beitrag des Autors in diesem Buch).

Neben diesen, zum Corporate Design (CD) zählenden, sachbezogenen Markenelementen, gilt es auch die gewünschte personenbezogene Corporate Behavior (CB) vorzugeben.[12] Besonderes Augenmerk sollte dabei neben dem Einsatz typischer Charaktere in der Werbung auf die Mitarbeiter an den verschiedenen Touchpoints gelegt werden, die im direkten Kundenkontakt stehen. Auch das Verhalten des Vorstandes, des Aufsichtsrates und der Markenmanager selbst sollte stets „im Sinne der Marke" erfolgen.

Abb. 2: Primäre Markenelemente

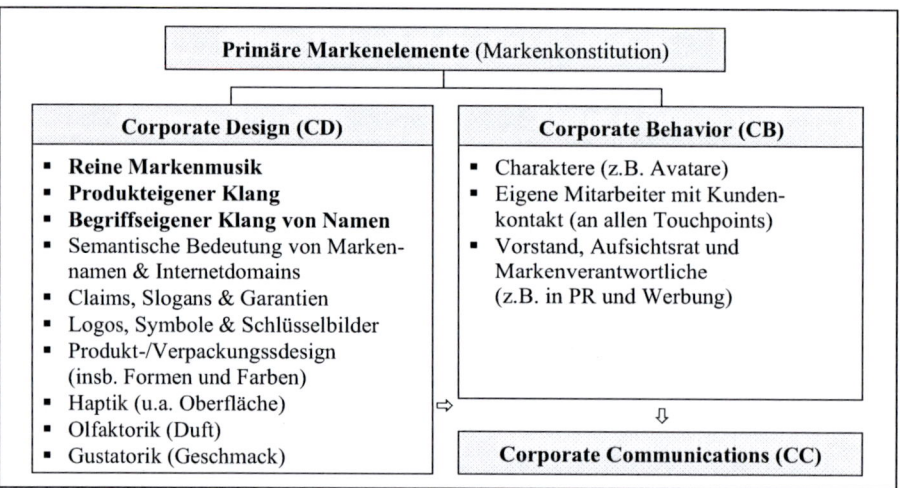

In Abb. 2 sind die wichtigsten primären Markenelemente zusammenfassend dargestellt, von denen die wichtigsten im Folgenden kurz erläutert werden. Dabei wird insbesondere auf bestehende Verbindungen zu akustischen Markenelementen näher eingegangen.

Zentrales Element jeder Marke ist der Markenname, der in den Köpfen der Kunden die Rolle des gedanklichen Bindeglieds zwischen den übrigen Markenelementen einnimmt. Seine Wirkung entfaltet der Markenname zum einen semantisch, zum anderen über den ihm inhärenten phonetischen Bedeutungsgehalt. Zur systematischen Namensentwicklung bietet sich das vom

---

[12] Bei einem Unternehmen mit einem „Haus der Marken" wäre an dieser Stelle stattdessen von (im Sprachgebrauch weniger gebräuchlichem) Brand Design bzw. von Brand Behavior die Rede.

Autor entwickelte ZEBRAS-Verfahren an, das den Findungsprozess in die sechs Schritte Zieldefinition, Entwicklung, Beurteilung, Ranking, Auswahl und Schutz unterteilt. Herzstück des Vorgehens ist die Entwicklung zielkonformer Markennamen, wobei mit deskriptiven, suggestiven, zufälligen und frei erfundenen Namen grundsätzlich vier schutzfähige Namenskategorien unterschieden werden können.[13]

Im Hinblick auf den Markenklang sind Markennamen in zweierlei Hinsicht bedeutsam. Zum einen lassen sich Markennamen klangbildlich umsetzen, z. B. als akustische Markenzeichen. Die vertonten Markennamen *Moulinex*, *Schneekoppe* und *Dentagard* beispielsweise bilden das auditive Gegenstück zu den verwendeten visuellen Identifikationselementen. Zum anderen kann das Klangbild der Namen selbst ebenfalls Markeninhalte transportieren. So klingt bei *Crunchies* bereits der beim Essen entstehende Knack-Knusper-Knirsch-Sound an. Bei *Bizzl* wiederum nimmt der Zischlaut in der Wortmitte das erfrischende „bizzeln" beim Trinken des Erfrischungsgetränks vorweg.

Allgemein gilt, dass die Verwendung bestimmter Vokale Einfluss auf die Vorstellung von Größe, Form und Helligkeit eines Objektes nehmen kann. Während ein „a" auf einen größeren Gegenstand schließen lässt, verbinden wir mit einem „i" eher kleinere Dinge. Bei Konsonanten wiederum können weich klingende, stimmhafte Konsonanten wie „l", „m" und „n" sowie „v" und „w" die Positionierung von Weiblichkeit, Sanftheit und Harmonie unterstützen, wie es z. B. bei *Nivea*, *Wella* und *Always* der Fall ist. Demgegenüber drücken hart klingende, stimmlose Konsonanten wie „k", „p" und „t" Männlichkeit, Dynamik und Technik aus wie die Beispiele *KitKat*, *Pattex* und *Tigra* deutlich machen.[14]

Eng mit Markennamen verbunden sind Schrift- und Bildlogos. Die stärker von graphischen Elementen geprägten Bildlogos lassen sich hinsichtlich ihrer Zeichenbedeutung in ikonische, indexikalische und symbolische Logos aufteilen. Wenngleich Logos bisher nur in den seltensten Fällen eng mit Markenklängen verbunden sind, so zeigt das Beispiel der *Deutschen Telekom* umso eindrücklicher, welche optisch-akustischen Verknüpfungsmöglichkeiten bestehen.

Der in Abb. 3 dargestellte „Di-di-di-dii-di" Markenklang der Deutschen Telekom besteht aus zwei hochfrequenten Tönen, die insgesamt fünfmal angespielt werden. Die fünf Töne entsprechen optisch den vier grauen Punkten – den so genannten Dots – und dem Telekom "T". Während die Punkte allesamt den gleichen Ton besitzen, erklingt das als visuelles Erkennungszeichen verwendete "T" eine Terz höher.

---

[13] Vgl. Kilian 2006, S. B4
[14] Vgl. Latour 1996, S. 43 ff.

Abb. 3: Logo und Markenklang der Deutschen Telekom[15]

Neben Logos zählen auch Slogans zu den zentralen primären Markenelementen. Bei Slogans handelt es sich um kurze Phrasen, die in der
Kommunikation zur Vermittlung deskriptiver und/oder emotionaler Informationen eingesetzt werden. Als vertonte Slogans sind sie häufig eng mit dem
Markenklang verbunden, wie der Jingle-Klassiker „Ei, Ei, Ei Verpoorten"
zeigt. Daneben spielen auch Satzmelodie, Rhythmus und ein eventuell ange-
wandtes Reimschema eine nicht zu vernachlässigende Rolle für die Wirksamkeit kurzer Werbephrasen. Bei den Slogans „Actimel activiert Abwehrkräfte"
und „Hartmann hilft heilen" beispielsweise wurde auf eine Alliteration
zurückgegriffen. Die gleich klingenden Anlaute sorgen nicht nur für einen
angenehmen Klang der Slogans, sondern erleichtern auch deren Merkfähigkeit.

    Schlüsselbilder wiederum ermöglichen es, die Positionierung einer Marke
den Kunden gegenüber zu vermitteln. Dabei lassen sich drei Formen von „Key
Visuals" unterscheiden[16]:

− Markennamen und Logos (z. B. *Michelin*-Männchen)

− Nutzenbezogene Bilderwelten (z. B. *Meister Proper*)

− Bildliche Erlebniswelten (z. B. *Bacardi*-Feeling)

Insbesondere bildliche Erlebniswelten haben dabei − neben der Identi-
fikationsfunktion − zur Aufgabe, Emotionen zu vermitteln.[17] Unterstützend
werden dabei fast immer stimmungsadäquate Markenlieder ein-gesetzt. Bei
Bacardi beispielsweise wird das mit dem Rum verbundene und in den
Schlüsselbildern visualisierte Lebensgefühl durch den Song „Summer
Dreamin'" zusätzlich verstärkt. In gleicher Weise nutzt *Langnese* bereits seit
mehr als 20 Jahren den Werbesong „Like Ice in the Sunshine" in
verschiedenen Interpretationen zur akustischen Untermalung der Langnese-
Erlebniswelt.

---

[15] Vgl. Ringe 2005, S. 73
[16] Vgl. Baumgarth 2004, S. 172
[17] Vgl. Kilian 2007b, S. 352 ff.

Als weiteres wichtiges primäres Markenelement gilt das Produkt- und Verpackungsdesign. Auf den ersten Blick scheint eine Verbindung zum Markenklang nicht gegeben. Wie jedoch noch gezeigt wird, nimmt insbesondere bei Fahrzeugen und Lebensmitteln das Sound Engineering wesentlichen Einfluss auf das Design.

Bei der Corporate Behavior verfügen neben allen Mitarbeitern mit direktem und indirektem Kundenkontakt auch Charaktere als kommunikative Verkörperung der Marke über starken Einfluss auf die Markenwahrnehmung. So wirbt *Spee* beispielsweise seit Jahren mit einem Sparfuchs für sein Waschmittel, während Herr Kaiser als fiktiver Versicherungsvertreter seit 1972 die Versicherung *Hamburg-Mannheimer* repräsentiert. Grundsätzlich handelt es sich bei Charakteren um reale oder fiktive Menschen oder Tiere, die zur Steigerung der Aufmerksamkeit und Sympathie gegenüber der Marke eingesetzt werden. Die Lila Kuh steht seit Jahrzehnten für die Marke *Milka* und die Mitarbeiter von Zomtec gaben der Marke *Bifi* bis Mitte 2006 ein Gesicht. Auch besteht die Möglichkeit, dass sich Eigentümer, Vorstände oder Geschäftsführer selbst als Persönlichkeit für die eigene Marke stark machen. Seit vielen Jahren bereits repräsentiert Firmenchef Claus Hipp seine Babynahrungsmarke und 2006 warb *DaimlerChrysler*-CEO Dr. Zetsche als „Dr. Z" in den USA auf unterhaltsame Art und Weise für die Konzernmarke Chrysler.[18] Im Fall von Dr. Z spielten die Sprache und der (Marken-)Klang eine wesentliche Rolle. So gab sich Zetsche durch seinen Akzent eindeutig als Deutscher zu erkennen und stellte auf diese Weise geschickt die Verbindung zu „German Engineering" her. Bemerkenswert ist allerdings auch, dass 80% der Amerikaner glaubten, dass „Dr. Z" eine fiktive Figur sei.[19]

Reichen die unternehmenseigenen Markenelemente nicht aus, um eine Marke im Zeitverlauf optimal zu positionieren, so bieten sich eine ganze Reihe unternehmensexterner Markenelemente an, mit denen die Positionierung einer Marke unterstützt, modifiziert oder erweitert werden kann.

2.2 Markenanreicherung mit sekundären Markenelementen

Sekundäre Markenelemente zeichnen sich dadurch aus, dass sie eine Marke anreichern. Durch die Verbindung mit anderen Objekten kann die Bekanntheit einer Marke gesteigert und das Image gestärkt oder verändert werden. Eine mit einer Marke in Verbindung gebrachte Persönlichkeit des öffentlichen Lebens kann auf diese Weise beispielsweise die Bekanntheit und/oder die

---

[18] Vgl. http://www.askdrz.com; allein bis Ende November 2006 wurden auf der Website mehr als 1 Mio. Besucher gezählt und 6,1 Mio. Fragen beantwortet.
[19] Vgl. Lindner 2006, S. 18

Glaubwürdigkeit einer Marke steigern. Zur Beurteilung primärer und sekundärer Markenelemente bieten sich folgende Kriterien an[20]:

- Merkfähigkeit (Recall; Recognition)
- Relevanz (Assoziationen; Fit)
- Sympathie (Attraktivität; Ästhetik)
- Transferierbarkeit (Leistungen; Kulturen)
- Anpassungsfähigkeit (Medien; im Zeitverlauf)
- Schutzfähigkeit (Klassen; geographische Reichweite)

Während die ersten drei Kriterien vor allem für den Markenaufbau bedeutsam sind, haben die drei letztgenannten Kriterien eher defensiven Charakter. Ihr Hauptaugenmerk liegt darauf, ob und inwieweit der in einem Markenelement enthaltene Markenwert bewahrt und wie umfassend er genutzt werden kann, d. h. wie stark seine Hebelwirkung ist.

Grundsätzlich kann bei den sekundären Markenelementen, ähnlich wie bei den primären Markenelementen auch, zwischen sach- und personen-orientierten Markenelementen, d. h. zwischen Design und Behavior, unter-schieden werden. Zu den typischen sekundären Markenelementen des Partner Designs zählen das Herkunftsland (Country-of-Origin) einer Marke, das Sponsoring von Veranstaltungen und das Co-Branding. In Abb. 4 sind die wichtigsten sekundären Markenelemente genannt.

Neben den sachorientierten sekundären Markenelementen spielen auch die Verhaltensweisen involvierter Verkaufs- oder Werbepartner (Partner Be-havior) eine wichtige Rolle für die Markenanreicherung. Insbesondere Markenrepräsentanten, auch als Testimonial, Präsenter, Endorsee, Spokes-person oder Celebrity bezeichnet, finden vielfach Verwendung. Gleiches gilt für Sponsoring-Partner in Sport, Kultur, Umwelt und Medien.

---

[20] Vgl. Keller 2003, S. 175 ff.; ähnlich Baumgarth 2004, S. 173

Abb. 4: Sekundäre Markenelemente

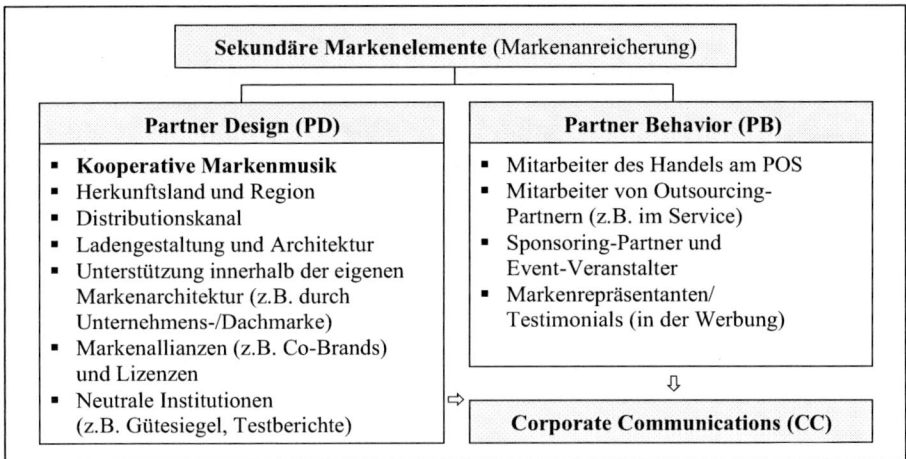

Insbesondere das Sponsoring von Musikveranstaltungen hat dabei in den letzten Jahren deutlich an Popularität gewonnen. Während früher überwiegend bekannte Popstars gesponsert wurden, finden sich heute zunehmend Engagements im Nachwuchsbereich, da die junge Zielgruppe bei überschaubarem finanziellem Aufwand optimal erreicht werden kann. *Jägermeister* beispielsweise hat die „Jägermeister Rock:Liga" und „Jägermusic" initiiert. In ähnlicher Weise fördert *Beck's* beim „Band Battle" Nachwuchsbands. *T-Mobile* wiederum präsentiert die aktuelle Tournee von Robbie Williams und eine Reihe von Festivals, z. B. „Rock am Ring" (⭥ vgl. Artikel C. Ringe). Welche weiteren Möglichkeiten des Einsatzes von Markenklang es gibt, wird im Folgenden kurz erläutert.

3. Klang als primäres und sekundäres Markenelement

Wenn von Markenklang die Rede ist, denken die meisten Marketing-verantwortlichen noch immer primär an Jingles. Doch die kurzen Tonfolgen stellen nur eine von vielen möglichen Ausprägungsformen akustischer Markenelemente dar[21], wie das vorliegende Herausgeberwerk zeigt. Für den gesamten Bereich akustischer Markenelemente findet sich in Literatur und Praxis bisher kein einheitlicher Begriff. Stattdessen werden die folgenden Begriffe meist synonym verwendet: Markenklang, Audio-Branding, Sound Branding, Brand Sound, Corporate Sound, Sonic Branding oder Acoustic Branding. Im Bereich des Markenrechts findet auch der Begriff Hörmarke Verwendung (⭥ vgl. Artikel M. Loeber).

---

[21] Vgl. Kilian 2007a, S. 315

Allen akustischen Markenelementen gemeinsam ist, dass sie emotional wirken und das Wiedererkennen von Marken auch jenseits der Aufmerksamkeit und außerhalb des Gesichtsfeldes ermöglichen. Der ungerichtete Hörsinn nimmt im Umkreis von 360 Grad vertikal, horizontal und selbst hinter Hindernissen alles wahr, was in seiner Umgebung anklingt.[22] Bei einem typischen Werbespot im Fernsehen beispielsweise können 24% aller Zuschauer den Fernseher temporär nicht sehen.[23] Es ist deshalb von großer Bedeutung, dass sich eine Marke akustisch durch Nennung des Markennamens und/oder durch Verwendung von Markenklang zu erkennen gibt.

Abb. 5: Typologie akustischer Markenelemente

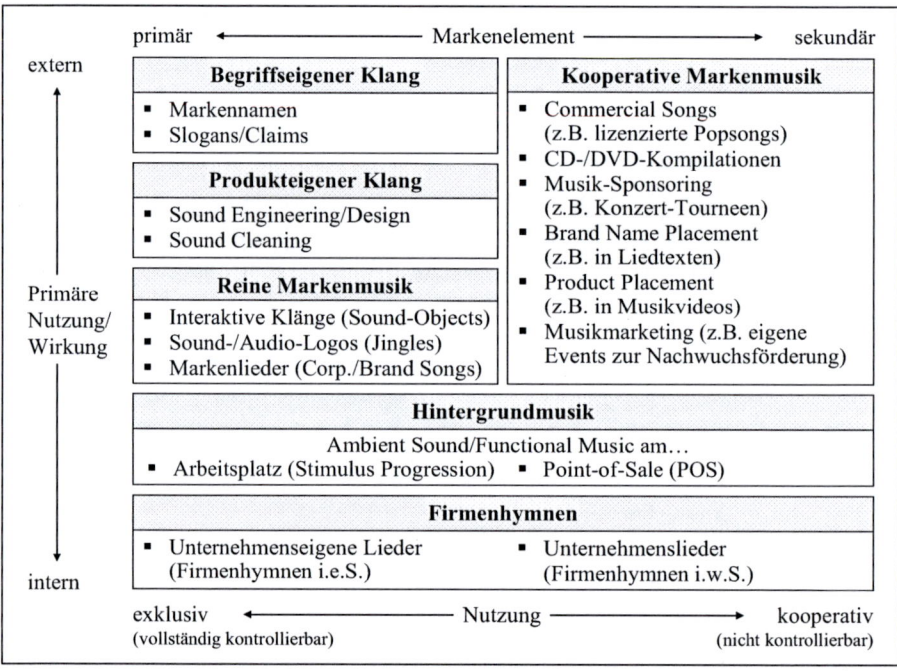

---

[22] Vgl. Kilian 2007a, S. 315
[23] Vgl. Brandmeyer 2003, S. 62

Grundsätzlich lassen sich akustische Markenelemente dahingehend unterscheiden, ob ihre Nutzung primär intern oder extern angelegt ist bzw. ob die Nutzung der Musik exklusiv oder kooperativ erfolgt wie Abb. 5 zeigt. Zur exklusiven internen Musik zählen Firmenhymnen, die zur Identifikationssteigerung der Mitarbeiter mit dem eigenen Unternehmen eingesetzt werden. Während Firmenhymnen unter anderem in Japan bereits weit verbreitet sind, sind Unternehmenseigene Lieder in Deutschland bisher nur bei wenigen Firmen zu hören. Die Baumarktkette *Obi* beispielsweise ließ sich von Udo Jürgens passend zur Unternehmensphilosophie das Lied „Mehr als nur vier Wände, an die man Bilder hängt" komponieren und der Haushaltswarenkonzern *Henkel* den Song „We together". Die *Deutsche Post* wiederum erklärte den Song „Hand in Hand" von Marshall & Alexander vor kurzem zur Firmenhymne, wobei es sich aufgrund der fehlenden Exklusivität der Nutzungsrechte im letzteren Fall lediglich um eine Firmenhymne im weiteren Sinne handelt.

Ähnliches gilt für Hintergrundmusik, die von Dienstleistern wie *Muzak* aus einer Datenbank mit über 1,5 Mio. Musikstücken nach zuvor festgelegten Auswahlkriterien zusammengestellt wird. Die Klangteppiche dienen primär als „atmosphärische Aufputschmittel"[24], mit denen eine verkaufsfördernde Stimmung erzeugt werden soll.[25] Hintergrundmusik wird auch als Ambient Music, Soundscape, Functional Music oder Kaufhaus- bzw. Fahrstuhlmusik bezeichnet. Im Gegensatz zu „absoluter" Musik nimmt sie als „Begleitmusik des Alltags"[26] einen sekundären Platz ein. Ein Selbstzweck fehlt. Stattdessen kommt ihr eine unterstützende Wirkung zur Erreichung anderer Ziele zu, z. B. zur Entspannung, Ablenkung, Unterhaltung oder Beeinflussung.[27] Aus diesem Grund wird Hintergrundmusik vielfach auch als funktionelle Musik bezeichnet, die gewünschte Assoziationen hervorruft. Sie wirkt meist unterschwellig und sorgt in Fachgeschäften, Einkaufszentren, Hotels, Restaurants und Bars sowie in Büroräumen für eine akustische Untermalung, die zur Stimulation oder Entspannung der Kunden bzw. Mitarbeiter eingesetzt wird und eine Wohlfühlatmosphäre schafft. In Unternehmen wiederum zeigt sich, dass bei Mitarbeitern am späten Vormittag und frühen Nachmittag die Arbeitsproduktivität nachlässt, weshalb Hintergrundmusik im Sinne einer „Stimulus Progression" auch gezielt zur Leistungssteigerung eingesetzt werden kann.[28]

---

[24] Fuss 2005, online
[25] Eine Übersicht mit mehr als 30 Audio-Branding-Dienstleistern findet sich hier: http://www.markenlexikon.com/experten_akustik.html
[26] Fuss 2005, online
[27] Vgl. Bronner 2004, S. 23
[28] Vgl. Solomon 2007, S. 57

Zur reinen Markenmusik wiederum zählen die bereits angesprochenen Markenlieder genauso wie die im Beitrag von ✎ Kai Bronner ausführlicher betrachteten Audio-Logos. Daneben bietet sich auch die Verwendung Interaktiver Klänge an, deren Einsatz in den letzten Jahren populär geworden ist, zum einen aufgrund informationstechnologischer Neuerungen wie dem Internet, zum anderen aufgrund der zunehmend digital gesteuerten Bedienung von Geräten. Während bei einer Website akustische Signale dazu dienen, Handlungen einzuläuten, zu steuern oder zu strukturieren, werden die auch als Sound-Objects bezeichneten Interaktiven Klänge bei Produkten vielfach dazu verwendet, durch technologische Verbesserungen weggefallene mechanische Geräusche durch künstlich erzeugte Klänge zu ersetzen. Beim Einstellen von *Siemens-Giga*-Schnurlostelefonen in die Ladeschale beispielsweise erfolgt eine kurze akustische Bestätigung, dass das Mobilteil auch tatsächlich mit der Ladeschale verbunden ist und das Gerät geladen wird.

Neben den kommunikativen Möglichkeiten in abgeschlossenen Räumen und über die Medien bietet es sich mitunter auch an, das Produkt selbst mit Hilfe von produkteigenem Klang derart zu konzipieren, dass ein ganz bestimmter Klang entsteht, der die Positionierung der eigenen Marke verdeutlicht. Beim deutschen Kekshersteller *Bahlsen* beispielsweise sorgt ein eigenes 16-köpfiges Entwicklungsteam für das Sounddesign des Süßgebäcks, wobei besonders der typische Knack-Knusper-Knirsch-Sound beim Biss in den Keks oder das Gebäck im Vordergrund steht, da mit ihm die Frische der Ware anklingt.[29] Ähnlich wird in den Sound-Laboren von *Kellogg's* die Konsistenz der Cornflakes so lange getestet, bis die „Crunchiness" der Maisflocken allein durch den Sound unterscheidbar wird.[30]

Bei den Premiumherstellern *Mercedes-Benz*, *BMW* und *Porsche* wiederum beschäftigen sich eigene „Sound Engineering"-Abteilungen tagtäglich mit dem Klang der eigenen Fahrzeuge. Ging es früher primär um Sound Cleaning, d. h. um die Reduzierung beziehungsweise Unterdrückung unerwünschter Motor- und Fahrgeräusche, so komponieren Sound-Designer heute aus mehreren Dutzend im Auto aufkommenden Einzelgeräuschen einen Klang, der die Autoqualität hörbar macht oder lassen den gewünschten Klang gleich ganz oder teilweise simuliert aus den Lautsprechern ertönen (✎ vgl. Artikel M. Haverkamp).

Bei Porsche beispielsweise liegt der Fokus der Klangingenieure auf dem Sicherheit vermittelnden Sound zuschnappender Autotüren, dem würzigen Klang von Auspuffrohren und Motoren sowie den „Klick"-Geräuschen beim Betätigen von Schaltern. Hauptgrund hierfür ist, dass Geräusche – im Sinne von „klingt gut, ist gut" – den Konsumenten häufig als Indikator für die Produktqualität dienen:

---

[29] Vgl. Fösken 2006b, S. 32
[30] Vgl. Zomer 2005, online

„Mit sattem Rums fällt die Tür ins Schloss. Das Ohr hört Sicherheit. Der Fensterheber röchelt nicht uiuiuiuiui!, sondern brummt ein dynamisches Bzzzzzz! Das Ohr hört Energie. Der Blinker trommelt ein dominantes Klickklack, Klickklack! Das Ohr hört Kontrolle!" [31]

So werden bei Porsche bis zu 5% der Entwicklungskosten in die wohl klingende Akustik investiert, [32] da die „Kunden nicht einfach nur ein Fahrzeug [kaufen], sondern auch ein emotionales Erlebnis" [33] das alle Sinne anspricht, wie Porsche-Pressesprecher Stefan Marschall betont. Bei Porsche geht es bei der Akustikgestaltung heute nicht mehr primär um Geräuschpegelreduzierung, sondern um die Erzeugung des Porsche typischen Sounds. Dieser lässt sich beim *Boxter* beispielsweise durch einen mit zunehmender Last steigenden Anteil tiefer Frequenzanteile erzielen. Größte Herausforderung dabei ist, dass sich allein der Boxtermotor aus rund 1.000 geräuschrelevanten Bauteilen zusammensetzt. Klanglich verstärkt wird der Sound durch das weiche, turbinenhafte Grundgeräusch des Boxtermotors. Zugleich wird versucht, alle störenden Vibrationen und Nebengeräusche auf ein Minimum zu reduzieren. Ziel ist es dabei nicht, das Innengeräusch möglichst gering zu halten, sondern das Motorengeräusch deutlich wahrnehmbar erklingen zu lassen, den typischen Porsche-Sound eben! [34]

Doch nicht nur die Produkte selbst können ein eigenständiges klangliches Profil aufweisen. Auch der Markenname kann, wie bereits kurz erläutert wurde, klanglich die Charakteristik eines Markenproduktes verdeutlichen. Aus akustischer Sicht handelt es sich beim Markennamen um das am meisten unterschätzte Markenelement. In ihm klingt stets eine Markenbotschaft mit, ob in gewollter Manier oder nicht. Ein Beispiel: Die beiden *Motorola*-Produktserien *Razr* und *Pebl* stellen zum einen semantisch einen direkten Bezug zu einem Rasiermesser (engl. razor) bzw. Kieselstein (engl. pebble) und den damit verbundenen Assoziationen her. Zum anderen wird auch klangbildlich das jeweilige Produktdesign im Namen selbst kommuniziert. Während der hart klingende Markenname Razr die kantige, schlanke Form des rasiermesserdünnen Handys anklingen lässt, vermittelt die weiche Aussprache von Pebl die sanfte, rundliche Form des kieselsteinförmigen Mobiltelefons. [35]

---

[31] Wolfsgruber 2005, S. 166

[32] Vgl. Wolfsgruber 2005, S. 164

[33] Fösken 2006, S. 73

[34] Vgl. Baumgarth 2004, S. 65

[35] Durch die um einen Vokal reduzierte, grammatikalisch gesehen falsche Schreibweise wird zudem sichergestellt, dass der deskriptive Name markenrechtlich geschützt werden kann; beim aktuellen modell *Krzr* (engl. cruiser) wurde sogar gänzlich auf Vokale verzichtet.

Im Gegensatz zu den begriffs- und produkteigenen Klängen sowie der reinen Markenmusik, die zu den primären Markenelementen zählen, gehört der Bereich Kooperativer Musik, wie der Name impliziert, zu den sekundären Markenelementen. Zwei Hauptgründe sind für die Nutzung Kooperativer Musik entscheidend. Zum einen kann, wie gezeigt wurde, mit Musik die eigene Zielgruppe besser erreicht werden. Zum anderen ermöglicht der Einsatz Kooperativer Musik gewünschte Imagetransfers. Bei der Auswahl sind deshalb vor allem geläufige Musikklischees und der Geschmack der eigenen Zielgruppe entscheidend. Die Werbung mit Musikstars funktioniert analog zur Testimonial-Werbung. Ziel ist es auch hier, Persönlichkeitseigenschaften eines Musikers oder einer Band auf die Marke zu transferieren, was im Beitrag von Cornelius Ringe eingehend erläutert wird. Mit CD- und DVD-Kompilationen von Musikstücken wiederum wird versucht, aktuelle Werbekampagnen zu unterstützen und musikalisch ausgedrückte Emotionen auf ein Produkt oder eine Dienstleistung zu übertragen.

Bei funktional zunehmend als gleichwertig wahrgenommenen Produkten wird die emotionale, erlebnisorientierte Differenzierung zum entscheidenden Differenzierungsansatz.[36] Musik ist einer der Schlüssel dazu. Verbunden mit einer Marke schafft gezielt ausgewählter Klang eigene Markenwelten, erzeugt positive Stimmungen und bewegt … vielleicht schon zum nächsten Kauf.

---

[36] Vgl. Kilian 2007b, S. 343

Literatur

Aaker D. A.: Building Strong Brands. New York: The Free Press 1996

Aaker D. A., Joachimsthaler E.: Brand Leadership. München: Financial Times Prentice Hall 2001

Baumgarth C.: Markenpolitik, 2. Auflage. Wiesbaden: Gabler 2004

Brandmeyer K.: Zu viel Gefühl. In: brand eins, Nr. 9, S. 59-62: 2003

Bronner K.: Audio-Branding. Akustische Markenkommunikation als Strategie der Markenführung? Diplomarbeit, Fachhochschule Stuttgart: 2004

Burmann C., Meffert H.: Theoretisches Grundkonzept der identitätsorientierten Markenführung. In: Meffert H., Burmann C., Koers M. (Hg.): Markenmanagement, 2. Auflage, S. 67-72. Wiesbaden: Gabler 2005

Burmann C., Meffert H.: Managementkonzept der identitätsorientierten Markenführung. In: Meffert H., Burmann C., Koers M. (Hg.): Markenmanagement, 2. Auflage, S. 73-114. Wiesbaden: Gabler 2005

Deichsel A.: Markensoziologie, 2. Auflage. Frankfurt: Deutscher Fachverlag 2006

Fösken S.: Im Reich der Sinne. In: Absatzwirtschaft Marken, S. 72-76: 2006a

Fösken S.: Marken binden Sinne ein. In: Creditreform, Nr. 8, S. 31-33: 2006b

Fuss H.: Die Diktatur der sanften Klänge. In: Zeit-Wissen, Online im Internet: http://www.zeit.de/zeit-wissen/2005/04/Muzak.xml 2005

Keller K. L.: Strategic Brand Management, 2. Auflage. Upper Saddle River: Prentice Hall 2003

Kilian K.: So selten wie Sternschnuppen – Die Suche nach einem genialen Markennamen ist nicht einfach. In: Frankfurter Allgemeine Zeitung, 06.09., S. B4: 2006

Kilian K.: Multisensuales Markendesign als Basis ganzheitlicher Markenkommunikation. In: Florack A., Scarabis M., Primosch E. (Hg.): Psychologie der Markenführung, S. 307-340. München: Vahlen 2007a

Kilian K.: Erlebnismarketing und Markenerlebnisse. In: Florack A., Scarabis M., Primosch E. (Hg.): Psychologie der Markenführung, S. 341-375. München: Vahlen 2007b

Kilian K., Brexendorf T. O.: Multisensuale Markenführung als Differenzierungs- und Erfolgsgröße. In: Campus02 Business Report, Nr. 2, Juni, S. 12-15: 2005

Latour S.: Namen machen Marken. Frankfurt: Campus 1996

Lindner R.: Werbestar „Dr. Z." darf weitermachen. In: Frankfurter Allgemeine Zeitung, 17.08., S. 18: 2006

Ringe C.: Audio Branding. Berlin: VDM 2005

Solomon M. R.: Consumer Behavior, 7. Auflage. Upper Saddle River: Pearson 2007

Zomer M. O.: Sinnliche Markenführung. In: business-wissen.de, Online im Internet: http://www.business-wissen.de/de/aktuell/kat10/akt21193.html 2005

Akustische Markenführung im Rahmen eines identitätsbasierten Markenmanagements

Dennis Krugmann

MarkenRegie, Bremen

Patrick Langeslag

acg audio consulting group GmbH, Hamburg / London

1. Relevanz des identitätsbasierten Markenmanagements in der akustischen Markenführung

Marken, aber auch die verschiedenen Medien befinden sich in einem Verdrängungswettbewerb. Über 3000 Werbekontakte und über 8 Stunden Mediennutzung pro Tag konkurrieren um die Aufmerksamkeit der Rezipienten. Dieses Problem wird durch die parallele Nutzung verschiedener Medien noch verstärkt. Aus Sicht der Rezipienten wird ihre gerichtete Aufmerksamkeit und ihre Zeit immer mehr zu einem begrenzten aber wirtschaftlich relevanten Gut. Nur die Medien und Marken, die aus Sicht der Rezipienten zu einem gewissen Zeitpunkt den höchsten Mehrwert bieten, bekommen die gerichtete Aufmerksamkeit.[1]

Das menschliche Gehör kann nicht deaktiviert werden. Es empfängt ständig akustische Stimuli, die bewusst oder unbewusst verarbeitet werden. Bei akustischen Schlüsselreizen kann die gerichtete Aufmerksamkeit und Wahrnehmung direkt ausgelöst werden. Dies kann einerseits gezielt zur Generierung von Aufmerksamkeit in der Werbung genutzt werden. Andererseits können akustische Signale – einen Fit zur Markenidentität vorausge-

---

[1] Vgl. Langeslag 2006, S. 51-52

setzt – bei nicht gerichteter Aufmerksamkeit das „Informations-Paradox"[2] unterlaufen, indem sie für die Markenwahrnehmung wichtige Bewertungs-faktoren vermitteln.[3] Gerade in Fällen von beiläufigem Konsum der Infor-mationen muss die Kommunikation schemakonsistent sein. In diesen Fällen ist die akustische Identität oft das Einzige, was die Rezipienten von der Werbung und der Marke wahrnehmen.[4]

Während schon seit langem der Einfluss akustischer Stimuli auf das menschliche Verhalten untersucht wird, gewinnt nun zunehmend der gezielte und strukturierte Einsatz akustischer Reize in der Markenführung an Be-deutung. Im Rahmen eines identitätsbasierten Markenmanagements er-geben sich in der akustischen Markenführung ganz neue Möglichkeiten für den markenbezogenen Einsatz akustischer Reize. Nutzungspotenziale bieten sich vor allem mit Blick auf die bisher fehlenden ganzheitlich management-orientierten Integrationsansätze akustischer Reize, die für ein zielgerichtetes Markenmanagement unverzichtbar sind.

Das identitätsbasierte Markenmanagement repräsentiert die prozessuale Planung, Koordination und Kontrolle aller markenbezogenen Entscheidungen und Maßnahmen in einem funktions- und unternehmensübergreifenden Kontext zum Aufbau starker Marken bei *internen* und *externen* Bezugs-gruppen.[5] Folglich berücksichtigt ein solch verstandenes Management *alle relevanten Stakeholder*, da es eine *innen- und außengerichtete* Perspektive vereint.[6] Damit kann der identitätsbasierte Ansatz als eine optimale Basis für akustische Markenarbeit angesehen werden.[7] Die akustische Markenführung lässt sich anlehnend an ein identitätsbasiertes Markenmanagement als eine integrierte Planung, Steuerung, Kontrolle und Koordination akustischer Reize durch die zweckmäßige Nutzung des identitätsbasierten Markenmanagement-prozesses interpretieren.[8]

Allgemein begründet die Markenidentität das Vertrauen relevanter Bezugsgruppen in die Marke und forciert auf diese Weise die Kunden-bindung und Markenloyalität.[9] So verwundert es nicht, dass auch im Kontext der akustischen Markenführung die Wichtigkeit der Markenidentität erkannt und deren Begrifflichkeit immer häufiger und geradezu inflationär verwendet

---

[2] Mit dem Informations-Paradox wird das Phänomen des unbewussten selektiven Filterns von Informationen beschrieben; bereits bekannte Informationen werden besser wahrgenommen als neue, unbekannte Informationen.

[3] Vgl. Eichelmann/Wild 2000

[4] Vgl. Langeslag 2006, S. 51-52

[5] Vgl. Meffert/Burmann 2005, S. 32; Burmann/Blinda/Nitschke 2003, S. 10

[6] Vgl. Burmann/Meffert 2005a, S. 42

[7] Vgl. Krugmann 2006, S. 3

[8] Vgl. Krugmann 2006, S. 9

[9] Vgl. Meffert/Burmann, S. 30

wird. Auffallend ist dabei, dass Terminologie und Konzeption, der in der Wissenschaft existenten und bewährten Identitätsansätze, von vielen Praktikern in ihrer Tiefe und Komplexität offenkundig ignoriert werden und die Markenidentität so fälschlicherweise zu einer leeren Worthülse verkümmert. Von letzterer grenzt sich das fundierte identitätsbasierte Markenmanagement nach Burmann und Meffert fundamental ab und bietet eine ernstzunehmende Lösung für ein professionelles Markenmanagement.[10]

2. Marke, Markenidentität und Markenimage

Ausgangsbasis des identitätsbasierten Markenmanagements ist die Marke mit ihrer Markenidentität, die das zentrale Leitbild für das Markenmanagement sein sollte. Dabei ist die Marke ein holistisches Bezugsobjekt oder Nutzenbündel mit spezifischen physisch-funktionalen und symbolischen Merkmalen, das sich von anderen Nutzenbündeln differenziert.[11] Da die Marke alle von ihr ausgesendeten und wahrnehmbaren Signale umfasst,[12] sind auch akustische Reize unweigerlich Bestandteile der Marke.[13] Die Markenidentität umfasst hingegen alle *raum-zeitlich gleichartigen* Markenattribute, die die Marke in *nachhaltiger* und *essenzieller* Weise prägen.[14] Kapferer stellt in diesem Zusammenhang treffend fest:

"Only identity can provide the right framework for ensuring brand consistency and continuity (multi-product, multi-country) and for making capitalisation possible. It is not up to the consumer to define the brand and its content, it is up to the company to do so."[15]

Daraus folgt, dass das *Akzeptanzkonzept* Markenimage nicht als wirkliches Managementkonzept fungiert, sondern letztlich nur über das *Aussagekonzept* der Markenidentität beeinflusst werden kann.[16] Aufbauend auf der sozialwissenschaftlichen Identitätsforschung kann die Markenidentität als das Selbstbild der Marke definiert werden.[17] Das Markenimage hingegen ist die Wahrnehmung der Marke durch externe Bezugsgruppen.[18] Hierbei steht die

---

[10] Weitere Identitätsansätze liefern Kapferer, Aaker, icon brand navigation und Esch. Für einen Grobüberblick der genannten Ansätze vergleiche zum Beispiel Esch 2005, S. 93 ff.

[11] Vgl. Burmann/Blinda/Nitschke 2003, S. 3

[12] Vgl. Burmann/Weers 2006, S. 18

[13] Vgl. Krugmann 2006, S. 6

[14] Vgl. Burmann/Blinda/Nitschke 2003, S. 16

[15] Kapferer 2004, S. 82

[16] Vgl. Burmann/Meffert 2005a, S. 52

[17] Vgl. Burmann/Blinda/Nitschke 2003, S. 14

[18] Vgl. Burmann/Blinda/Nitschke 2003, S. 6 und S. 12 ff.

Markenidentität für die *relativ* festen und zeitresistenten Markenmerkmale.[19] Sie ist die zentrale Stellschraube für die Beeinflussung des Markenimages. Die Deckungsgleichheit zwischen Markenimage und Markenidentität bedeutet optimale Markenstärke. In diesem Idealfall ist die eigene Markenposition mit den Idealvorstellungen der Nachfrager identisch und die Marke dominiert in ihrer Stellung in der Psyche der Zielgruppe gegenüber Konkurrenzmarken.[20] In Anlehnung an die psychoanalytische Identitätsforschung von Erikson bedarf es vier konstitutiver Merkmale der Identität, die auf die Markenidentität übertragen werden können: *Wechselseitigkeit, Individualität, Konsistenz* und *Kontinuität.*[21]

Die akustische Markenidentität muss als klingende Abbildung der Markenidentität die exakt gleichen konstitutiven Anforderungen erfüllen. Gewährleistet wird dies insgesamt durch das strategische Konstrukt der Markenidentität, welches in ein akustisches Äquivalent transformiert werden kann. Abbildung 1 verdeutlicht die *allgemeinen* konstitutiven Merkmale der Identität graphisch.

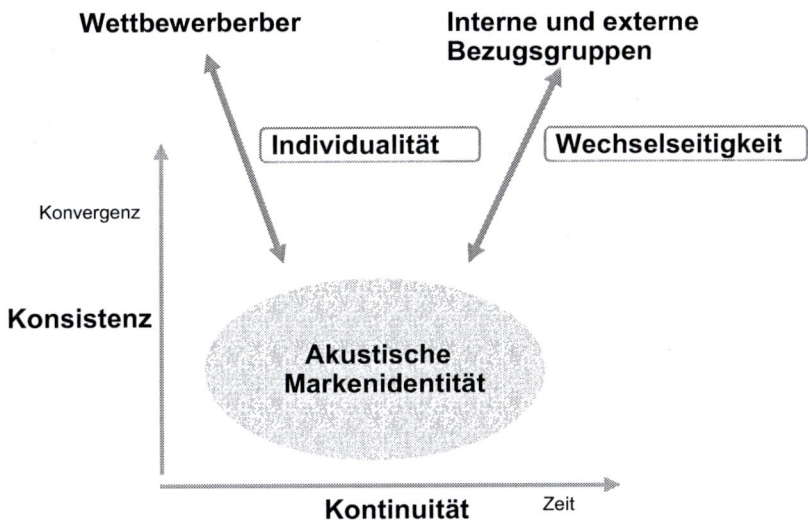

Abb. 1: Konstitutive und allgemeine Merkmale der akustischen Markenidentität (Quelle: in Anlehnung an Burmann/Zeplin 2004, S. 14)

---

[19] Vgl. Kapferer 2004, S. 218
[20] Vgl. Burmann/Meffert 2005b, S. 81 und 106
[21] Vgl. Burmann/Blinda/Nitschke 2003, S. 12 ff.

3. Akustische Markenführung im Rahmen eines identitätsbasierten Prozesses

Die obigen allgemeinen konstitutiven Merkmale werden im identitäts-basierten Markenmanagement weiter konkretisiert und finden ihren Ausdruck in sechs essenziellen Komponenten der Markenidentität: *Markenherkunft, Markenkompetenzen, Art der Markenleistung, Markenvision, Markenwerte* und *Markenpersönlichkeit*.[22] Mit Ausnahme der Markenkompetenz als organisatorische Markenkompetenz, die die akustische Brandingkompetenz gleichermaßen umfasst, ist eine Transformation in eine akustische Marken-identität denkbar.[23] In Analogie zur innerhalb des strategischen Marken-managements definierten Markenidentität dient die *akustische Markenidentität* als strategisches Rahmenwerk für die operative Umsetzung in spezifische *akustische Ausprägungsformen* der Marke.[24]

Akustische Markenführung im Rahmen eines identitätsbasierenden Managementsystems ist also der strukturierte Prozess in dem "das Auditive" Teil der Marke und ihrer Identität wird.[25] Eine exakte Definition der akustischen Markenidentität „[...] minimiert umsetzungsimmanente Interpre-tationsspielräume und gewährleistet eine konsistente und über die Zeit konstante Implementierung [der Identität]."[26] Viele Branding-Agenturen und Kreative, die Marken akustisch abbilden, orientieren sich jedoch konträr dazu primär an aktuellen Musiktrends oder Musikpräferenzen.[27] Einer solchen Vorgehensweise lassen sich gleich mehrere Argumente entgegensetzen. Zunächst einmal sind die Musikpräferenzen der anvisierten Zielgruppe in den seltensten Fällen homogen.[28]

Darüber hinaus ist auf die Fit-Problematik zu verweisen, die sich hier auf die fehlende Passung zwischen akustischen Reizen sowie Marke respektive Identität bezieht. Denn durch eine bloße Orientierung am kurzlebigen Musik-trend ist wohl eher eine Orientierung am gegenwärtigen „Markt" als an der originären Markenidentität gegeben, was insgesamt einer langfristig orientierten Markenführung widerspricht.[29] Die Definition der akustischen Markenidentität ist neben den Unternehmens- und Markenzielen in einen strategischen Prozess, der eine Situationsanalyse und eine Analyse sowie Fixierung der Markenarchitektur, -evolution und -organisation umfasst,

---

[22] Vgl. Burmann/Blinda/Nitschke 2003, S. 17 f.
[23] Vgl. Krugmann 2006, S. 47 ff.
[24] Vgl. Krugmann 2006, S. 45
[25] Vgl. Langeslag/Hirsch 2004, S. 236
[26] Krugmann 2006, S. 45
[27] Vgl. Krugmann 2006, S. 46
[28] Vgl. Langeslag/Hirsch 2004, S. 240
[29] Vgl. Krugmann 2006, S. 46

eingebettet.[30] Neben diesem vorausgehenden strategischen Management ist ein operatives und kontrollierendes Markenmanagement notwendig.[31]

In Anlehnung an diesen identitätsbasierten Markenmanagement-Prozess lässt sich dieser Prozess für die akustische Markenführung vereinfacht in zwei Teile gliedern, was in Abbildung 2 dargestellt ist.

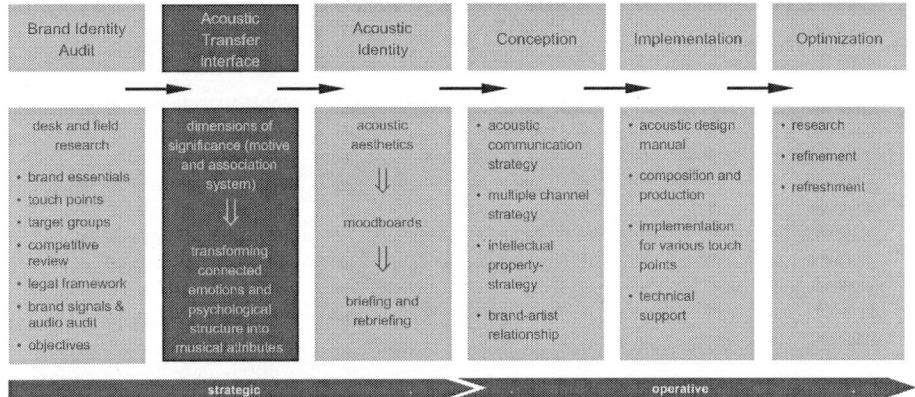

Abb. 2: Akustische Markenführungsprozess-Modell der acg audio consulting group (Quelle: eigene Darstellung)

– *strategisch:* erweitern und überführen der Markendentität in eine akustische Identität.

– *operativ:* das langfristige und medienübergreifende Umsetzen und Implementieren des akustischen Markenkonzeptes in externe und interne kommunikative Maßnahmen (Markenversprechen und -leistung), um so gezielt die Markenwahrnehmung und Markenerfahrung zu beeinflussen.

Wie aus Abbildung 2 ersichtlich wird, steht am Anfang des akustischen Markenführungsprozesses immer ein umfassendes Markenaudit. Hierbei werden neben Kommunikationszielen, Zielgruppenanalysen, kompetitivem und cross-segment Benchmarking, die (akustischen) Touchpoints und bestehenden akustischen Markensignale analysiert. Insbesondere muss auch der Fit zwischen den gegenwärtigen akustischen Aktivitäten und der Markenidentität sowie der Fit zwischen Identität und Markenimage gemessen werden. Die Analyse der Erwartungen an die Marke und deren akustisches Äquivalent ist von hoher Relevanz, da sie den Rahmen aufzeichnet, ob der akustische

---

[30] Für eine detaillierte Beschreibung des identitätsbasierten Markenmanagementprozesses vgl. z. B. Burmann/Blinda/Nitschke 2003, S. 10 ff.

[31] Vgl. Burmann/Blinda/Nitschke 2003, S. 10

Auftritt der Marke von den Bezugsgruppen als passend zur Marke und ihrer Identität angesehen werden kann. Da bisherige Marktforschungsinstrumente diesen Bereich nicht oder nur unzureichend erfassen, sind spezialisierte qualitative Erhebungen oft eine conditio sine qua non. Hierbei wird, u. a mit Hilfe von eigens hierfür entwickelten Beschreibungsparametern aus emotionalen, assoziativen und musikalischen Adjektiven, der affektive, assoziative und emotionale Erwartungsrahmen der Marke analysiert und festgelegt.

Insbesondere für global agierende Marken stellt dies eine enorme Herausforderung dar. Entgegen der weit verbreiteten Meinung sind Musik und Klänge nicht zwingend eine universale emotionale Sprache. Folgende Argumente stützen diese These:

– Zum einen unterscheiden sich, wie bereits Osgood nachgewiesen hat, zwischen den verschiedenen Kulturen die meisten Emotionen in ihrer Ausrichtung und Intensität (abgesehen von einigen wenigen Basisemotionen),

– Zum anderen hat Musik eine eigene Semantik, die es bei gegenseitiger Kenntnis der entsprechenden Codes dem Sender und Empfänger erlaubt, musikalische Botschaften zu en- bzw. zu dekodieren. Hierzu bedarf es aber eines bewussten oder unbewussten Lernprozesses. Aus diesem Grund definieren Wissenschaftler (u. a. Robertson) heutzutage ein dreistufiges System von Principles, Laws und Rules. Principles der Musikwahrnehmung sind unumstößliche Naturgegebenheiten. Sie betreffen z. B. die neurologische Wahrnehmung und Verarbeitung akustischer Reize. Laws stehen für Gesetzmäßigkeiten, die sich im Laufe der Zeit durch Sozialisation und Umwelteinflüsse ergeben haben. Hierzu gehören beispielsweise die Gesetze der Harmonielehre. Unter Rules können alle Phänomene der individuellen Musikwahrnehmung zusammengefasst werden. Sie prägen die Musikwahrnehmung eines Individuums durch eigene Erfahrung, Konditionierung oder soziales Umfeld. Dazu gehören z. B. Musikpräferenzen.

Der Vorteil einer solch umfassenden Analyse liegt darin, dass sie nicht nur ein grundlegendes Verständnis des akustischen Erwartungsrahmens schafft, sondern auch eine fundierte Grundlage für eine spätere internationale Implementierung und ggf. Adaption der akustischen Markenidentität bieten. Bezüglich der Transformation der Identitätskomponenten in eine akustische Entsprechung ergeben sich gewisse Schwierigkeiten, was an dem Beispiel der primär emotional geprägten Markenwerte exemplarisch dargestellt werden kann. Die verschiedenen funktionalen und emotionalen Markenattribute müssen so definiert werden, dass diese die Marke von den Wettbewerbern klar differenzieren und einzigartig machen. Diese Markenattribute müssen in eindeutige, akustisch operationalisierbare Begriffe umgesetzt werden, damit eine einmalige akustische Markenidentität entsteht, die zur Marke passt. Hier bietet z. B. das sog. Frame-Modell eine gute Ausgangsbasis. Es begreift

Marken als zweidimensionale Netzstrukturen und ergänzt die Werteebene (z. B. aus dem USP-Ansatz) um eine zusätzliche Bedeutungsebene.

Aus den Informationen über die Marke und die konkrete Bedeutung der einzelnen Markenwerte ist es möglich, die Grundlagen für den Acoustic-Branding-Prozess herauszufiltern und zu konvertieren. Dieser bietet eine hervorragende Basis für die Definition des Fits der Marke in Bezug auf die Markenwerte und somit für die sukzessive Entwicklung der eigentlichen Sound Identity. Würde beispielsweise ein Hersteller für seine Biermarke den Markenwert „natürlich" festlegen, sind dahinter auf der Bedeutungsebene Dimensionen verborgen, die in verschiedene Richtungen zeigen können. So verbindet die Marke Beck's mit dem Wert „Natürlichkeit" Adjektive wie „männlich" und „rau", wobei Krombacher diese primär mit „rein" und „belassen" umschreibt (siehe Abbildung 3).[32]

Abb. 3: Bedeutungsebene am Beispiel des Begriffes „Natürlichkeit"

(Quelle: Schneider/Hirsch 2000, S. 44; Langeslag/Hirsch 2004, S. 239)

Dieses Vorgehen ermöglicht es, die affektiven, assoziativen und emotionalen Dimensionen einer Marke genau festzulegen und den (emotionalen) Rahmen der Marke zu definieren. Dieser ist die Referenzbasis für die Entwicklung der akustischen Markenwerte als Teil der akustischen Markenidentität. Zur Visualisierung dieses abstrakten Rahmens bedient sich acg hierzu in Anlehnung an Osgood dem EAP-Model, welches die drei Basisdimensionen aller Emotionen beschreibt: Evaluation, Activity und Potency. Hierdurch kann die Marke eindeutig in einem dreidimensionalen emotionalen Raum positioniert werden. Mit Hilfe des bereits im Marken-Audit verwendeten Kriteriensets von emotionalen und akustischen Attributen und unter Berücksichtigung neuester wissenschaftlicher Erkenntnisse, lässt sich die Marke eindeutig akustisch herleiten.

Alternativ zu diesen standardisierten semantischen Differentialen oder Tools eignen sich im Gegensatz dazu auch spezifisch für die Marke konzi-

---

[32] Vgl. Langeslag/Hirsch 2004, S. 239

pierte Adjektivpaare.[33] Die Ableitung der akustischen Identität aus den Identitätskomponenten bietet im Gegensatz zur rein intuitiven Umsetzung die Möglichkeit der Objektivierbarkeit. Schließlich lässt sich die Qualität der Transformation durch die realisierte Selbstähnlichkeit zur definierten Markenidentität bestimmen.[34] Wesentliche Fragen, die mit Blick auf die Identitätskomponenten Verbesserungs- und Überprüfungspotenziale identifizieren und als Basis für qualitativ und quantitativ orientierte Forschungsbemühungen dienen, lauten z. B.[35]:

- Repräsentiert die gegenwärtige akustische Markenrepräsentation die Markenherkunft?

- Verfügt die Marke über ausreichend akustisches Branding-Know-how, um die Marke gegenüber relevanten Zielgruppen erfahrbar zu machen?

- Gibt der akustische Markenauftritt konkrete Hinweise auf die Art der Markenleistung?

- Findet die Markenvision Eingang in die auditive Darstellung der Marke?

- Werden essenzielle Markenkernwerte im Markenklang „abgebildet"?

- Eignet sich der akustische Markenauftritt zum Ausdruck der Markenpersönlichkeit?

Darüber hinaus gilt es je nach Bedarf Fragen, die die Markenarchitektur und weitere relevante strategische Fragen betreffen, näher auf Basis der Identität zu analysieren.

4. Schlussbetrachtung

Die skizzierte strukturierte Vorangehensweise unterscheidet akustische Markenführung von der klassischen Nutzung von Musik in der Werbung und Markenkommunikation. Der Einsatz von akustischen Markensignalen in einem identitätsbasierten Markenmanagementprozess kann die Markenidentität nachhaltiger umsetzen und gibt klare Handlungsempfehlungen für das gezielte akustische Beeinflussen des Markenimages. Erfahrungsgemäß sind kundenseitig Effektivitäts- und Effizienzsteigerungen von bis zu 30 % möglich.

---

[33] Vgl. Krugmann 2006, S. 56 f.
[34] Vgl. Krugmann 2006, S. 46
[35] Vgl. im Folgenden Krugmann 2006, S. 40

Literatur

Burmann C., Blinda L., Nitschke A.: Konzeptionelle Grundlagen des identitäts-basierten Markenmanagements. Arbeitspapier Nr. 1 des Lehrstuhls für innovatives Markenmanagement (LiM), Burmann C. (Hg.). Universität Bremen: 2003

Burmann C., Meffert H.: Theoretisches Grundkonzept der identitätsorientierten Markenführung. In: Meffert H., Burmann C., Koers M. (Hg.): Marken-management – Identitätsorientierte Markenführung und praktische Umsetzung, S. 37-72. Wiesbaden: Gabler 2005a

Burmann C., Meffert H.: Managementkonzept der identitätsorientierten Marken-führung. In: Meffert H., Burmann C., Koers M. (Hg.): Markenmanagement – Identitätsorientierte Markenführung und praktische Umsetzung, S. 73-114. Wiesbaden: Gabler 2005b

Burmann C., Weers J.-P.: Markenimagekonfusion: Ein Beitrag zur Erklärung eines neuen Verhaltensphänomens. Arbeitspapier Nr. 22 des Lehrstuhls für innovatives Markenmanagement (LiM), Burmann C. (Hg.). Universität Bremen: 2006

Burmann C., Zeplin S.: Innengerichtetes identitätsbasiertes Markenmanagement – State-of-the-Art und Forschungsbedarf. Arbeitspapier Nr. 7 des Lehrstuhls für innovatives Markenmanagement (LiM), Burmann C. (Hg.). Universität Bremen: 2004

Eichelmann T., Wild A.: Banken müssen emotionalen Mehrwert bieten: http://www.rolandberger.com/documents/2387595/RB_Banken_muessen_emotionalen_Mehrwert_bieten_2000.html (19.10.2005)

Esch F.-R.: Strategie und Technik der Markenführung. München: Vahlen 2005

Kapferer J.-N.: The New Strategic Brand Management: Creating and Sustaining Brand Equity Long Term. London: Kogan Page Ltd 2004

Krugmann D.: Integration akustischer Reize in die identitätsbasierte Marken-führung. Weyhe Bremen: 2006

Langeslag P., Hirsch W.: Acoustic Branding – Neue Wege für Musik in der Markenkommunikation. In: Brandmeyer K., Deichsel A., Prill C. (Hg.): Jahrbuch Markentechnik 2004/2005, S. 231-245. Frankfurt am Main: Deutscher Fachverlag 2004

Langeslag P.: Acoustic Branding: Oder wie Marken sich Gehör verschaffen. In: New Business - Report Private Radios, S 51-52. Hamburg: 2006

Meffert H., Burmann C.: Wandel in der Markenführung – vom instrumentellen zum identitätsorientierten Markenverständnis. In: Meffert H., Burmann C., Koers M. (Hg.): Markenmanagement – Identitätsorientierte Markenführung und praktische Umsetzung, S. 19-36. Wiesbaden: Gabler 2005

Osgood C. E., May W. H., Miron M. S.: Cross-cultural universals of affective meaning. Urbana (USA): University of Illinois Press 1976

Schneider M., Hirsch W.: Unerhört: akustische Markenführung. In: Buck A., Herrmann C., Kurzhals F. G. (Hg.): Markenästhetik 2000 – Die führenden Corporate Design-Strategien, S. 36-51. Frankfurt am Main: Birkhäuser 2000

C. Komposition und Instrumentierung: Grundlagen und Elemente des Audio-Branding

Schöner die Marken nie klingen ... Jingle all the Way? Grundlagen des Audio-Branding

Kai Bronner

Freier Berater, Hamburg

1. Klingende Marken – Was klingt?

Wie klingen *Nivea*, die *Deutsche Bank* oder *Porsche*? Seltsame Fragen? Nun, es gibt tatsächlich Leute, die sich mit solchen Fragen auseinandersetzen, nämlich Experten für Audio-Branding und Markenklang. Aber kann eine Marke überhaupt klingen? Vielleicht nähern wir uns der Frage mal von einer anderen Seite: Wie klingt denn der Motor eines *Porsche 911*? Ein Porsche hat einen eigenen, charakteristischen Motorensound und klingt anders als ein *BMW* oder ein *FORD*, denn fast jeder Automobilhersteller beschäftigt Spezialisten-Teams aus Psychoakustikern und Ingenieuren, die sich um die akustische Optimierung der Fahrzeuge kümmern (📖 vgl. Artikel M. Haverkamp).

Bei BMW beispielsweise wird ausgehend vom Original-Motorengeräusch für jedes Modell ein spezifisches Klangprofil erstellt. Doch nicht nur der Motor wird akustisch optimiert, auch der Klang der Blinker und Fensterheber, der verschiedenen Warn- und Hinweistöne sowie das Geräusch beim Zuschlagen der Türen bleiben nicht dem Zufall überlassen.

Jedoch beschäftigen sich nicht nur im Automobilbereich Psychoakustiker mit dem Produktklang, auch Staubsauger, Haartrockner und Rasierapparate erhalten ein Akustik-Design. Bei *Nestlé* hat ein Forscherteam gar einen „Krustimeter" entwickelt, der die Kau- und Knackgeräusche beim Essen aufzeichnet. So erhält jedes Lebensmittel einen akustischen Fingerabdruck und die verkaufsträchtigen Klangmuster werden in einem firmeneigenen Tonarchiv gespeichert. Das Ohr isst mit!

Während beim akustischen Produktdesign Psychoakustiker und Ingenieure sich mit dem Produktklang beschäftigen, richten sich Augen- und Ohrenmerk beim Audio-Branding in erster Linie auf den Markenklang, also das akustische Branding innerhalb der Markenkommunikation. Beim Audio-Branding sind demnach Markenexperten und Musiker am Werk. Gestaltungsobjekte sind nicht die Produkte an sich, sondern die akustischen Kanäle über die die Marke kommuniziert, also Radio-, TV- und Kinowerbung, Internet, Messeauftritte, Telefonwarteschleifen, etc.

Jedoch sind Audio-Branding und akustisches Produktdesign keine eindeutig abgegrenzten Bereiche. So erklingt z. B. beim Start des Betriebssystems eines Rechners ein herstellerspezifisches Markensignal und Handys können den Empfang einer SMS mit dem Abspielen eines Audio-Logos signalisieren. Der technische Fortschritt ermöglicht es auch, dass der Teekessel nicht mehr pfeift, sondern eine Melodie abspielt und die Kaffeemaschine mit einer wohlklingenden Stimme informiert „Der Kaffee ist fertig" oder sogar das gleichnamige Lied von Peter Cornelius wiedergibt.

Der Klang eines Porsche-Motors ist ein Kernbestandteil des Markenwertes und mit ihm sollen markenspezifische Eigenschaften wie Sportlichkeit, Dynamik und Leistung assoziiert werden. Außerdem muss ein Porsche unverwechselbar klingen, wenn über den Produkt-Sound eine Markendifferenzierung erfolgen soll. Markenwerte und Markendifferenzierung stehen auch bei Spezialisten für Markenklang im Mittelpunkt ihrer Arbeit. Sie kreieren spezifische Klangwelten, welche die Marken klanglich widerspiegeln und ihnen eine akustische Identität verleihen.

Das Ergebnis ist eine Sound Identity, welche durch musikalische Parameter wie Tempo, Rhythmus, Instrumentierung, Melodie etc. beschrieben und über Sound-Samples oder Klang-Collagen hörbar gemacht werden kann. Diese Sound Identity bildet die Grundlage für den akustischen Markenauftritt und den Einsatz akustischer Branding-Elemente. Sie kann ebenso als Leitlinie und Orientierung für das akustische Produktdesign dienen.

Der Audio-Branding-Prozess

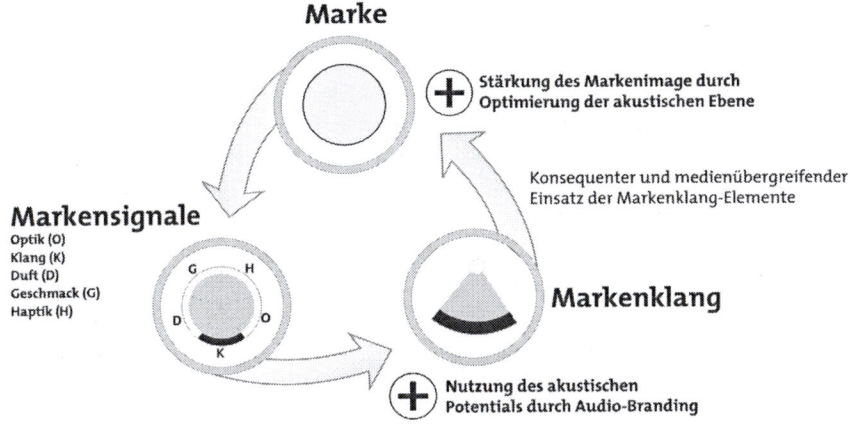

Schon die Begriffe lassen Parallelen zum visuellen Corporate Design erkennen. Audio-Branding ist in der Tat als eine Erweiterung der Corporate Identity um die Dimension Klang anzusehen und es bestehen nicht nur begriffliche Analogien zwischen Corporate Sound und visuellem Corporate Design. So stellt auf der akustischen Ebene etwa ein Audio-Logo das Pendant zu einem visuellen Logo dar.

2. Audio-Branding-Elemente – Wodurch klingen Marken?

2.1 Audio-Logo

Das Audio-Logo stellt das akustische Identifikationselement einer Marke dar und wird oft mit dem (animierten) visuellen Logo kombiniert. Es sollte natürlich zur Marke passen (Marken-Fit; 📖 vgl. Artikel S. Lepa), einprägsam, flexibel, prägnant und unverwechselbar sein.

Beim Thema Unverwechselbarkeit schneiden wir den Bereich der Schutzfähigkeit an, der wichtig wird, wenn es darum geht, sich vor Nachahmern oder „Soundalikes" zu schützen. Was im visuellen Bereich selbstverständlich ist, gestaltet sich im akustischen Bereich schwieriger, da die eindeutige grafische Fixierung und Beschreibung von Klang nicht unproblematisch ist (📖 vgl. Artikel M. Loeber).

Betrachten wir einmal das wohl bekannteste deutsche Audio-Logo, das akustische Markenzeichen der *Deutschen Telekom*. Es besteht aus fünf einzelnen Tönen von nicht einmal einer Sekunde Gesamtlänge. Die Bekanntheit dieser Tonfolge resultiert aber nicht nur aus ihrer Einfachheit und guten Einprägsamkeit, sondern ist auch Ergebnis eines konsequenten Einsatzes in den Kommunikationsmaßnahmen der Deutschen Telekom und eines enormen Mediabudgets, das für einen hohen Werbedruck sorgt. Zudem liegen die bekannten fünf Töne in einem Frequenzbereich, für den das menschliche Ohr besonders empfindlich ist. Sie sind kaum zu überhören und verfolgen einen in der Fernseh-Werbepause bis in die Küche, wo man sich gerade ein Bier aus dem Kühlschrank holt.

Ein Audio-Logo ganz anderer Art besteht aus einem rückwärts gespielten Herzschlag in Kombination mit einem Technik assoziierenden Klanggeräusch. Es handelt sich um das akustische Markensignet von *Audi*.[1] Es weist auch einen hohen Bekanntheitsgrad auf, obwohl es leichter zu überhören ist, da es sich hauptsächlich aus tieferen Frequenzen zusammensetzt, die unser Ohr weniger gut wahrnimmt. Das ist auch der Grund, warum es seine Wirkung verliert, wenn es über kleine Lautsprecher abgespielt wird, welche die tiefen

---

[1] Der Gründer August Horch übersetzte seinen Nachnamen in das Lateinische. A*udi* ist der Imperativ von *audire* (deutsch: *hören*, *zuhören*) und bedeutet übersetzt „Hör zu!" oder eben „Horch!".

Frequenzen nicht wiedergeben. Es ergibt deshalb auch keinen Sinn, das Audio-Logo in eine Telefonansage zu integrieren, denn über die heutigen Telefonleitungen werden nur mittlere und höhere Frequenzbereiche übertragen. In Sachen Wiedergabe über verschiedene Medien und Abspielgeräte mangelt es dem Herzschlag-Audio-Logo demnach an Flexibilität. Auch in puncto Variation erweist sich das Telekom Audio-Logo als deutlich flexibler. Es kann unterschiedlich instrumentiert werden, ohne dass es seine Wiedererkennung einbüßt.

So erklangen die fünf Töne in einigen Versionen der TV-Werbespots schon als Fußball-Fanfaren. Dadurch wurde geschickt ein Bezug zum Inhalt der Werbespots bzw. zum Werbeumfeld und zur beworbenen Zielgruppe hergestellt, z. B. während der Halbzeitpause von Fußballspielen oder in den Werbeblöcken während der *Sportschau*. Angesichts des hohen Werbedrucks der Telekom und des konsequenten Einsatzes des Audio-Logos in den Werbespots hat die Variation des Audio-Logos außerdem die Funktion, Wear-Out-Effekten[2] und möglichen Reaktanzen[3] der Rezipienten vorzubeugen.

Die besondere Wirkung des Audio-Logos von Audi beruht jedoch auf seinem einzigartigen Klang. Durch die Kombination eines pochenden Herzschlags mit einem technisch anmutenden Sound wird einerseits der Slogan „Vorsprung durch Technik" kommuniziert und andererseits die emotionale Komponente betont, die beim Autokauf ebenfalls eine große Rolle spielt. Es löst somit auf raffinierte Weise die vielleicht am schwierigsten zu erfüllende Aufgabe eines Audio-Logos: Es bringt wichtige Markenwerte in kürzester Zeit zum Ausdruck.

Auch *Philips* hat im Zuge seiner neuen Kampagne ein Audio-Logo entwickeln lassen, das mit dem neuen Markenversprechen „sense and simplicity" in Einklang steht. Zwei helle, klare und dezent instrumentierte Töne stehen für Einfachheit, Unkompliziertheit, Fortschrittlichkeit und für Technik mit Sinn für das Wesentliche.

2.2 Jingle, akustisches Markenthema

Der Ausdruck Audio-Logo für ein akustisches Markenzeichen ist relativ neu und hat sich mit dem gestiegenen Bewusstsein für Musik und Klang als Teil der Corporate Identity und ihrer Branding-Funktionen erst über die letzten Jahre etabliert. Früher sprach man vom Kennmotiv oder Jingle, wobei der Jingle im eigentlichen Sinne die Vertonung des Werbeslogans darstellt. Ein

---

[2] Empirisch nachweisbares Phänomen, dass sich bestimmte Kommunikationsinstrumente im Zeitablauf abnutzen bzw. verschleißen.

[3] (Trotz-)Reaktion einer Person auf eine als übermäßig empfundene Beeinflussung, insbesondere bei einer befürchteten Einschränkung der Meinungs- und Verhaltensfreiheit.

Jingle fungiert als „Tonplakat"[4] und vermittelt akustisch die Werbebotschaft („Haribo macht Kinder froh, und Erwachsene ebenso", „Mars macht mobil, bei Arbeit Sport und Spiel"). Ist bei den gesungenen Jingles die Verbindung von Slogan und Musik fest verknüpft und im Bewusstsein der Konsumenten verankert, werden sie auch rein instrumental eingesetzt, der Übergang zum Audio-Logo ist dabei fließend.

Das akustische Markenthema, das *Tchibo* in die Werbespots für seine Gebrauchsartikel – die sogenannten Non-Food-Artikel – integriert und von der Hamburger *audio consuting group acg* entwickelt wurde, besteht aus einer kleinen Melodie, die auf den Slogan „Jede Woche eine neue Welt" phrasiert ist. Jede Woche läuft ein neuer TV-Spot, in dem eine bestimmte Themenwelt beworben wird und je nach Thema wechselt der Musikstil der Hintergrundmusik. Das akustische Markenthema wird passend instrumentiert, variiert und in die jeweilige Musik integriert. Seinen festen Platz hat es aber immer in den Abbindern der Spots und übernimmt dort die Funktion eines Audio-Logos oder Jingles.

2.3 Brand Song

Besucht man im Internet die Seite www.aral.de, hört man nach wenigen Sekunden eine gepfiffene Tonfolge, die einem irgendwie bekannt vorkommen zu scheint. Es handelt sich um das Audio-Logo von *Aral*. Die 3 gepfiffenen Töne, aus denen es besteht, sind Teil der Melodie des Werbesongs, der vorübergehend die TV- und Radio-Spots von Aral untermalte.

Solche Werbesongs, die in TV-, Radio- und Kino-Spots eingesetzt werden, erstrecken sich in der Regel über die gesamte Spotlänge, unterstützen die visuellen und sprachlichen Botschaftsinhalte und schaffen Atmosphäre. Die Wirkung einiger dieser Werbesongs ist so stark, dass sie – im Unterschied zu reinen „commercial songs" – nicht nur als Spotuntermalung und Hintergrundmusik dienen, sondern zu echten Markenzeichen, zu „Brand Songs" werden (im Rahmen der akustischen Markenführung werden Brand Songs natürlich bewusst anhand der akustischen Markenidentität gestaltet bzw. ausgewählt).

Haben sie diesen Status erreicht, werden sie variiert, dem Zeitgeschmack angepasst und über längere Zeit in der Werbung verwendet. Der Song "Like Ice in the Sunshine" etwa hat über viele Jahre hinweg die Werbung von *Langnese* begleitet und wurde auch von bekannten Künstlern aus so unterschiedlichen Musikgenres wie Techno, Hip Hop, Pop und Country neu interpretiert. Man kann zwischen speziell für den Werbeeinsatz komponierten Stücken und schon existierenden Titeln unterscheiden.

---

[4] Vgl. Helms 1981, S. 45

Die bereits existierenden Titel werden im Original verwendet oder adaptiert. Der Song aus den Aral-Spots, aus dem das Audio-Logo hervorging, stammt übrigens aus der Filmmusik einer deutschen Produktion Ende der 1960er Jahre. Aral hatte aber schon früher lizenzierte „Originalmusik" in der Werbung eingesetzt. In einem TV-Spot, in dem ein Mann, dem das Benzin ausgegangen ist, seinen Kanister nicht an der erstbesten Tankstelle auffüllt, sondern lieber bis zur Aral Tankstation weiterläuft, wird thematisch passend der Hit „I'm walking" von Fats Domino aus den 1950er Jahren verwendet.

Ein anderer sehr bekannter Brand Song ist „Bacardi Feeling" von Kate Yanais, der extra für den Spirituosenhersteller komponiert wurde und sogar bis auf Platz Eins der Deutschen Single-Charts kletterte. Die Biermarke *Beck's* hat mit dem Song „Sail away" ebenfalls einen wahren Klassiker der Werbesonggeschichte hervorgebracht. Das grüne Segelschiff der Beck's Werbung, welches als Key Visual die Werte Freiheit, Abenteuer und Frische versinnbildlicht, erhielt mit dem Song ein passendes akustisches Markensignal.

Nachdem zuerst der deutsche Sänger Hans Hartz dem Song seine Stimme geliehen hatte, löste ihn 1995 im Rahmen einer internationaleren Ausrichtung der Marke Joe Cocker als Interpret ab. Die rauen, markanten Stimmen dieser Interpreten transportierten in überzeugender Weise die für den Markenauftritt wichtigen Werte Männlichkeit, Freiheit und Abenteuer.

2.4 Brand Voice

Stimmen sind ein wichtiges Gestaltungselement in der akustischen Markenkommunikation (vgl. Artikel M. Lehmann). Wie eben dargestellt, erzeugt der Klang der Stimme bestimmte Assoziationen und weckt Emotionen. Jedoch gilt dies nicht nur beim Einsatz der Stimme als Instrument in der Form von Gesang, sondern auch beim Sprechen. In diesem Fall spielen besonders Sprachmerkmale wie Rhythmus, Intonation, Betonung und Tempo, die man auch unter der Bezeichnung Prosodie zusammenfasst, eine Rolle. Die Brand Voice repräsentiert die Marke und spricht für sie, weshalb die Persönlichkeit des Sprechers mit der Markenpersönlichkeit übereinstimmen sollte. Die Sprech- und Ausdrucksweise muss dem Grundton der Werbung entsprechen, also der Tonality, die im Rahmen der Copy-Strategie festgelegt ist.

In den deutschen Werbespots von *Ikea* ist die Brand Voice ein herausragendes Element. Der Off-Sprecher mit einem deutlichen schwedischen Akzent schlägt einen freundlichen und jovialen Ton an und der Kunde wird direkt mit „Du" angesprochen, wie das übrigens auch bei den Durchsagen in den Ikea Möbelhäusern der Fall ist.[5] Es könnte sich demnach bei dem Sprecher um einen typischen Mitarbeiter von Ikea handeln.

---

[5] Ein Grund dafür ist allerdings auch, dass das schwedische „Sie" („ni") in der Umgangssprache kaum Verwendung findet.

2.5 Sound-Icon, Sound-Symbol

Während das Audio-Logo sich als Kernelement des Audio-Branding bereits fest etabliert hat, sind „Sound-Icon" oder „Sound-Symbol" Begriffe, auf die man eher selten stößt. Das liegt im Wesentlichen daran, dass – verglichen mit dem visuellen Branding – das Audio-Branding noch in seinen Kinderschuhen steckt und es keine einheitliche Terminologie oder ein Set von allgemein anerkannten Audio-Branding-Elementen gibt. Der vorliegende Sammelband soll deshalb ja auch als Diskussionsgrundlage und Leitlinie dienen, um die allgemeine Konsensbildung zu unterstützen und somit auch zum Aufbau eines einheitlichen Begriffssystems beitragen.

Sound-Icons sind die kleinsten bzw. kürzesten Audio-Branding-Elemente. Sie können Teil des Audio-Logos oder eines Brand Songs sein und in der Funktion eines Ikons[6] direkt auf Merkmale oder Eigenschaften der Markenleistung hinweisen. Sehr bekannte Sound-Icons sind der *„Flensburger Plopp"* oder das „Zischen" beim Öffnen einer *Coca-Cola* Flasche, das über mehrere Jahre ein markantes Element in den klanglich immer sehr anspruchsvoll gestalteten Spots des Getränkekonzerns darstellte.

Eigentlich sind Sound-Icons das, was man in der Mensch-Maschine-Kommunikation bei auditiven Benutzerschnittstellen (engl.: Auditory User Interface = AUI; vgl. Artikel A. Day) mit Auditory Icons bezeichnet. Sie stellen realistische Alltagsgeräusche oder stilisierte Varianten davon dar und besitzen somit eine reale Bedeutung. Sie müssen nicht erst erlernt werden, wodurch sie sich von den sogenannten Earcons unterscheiden. Earcons übermitteln, analog zu visuellen Icons, Informationen auf der akustischen Ebene. Es sind abstrakte akustische Nachrichten und müssen vom Nutzer deshalb erst erlernt werden. An einem Beispiel verdeutlicht: Wenn Sie an Ihrem PC ein Ratequiz spielen und eine Frage richtig beantworten, wäre das Ertönen von Applaus ein Auditory Icon, wogegen zwei kurze Töne gleicher Frequenz ein Earcon darstellen würde.

Die Konstanzer Agentur für multisensorische Kommunikation *Anemono* hat für den Anbieter von Software-Lösungen *Avira* einen Markenklang entwickelt, der neben Markenmotiv und Markenstimme auch Funktionsklänge umfasst wie z. B. „System gereinigt" und „Virus gefunden". Diese Funktionsklänge übermitteln Informationen wie ein Earcon, basieren aber zugleich auf dem Klangraum, der aus der Markenidentität von Avira abgeleitet wurde. Es handelt sich also um Klangobjekte, die als Elemente des Markenklangs mit dem Begriff Sound-Symbol bezeichnet werden (siehe hierzu auch Fußnote 6).

---

[6] Ein *Ikon* ist ein Zeichen, das sich auf seinen bezeichneten Gegenstand durch das Merkmal der Ähnlichkeit bezieht. Diese kann visueller, klanglicher oder anderer Art sein. Zu unterscheiden ist das Ikon von dem *Symbol*, welches eine willkürliche Bezeichnung darstellt.

2.6 Sound-Ground, Klangfläche

Während Sound-Objects kurze Klangereignisse darstellen, sind Klangflächen oder Sound-Grounds länger anhaltende „Sounds" („Streicher-Flächen" oder „Synthesizer-Flächen"). Sie können eine Art Klangteppich bilden und wirken im Hintergrund. Das Telekommunikationsunternehmen *O2* etwa unterlegt seine Werbespots mit „weichen", „sphärischen" Klangflächen passend zu den Bildern mit den charakteristischen Wasserblasen.[7]

Analog dem Figur-Grund-Gestaltungsprinzip kann durch die Kombination von Klangobjekten, Klangflächen sowie weiteren Klangelementen eine Klangatmosphäre, ein sogenannter Soundscape oder Ambient Sound erzeugt werden, der dem Charakter der Marke entspricht, Assoziationen mit der Markenpersönlichkeit zulässt und somit als Markensignal wahrgenommen wird. Als Einsatzgebiete bieten sich Messen und Ausstellungen, das Internet, Firmengebäude, Telefonwarteschleifen, Präsentationen, Service-Center und Verkaufsräume an.

Markenklang-Elemente und deren Anwendungsbereiche

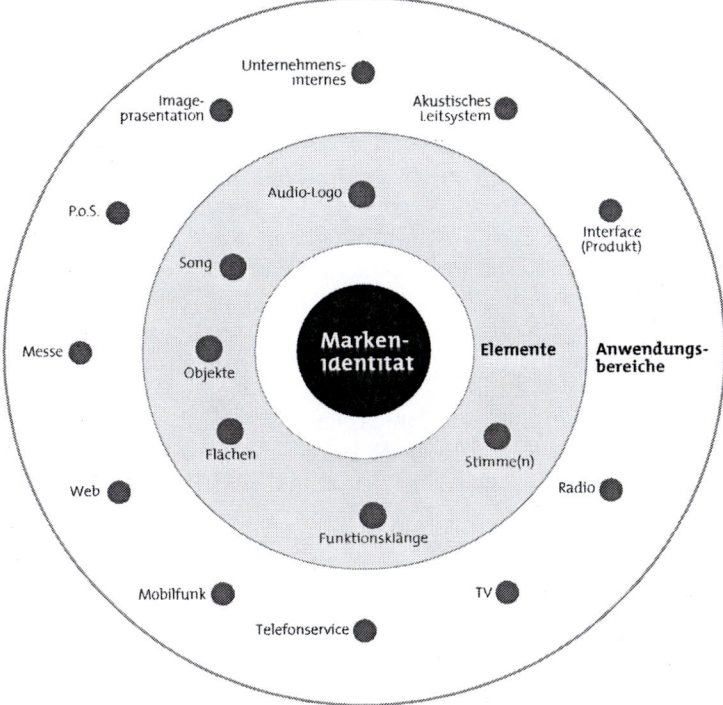

---

[7] Die Klangflächen basieren auf dem Intro des Songs „Release The Pressure" der englischen Gruppe *Leftfield*.

2.7 Firmenhymne

Neben der Außenwirkung auf Kunden- und Partnerebene können die Audio-Branding-Elemente ihre Wirkung auch innerhalb des Unternehmens der Marke entfalten. Geeignete Einsatzfelder sind etwa Unternehmensveranstaltungen, interne Unternehmenspräsentationen, die Firmenhandys der Mitarbeiter mit Klingeltönen und Mailbox-Sounddesign sowie die System-Sounds der Firmenrechner. Durch die Anwendung in der internen Unternehmenskommunikation kann die Identifikation der Mitarbeiter mit dem Unternehmen gestärkt und die emotionale Bindung erhöht werden, was zu einem verbesserten Zugehörigkeits- und Zusammengehörigkeitsgefühl ("Wir-Gefühl") führen und mit einer Erhöhung der Mitarbeitermotivation einhergehen kann.

Zu diesem Zweck eignet sich am besten eine Firmenhymne (❧ vgl. Artikel K. Kilian). Obwohl Firmenhymnen nicht für die Öffentlichkeit bestimmt sind, kennt fast jeder die Melodie von „We are Europe". Die Firmenhymne des mittlerweile im *Shell*-Konzern aufgegangenen Tankstellenbetreibers *DEA* ist eine speziell getextete Version des Brand Songs „Hier ist DEA, hier tanken Sie auf", welcher von *Groves Sound Branding* entwickelt wurde und seinen hohen Bekanntheitsgrad der Verwendung in den TV-Spots verdankt.

3. Musikmarketing und Brand Entertainment – Wo klingen Marken?

Der oben erwähnte Werbesong von *Aral* „I'm walking" fand so großen Anklang, dass er später zusammen mit anderen stilverwandten Titeln in den Tankstellen von Aral auf CD zum Kauf angeboten wurde. Diese CD bildete den Auftakt einer ganzen Reihe von CD-Compilations, die unter dem Titel „Aral Music Collection" veröffentlicht wurden. Aral war jedoch nicht die erste Marke, die Musik auf diese Weise in ihre Kommunikation einband.

1986 startete *Levi's* seine „Back to the Basics"-Werbekampagne, die den Einsatz von Musik in der Werbung entscheidend mitgeprägt hat. Die europaweit ausgestrahlten Werbespots der Kampagne griffen auf mehr oder weniger bekannte Klassiker der Soul- und Rock-Musikgeschichte zurück, die sehr gut mit der Markenidentität des Klassikers der Jeans-Modelle „501" korrespondierten, Motto: „originals stand the test of time". Die Kampagne hatte nicht nur eine Wiederbelebung des Jeansmodells, sondern auch die der eingesetzten Werbesongs zur Folge. Aufgrund der Chart-Erfolge der Lieder entwickelten sich unterschiedliche Kooperationen zwischen den Marken-Unternehmen und der Musikindustrie. Das Ergebnis waren eine Vielzahl von CD-Compilations unter den Markennamen, Zusammenstellungen von Werbehits auf CD, aber auch andere Marketing- und Sponsoring-Aktivitäten der Markenhersteller im Musikbereich.

Die Kooperation von Beck's und Joe Cocker beschränkte sich nicht nur auf die Verpflichtung des Musikers für den Werbesong. Beck's sponserte auch seine Deutschland-Tournee 1997 unter dem Namen „Sail away '97". Um eine enge Verbindung zwischen Künstler, Tour und Marke herzustellen, wurde die Tour durch ein umfangreiches Maßnahmenpaket im Rahmen einer integrierten Kommunikation über verschiedene Kommunikationskanäle der Marke Beck's unterstützt.

Die Einbeziehung von Musik in das Marketing und die Markenkommunikation beschränkt sich aber nicht nur auf die Zusammenstellung von CD-Compilations oder das Sponsoring von Musikern (🕮 vgl. Artikel C. Ringe). Marken stellen verstärkt Inhalte und Angebote bereit, um die Beziehung zum Konsumenten zu festigen und die Markenbindung zu erhöhen, man spricht vom sogenannten Brand Entertainment. Im Zuge des technischen Fortschritts, der Digitalisierung und der Medienkonvergenz vergrößert sich das Spektrum der hörbaren Anwendungen, neuere Entwicklungen sind z. B. Pod- und Videocasts, Hörbücher etc. (🕮 vgl. Artikel L. Bernays).

Dabei gewinnt die Auswahl und Präsentation der Inhalte, also auch die formale und inhaltliche Abstimmung im Rahmen einer integrierten Kommunikation, an Bedeutung. Will man das hierin liegende Markenpotenzial durch eine markenadäquate akustische Gestaltung und Präsentation optimal nutzen, kommt man um Audio-Branding nicht herum.

Mercedes-Benz – bewegende Musik für mobile Menschen

Eine Marke, welche die Möglichkeiten der audio-visuellen Informationsvermittlung mit den Vorteilen des Brand Entertainment verbindet, ist *Mercedes-Benz*. Auf der Webseite der Mercedes-Benz Markenwelt kann man zum Beispiel hören, wie „ein perfekter Sommer klingt" und in einer akustischen Erlebniswelt die verschiedenen Cabrio-Modelle „Probe fahren". Die passende Musik für die Spritztouren gibt es auf dem Mercedes *Mixed Tape*. Dort bietet der Automobilhersteller kostenlose Musik zum Download an. Alle 6-8 Wochen erscheint ein neuer Mix sorgfältig ausgewählter Stücke von internationalen, überwiegend unbekannten Künstlern. Die Genres reichen von melodiösem Pop über NuJazz bis hin zu elektronisch geprägten Stücken und relaxten Downbeats, weitab vom Hitparaden-Einheitsbrei. Eine Stilbegrenzung gibt es dabei nicht. Die Kriterien für die Auswahl sind – gemäß den Markenwerten von Mercedes – Qualität, Innovation und Einzigartigkeit. Das Projekt bietet zudem eine Plattform für Newcomer und begabten Nachwuchs, da jeder seine Musik einsenden oder hochladen kann und damit die Chance hat, bei einer der nächsten Ausgaben des Mixed Tape einer der präsentierten Künstler zu sein.

Was mit Mixed Tape begann, hat sich mittlerweile zu einem umfangreichen Angebot von mobilem Entertainment ausgeweitet. Um den Zeitgeist einer zunehmend mobilen Gesellschaft zu treffen, bietet Mercedes neben den Mixed Tapes auch Pod- und Videocasts sowie kurze Geschichten im Audioformat an, sogenannte „Text Tracks". Konsequenterweise wurde die Verbindung von Marke und audio-visuellen Inhalten über die Integration eines mobilen Wiedergabegerätes in die Fahrzeuge sinnvoll ergänzt. So kann der *iPod* über einen Interface-Kit mit dem Audiosystem der Autos verbunden werden. Die Bedienung und Titelauswahl erfolgen über das Multifunktionslenkrad und zur Titelnavigation dient das Instrumentendisplay.

4. Bedeutung und Stellenwert Audio-Branding – Warum klingen Marken?

Neben der steigenden Anzahl der Kommunikationsinstrumente mit akustischer Komponente gewinnen Audio-Branding und Corporate Sound auch durch die sich verändernden Markt- und Kommunikationsbedingungen an Bedeutung. Die explosionsartig gestiegene Anzahl von Marken und Produkten erfordert verstärkt Maßnahmen und Anstrengungen, um das Markenprofil zu schärfen und sich vom Wettbewerb zu differenzieren. Wenn Marken durch Audio-Logos, Brand Songs und charakteristische Markenklangwelten nicht nur sichtbar, sondern auch hörbar werden, können sie sich besser aus dem „Angebotsmeer" abheben und wahrgenommen werden. Ein Werbebanner im Internet, dass man normalerweise gar nicht beachten oder bemerken würde, kann durch akustische Signale das Interesse wecken. Vielleicht muss man dabei sogar nach unten „scrollen", um das tönende Banner überhaupt erst ins Blickfeld zu bekommen. Dann hat man nicht nur die Aufmerksamkeit des möglichen Kunden geweckt, sondern ihn zugleich zu einer Handlung veranlasst, wodurch die Wirkung des Werbekontaktes erheblich gesteigert wird.

In gleichem Maße wie das Angebot an Marken und Produkten steigt, nimmt die Zahl der kommunikativen Markenmaßnahmen ständig zu. Die klassischen Kommunikationsmaßnahmen werden durch weitere Aktivitäten wie Events, Sponsoring und Product Placement ergänzt. Zusätzlich hat sich mit dem Internet ein Medium etabliert, das neue Kommunikationsmöglichkeiten eröffnet. Die Anforderungen an die Media-Planung steigen folglich und die Festlegung eines optimalen Media-Mixes gestaltet sich immer schwieriger. Hinzu kommt, dass der Konsument nicht mehr in der Lage ist, die Fülle von Informationen aufzunehmen und auf Werbung zunehmend ablehnend reagiert.

Damit ihm trotzdem ein konsistentes und klares Bild der Marke vermittelt werden kann, müssen die Maßnahmen der Markenkommunikation innerhalb einer integrierten Kommunikation aufeinander abgestimmt werden. Durch einen zielgerichteten Einsatz von Musik und akustischen Branding-Elementen im Rahmen einer konsequenten akustischen Markenführung kann der abnehmenden Effizienz der kommunikativen Werbemaßnahmen jedoch entgegengewirkt werden. Dafür sprechen mehrere Gründe:

– Die vegetativen Effekte der Musik, die zur Aktivierung und Erregung der Aufmerksamkeit genutzt werden können, sind auch unter Ablenkung und über mehrere Wiederholungen wirksam.
– Der Gehörsinn ist nicht gerichtet, d. h. der Konsument kann wegschauen aber nicht weghören.

- Musikalische Botschaften werden leichter verarbeitet als Textbotschaften, da sie geringerer kognitiver Anstrengung bedürfen und auch unbewusst wirken.
- Durch den sogenannte „Visual Transfer" kann bereits mit wenigen Takten einer Werbemusik der zugehörige Werbespot wieder vor dem „geistigen Auge" entstehen. So können z. B. durch Kombination von Hörfunk- mit TV-Spots Visual-Transfer-Effekte erzielt und als Ergebnis die Werbewirkung sowie die Effizienz der kommunikativen Maßnahmen erhöht werden.

Große Qualitäts- und Funktionsunterschiede von Markenprodukten sind aufgrund des harten Wettbewerbs und vielfach gesättigter Märkte heutzutage kaum noch auszumachen. Eine Differenzierung über Qualität und Produkteigenschaften ist immer seltener möglich, Markendifferenzierung erfolgt vermehrt über die Kommunikation und die Marken treten in einem regelrechten Kommunikationswettbewerb gegen einander an.[8] In diesem Wettbewerb spielen immer mehr emotionale und erlebnisorientierte Faktoren eine Rolle, denn starke Marken zeichnen sich auch durch eine hohe emotionale Bindung aus.

Und wie könnten Emotionen und Erlebnisse besser vermittelt werden als durch Musik? Was wäre die Wirkung eines *Bacardi* Spots ohne den passenden Sound? Aus diesen Gründen besteht heutzutage eine der Hauptaufgaben der Markenkommunikation und Werbung in der Vermittlung von konsumrelevanten Erlebnissen und der emotionalen Aufladung der Marke. Gegenüber dem Sachprofil gewinnt das Erlebnisprofil an Bedeutung. Das ist auch ein wesentlicher Grund, warum das Branding über mehrere Sinne, das multisensuelle Branding, als eines der zentralen Themen der Markenkommunikation der Zukunft betrachtet wird (vgl. Artikel Karsten Kilian „Akustik als klangvolles Element...").

Am Beispiel der *Deutschen Bank* wird diese Entwicklung besonders deutlich. „Leistung aus Leidenschaft" lautet der aktuelle Werbeslogan dieses eigentlich eher konservativen Bankhauses. Die zugehörigen Werbespots im TV wurden zeitweise mit einem rockigen Gitarrensound unterlegt, der derzeit eine Art Revival erfährt und bei den 20-30 Jährigen sogar als „hip" gilt. Das mag auch ein Grund sein, weshalb viele der neueren Audio-Logos auf einem Gitarrensound (oft mit „Wah-Wah"-Effekt) basieren.

Aber hier drängt sich doch die Frage auf, ob dabei nicht Irritationen in der Wahrnehmung der Marke entstehen? Wie kommt die Werbung bei einem „klassischen" Kunden der Deutschen Bank an und wie lassen sich Slogan und Musik mit den Markenkernwerten und der Markenpersönlichkeit in Verbindung bringen? Da der Rocksong – mit einem kurzen englischen Gesangspart – auch keinen erkennbaren Bezug zur Handlung des Spots erkennen lässt und

---

[8] Vgl. Esch 2005, S. 33

somit keine bildunterstützende oder dramaturgische Funktion übernimmt, entsteht vielmehr der Eindruck, die Deutsche Bank versuche auf diese Weise, sich eine jüngere Zielgruppe zu erschließen.

Ob das durch Verwendung dieser Art von Musik erreicht werden kann, bleibt äußerst fragwürdig. Eine Studie kommt nämlich zu dem Schluss, dass Musik in Werbespots die Botschaftsquelle – also die Marke – unglaubwürdig erscheinen lässt, wenn sie als unpassend empfunden wird. Und zwar selbst dann, wenn die Musik den Präferenzen der Zielgruppe entspricht.[9]

Auch die Ergebnisse der Studien zum „musical and voice-fit" stellen die Bedeutung marken-kongruenter akustischer Elemente heraus.[10] Durch akustische Elemente, die einen „Fit" zur Marke besitzen, werden deutlich bessere Werte hinsichtlich Markenwahrnehmung, Werbeerinnerung und Kaufbereitschaft erzielt, als mit Musik, die keinen „Fit" zur Marke aufweist. Unpassende Musik kann sich sogar negativ auswirken.

„In Verbindung mit den Worten und anderen Stimuli in Werbespots kann Musik eine begriffliche Schärfe erhalten, die der des Wortes sogar noch überlegen ist".[11]

Musik kann aber auch die Wirkung der Bilder an Stärke und Ausdruckskraft übertreffen, wie das am Beispiel der Filmmusik deutlich wird. In England musste der Film "Da Vinci Code" zu Dan Browns Roman "Sakrileg" entschärft werden, um die Freigabe ab 12 Jahren zu erhalten. Der Grund waren aber nicht etwa die gewalttätigen Bilder, sondern der Filmscore. Nach Überarbeitung der Audio-Spur – das Bildmaterial blieb unverändert – erhielt der Film schließlich die Freigabe.

Dass durch Musik und Klang Wirkungen erzielt werden können, die alleine über Bilder nicht zu erreichen sind, lässt sich an der Verfilmung von Patrick Süskinds Roman „Das Parfum" nachvollziehen. Die Wirkung und die Kraft der Gerüche und Düfte werden im Film in erster Linie über die Musik transportiert. Die Verbindung von Geruchs- und Hörsinn liegt nahe: Beide sind sie flüchtig, wirken äußerst emotional, wecken Erinnerungen und haben einen starken assoziativen Charakter. Das kommt auch in der Sprache im Film zum Ausdruck: Da wird vom „Komponieren" eines Duftes gesprochen; Basis-, Herz-, und Kopfnote eines Parfums müssen wie „Akkorde" aufeinander abgestimmt werden.

---

[9] Vgl. Simpkins/Smith 1974
[10] Vgl. North et al. 2004 sowie Zander 2006
[11] Vgl. Zander 2006, S. 478 sowie Rösing 2005, S. 95

5. Ausklang

Haben Sie eigentlich beim Lesen des Titels dieses Artikels eine oder sogar zwei Melodien im Kopf gehabt? Audio-Branding folgt diesem Grundprinzip, der Verknüpfung von akustischen Reizen mit Assoziationen und Bedeutungen sowie mit Reizen anderer Sinnesmodalitäten (z. B. visuelle oder olfaktorische). Beim Hören einer Musik oder einer Klangfolge kann man an eine Marke denken, ebenso wie man bei einer Marke eine Melodie, einen Werbespruch oder eine Melodie mit Werbeslogan (Jingle) im Kopf haben kann. Aber passen die Lieder („Jingle Bells", „Süßer die Glocken nie klingen"), deren Melodien Sie möglicherweise beim Lesen des Titels im Kopf hatten, eigentlich thematisch zum Inhalt dieses Textes? Ziel des Branding sind ja nicht nur Bekanntmachung, Identifikation und Differenzierung einer Marke, sondern auch die Verknüpfung von Positionierungsinhalten und die Unterstützung von Imagewirkungen: Der Marken-Fit von Musik und Klang spielt im Audio-Branding deshalb eine zentrale Rolle.

Die vielfältigen Anwendungsmöglichkeiten von Musik und Klang in der Markenkommunikation, die damit erzielbaren Wirkungen und die Vorteile des akustischen Sinns, welche beispielhaft in diesem Artikel beschrieben wurden, machen eines deutlich: Verwendung und Auswahl von Musik und Klang für Werbung und Kommunikation können nicht dem Zufall oder den persönlichen Vorlieben eines Marketingmanagers überlassen werden. Mit der Devise *„let's take some beautiful music to make people buy our stuff"* greift man zu kurz.[12]

Im visuellen Bereich hört man schon lange auf Experten. Es ist höchste Zeit, dass den Ohren der Kunden und Stakeholder die gleiche Wertschätzung zuteil wird wie deren Augen. Die oft verteufelte Werbung kann dann zumindest auf ihrem Gebiet der allgemein um sich greifenden akustischen Umweltverschmutzung entgegensteuern. Und man darf dann für die Zukunft auf mehr Wohlklang und eine ästhetisch ansprechende Gestaltung der Kommunikationsmaßnahmen sowie der Produkte und Dienstleistungen selber hoffen.

(◄))www) Klangbeispiele zu diesem Artikel auf **www.audio-branding.info**

---

[12] Vgl. Zander 2006, S. 478

Literatur

Bronner K.: Audio-Branding. Akustische Markenkommunikation als Strategie der Markenführung? Diplomarbeit, Fachhochschule Stuttgart: 2004

Esch F.-R.: Strategie und Technik der Markenführung. München: Vahlen 2005

Fichter J.: Aktuopaläontologische Studien zur Lokomotion rezenter Urodelen und Lacertilier sowie paläontologische Untersuchungen an Tetrapodenfährten des Rotliegenden (Unter-Perm) SW-Deutschlands, Dissertation (unveröffentlicht). Mainz: 1979

Helms S.: Musik in der Werbung. Wiesbaden: Breitkopf & Härtel 1981

Kilian K.: Multisensuales Markendesign als Basis ganzheitlicher Markenkommunikation, S. 307-340. In: Florack A., Scarabis M., Primosch E. (Hg.): Psychologie der Markenführung. München: Vahlen 2007

Luckner P. (Hg): Multisensuelles Design. Eine Anthologie. Halle: Hochschule für Kunst und Design Halle 2002

North A. C., Hargreaves D. J., MacKenzie L. C., Law R.: The effects of musical and voice 'fit' on responses to advertisements. In: Journal of Applied Social Psychology, 34 (8), p. 1675-1708: 2004

Ringe C.: Audio Branding. Musik als Markenzeichen von Unternehmen. Berlin: Verlag Dr. Müller 2005

Rösing H.: Musik in der Werbung. In: Das klingt so schön hässlich – Gedanken zum Bezugssystem Musik. Bielefeld: transcript 2005

Simpkins J. D., Smith J. A.: Effects of music on source evaluation. In: Journal of Broadcasting 18, p. 361-367: 1974

Zander M. F.: Musical influences in advertising: how music modifies first impressions of product endorsers and brands. In: Psychology of Music, 34 (4), p. 465-480: 2006

Die Stimme im Markenklang

Mark Lehmann

Freier Kommunikationsberater, Berlin

1. Hörbare Markenidentität

Der Mensch sieht sich heute einer Flut von Markenbotschaften ausgesetzt – circa 60.000 Marken werben um die Gunst des Kunden. Laut dem Institut für Marketing und Kommunikation kommen auf jeden Konsumenten 6.000 Werbekontakte pro Tag. Doch nur wenige der ausgesendeten Botschaften entfalten ihre Wirkung. Der Wettbewerb verlangt nach Differenzierung. Es gilt den Markenauftritt derart zu gestalten, dass ein geschlossenes Markenbild entsteht und so eine konsistente Wahrnehmung in der Informationsflut ermöglicht werden kann. Eine Marke muss erlebbar sein. Das heißt, sie muss alle Sinne ansprechen. Ein Fokus auf die visuelle Inszenierung einer Marke kann folglich nicht genügen.

Eine Markenidentität hat viele Ausdrucksweisen – auch eine akustische. Im Sinne eines geschlossenen Markenauftritts besteht somit der Bedarf, die Identität auch auf der klanglichen Ebene umzusetzen. Musik, Geräusche und auch Stimmen sind Mittel, an deren Einsatz in der Markenkommunikation kaum ein Weg vorbei führt. Wie stark sich Musik und Klang auf die emotionale Wirkung von Markenbotschaften niederschlagen kann, ist hinlänglich bekannt.

Die gezielte, akustische Gestaltung eines Markenauftritts hat viele Namen: „audio-branding", „sonic branding", „sound branding", „acoustic branding" oder „corporate sound", um nur einige zu nennen. Diese Begrifflichkeiten beschreiben den Ansatz, einen Markenklang zu schaffen und in die strategische Kommunikation einzubinden.

Inhaltlich ist festzustellen, dass dabei häufig die Elemente Musik, Klang und Stimme[1] differenziert werden, wobei den beiden Erstgenannten in der Regel immer eine größere Bedeutung beigemessen wird. Die Stimme wird zwar aufgrund ihres klanglichen Charakters berücksichtigt, dennoch eher stiefmütterlich behandelt. Dies ist umso erstaunlicher, führt man sich vor Augen, dass kaum eine Marke ohne eine Stimmanwendung auskommt.

Marken werden auf sehr komplexe Weise ganzheitlich wahrgenommen. Dabei kann jedes Element innerhalb der Markenbotschaft den Gesamteindruck verändern – dies gilt auch für den Klang der eingesetzten Sprecherstimme. Aufgrund ihrer spezifischen Wirkung sollte die Stimme innerhalb der akustischen Markenführung ernst genommen werden. So kann sie als Element eines gestalteten Markenklangs zur Differenzierung und Wiedererkennung der Marke beitragen, emotionales Potential einbringen und die rezipientenseitige Bereitschaft zur Informationsaufnahme steigern.

Die Stimme ist der akustische Reiz, dem der Mensch die meiste Aufmerksamkeit widmet. Der Klang der Stimme beeinflusst auf eine besondere Weise die menschliche Kommunikation. Evolutionär entwickelt und sozial erworben, wird der Stimmklang hinsichtlich Informations- und Kommunikationsgehalt genau analysiert. Diese Dekodierung lässt sich kaum unterdrücken, ein Phänomen, das besonders deutlich wird, wenn kulturelle Gepflogenheiten von der eigenen Prägung abweichen und gesprochene Sprache nicht verstanden wird.

2. Stimmklang und Markenpersönlichkeit

Viele kennen das Phänomen, es klingelt das Telefon und jemand meldet sich mit den Worten: „Ich bin's!". Der Klang der Stimme erweckt beim Hörer eine Reihe von komplexen Assoziationen, die häufig im Erkennen oder zumindest in einer Vorstellung von der sprechenden Person münden. Diese umfassenden Vorgänge laufen kaum bewusst ab. Umso erstaunlicher, dass der Mensch in der Lage ist, aufgrund von sehr wenigen Informationen komplexe Vorstellungsbilder zu entwerfen. Vor allem dann, wenn wie in dem Beispiel ein visuelles Pendant zur akustischen Erscheinung fehlt. Dies ist vergleichbar mit der rein visuellen Wahrnehmung der Statur eines Menschen. Auch sie strahlt gewisse Persönlichkeitsmerkmale aus, welche sich bis zu einem bestimmten Grad ändern können und dennoch charakteristisch bleiben. Die Stimme ist gewissermaßen die akustische Statur des Menschen, die in der Anatomie

---

[1] Die menschliche Stimme kann grundsätzlich in zwei Formen, sogenannte Klangformen, differenziert werden: in die Sprechstimme und die Singstimme. Im Fokus soll hier die Sprechstimme stehen, wobei die Singstimme grundsätzlich auf gleiche Wirkungsweisen basiert, jedoch zusätzlich einen stark musikalischen Anteil aufweist, und erfordert daher eine gesonderte Betrachtung.

begründet liegt. In der Markenkommunikation geben Stimmen ohne visuelle Entsprechung – so genannte Off-Stimmen – ihre Persönlichkeitswirkung an die Marke ab. Dieser Charakter-Transfer wirkt allerdings nicht nur einseitig. Je nach Stärke des angesprochenen Schemas kann auch eine gegensätzliche Wirkung eintreten. Ein Effekt, der häufig bei dem Einsatz prominenter Stimmen in der Werbung zu finden ist. Der Einsatz einer derart bekannten Stimme, wie beispielsweise jene von Franz Beckenbauer, führt möglicherweise zu einem Wirrwarr an Assoziationen beim Rezipienten. Vielleicht haben diese Assoziationen etwas mit Mobilfunk zu tun, vielleicht aber auch mit Fußball. Diese Ablenkung von der beabsichtigten Werbebotschaft, auch als „Vampireffekt" bezeichnet, zeigt nicht zuletzt, wie stark eine Stimme als Markenelement wirken kann – wenn auch in diesem Fall vermutlich eher für die „Marke Beckenbauer" als für die eines Mobilfunkanbieters.

Dieses kurze Beispiel soll veranschaulichen, dass Stimmen unterschiedlich stark wirken können. Die Persönlichkeitswirkung ist erheblich von dem Grad der Bekanntheit und von den Erfahrungen abhängig, die der eingesetzten Stimme zugeordnet werden. Jenseits solcher Testimonial-Einsätze gehören die in der Markenkommunikation eingesetzten Stimmen im Wesentlichen professionellen Sprechern, die in der Lage sind, den gewünschten stimmlichen Ausdruck durch entsprechende Sprechweise zu vermitteln. Dennoch bleiben die charakteristischen Merkmale, die Individualität des Sprechers, erkennbar. Da es in der Natur der Sache liegt, dass berufliche Sprecher nicht einmalig ihre Stimme „leihen", kommt es zu einer Aufladung der Stimme. Mit dem Wahrnehmen ein und derselben Stimme in sich ändernden Kontexten beginnt ein Konditionierungsprozess. Es ist davon auszugehen, dass die Stimme zunehmend mit den Merkmalen assoziiert wird, die sich aus den verschiedenen Wahrnehmungskontexten ergeben. Der Rezipient erwirbt ein Schema der Stimme und ergänzt oder ändert dieses. Dieses Image der Stimme ergibt sich häufig aus audiovisueller und rein auditiver, massenmedialer Wahrnehmung und kann damit zu einem gewissen Anteil als überindividuell angesehen werden. Die Stimme wird prominent und gleicht in ihrer Funktion einer akustischen Marke. Das Aufladen einer Stimme mit Kontexteigenschaften sollte demzufolge bei der Auswahl eines Sprechers berücksichtigt werden, wenn eine Marke klanglich abgrenzbar bleiben soll.

Stimmen werden in den unterschiedlichsten Bereichen der Markenkommunikation eingesetzt. Die Stimmwirkung ist jedoch nicht in jedem Medium gleich stark. Der Sprechstimmeneinsatz in der Markenkommunikation erfolgt in der Regel massenmedial. Ein gezielter und markenadäquater Einsatz erfordert die Berücksichtigung des Anwendungsziels und der Rezeptionssituation des Rezipienten. In rein auditiven Kanälen, wie dem Telefon oder dem Radio, kommt der Stimme eine wesentlich größere Wirkkraft zu, als in audiovisuellen Darbietungen. Die Sinnesmodalitäten sind hier auf den akustischen Kanal festgelegt, zudem stehen keine weiteren Informationen für eine Interpretation zur Verfügung.

Das Telefon ist ein rein auditiver Kanal, welcher derzeitig durch neue Anwendungen eine Renaissance erfährt. Eine relativ hohe Verweildauer und eine beträchtliche Anzahl an Kontakten machen das Telefon zu einem Medium, das in Bezug auf die akustische Gestaltung nicht vernachlässigt werden sollte. Beispielsweise hat die technische Entwicklung dazu geführt, dass Call-Center zunehmend durch interaktive Sprachsysteme ergänzt und ersetzt werden. Dies bedeutet, dass auch hier eine immergleiche Stimme zum Einsatz kommt, die einen Einfluss auf die Markenwahrnehmung hat. Die Gestaltung des durch die Stimme transportierten Charakters, der so genannten „Persona", gewinnt für den Erfolg und die Akzeptanz dieser Anwendungen somit zunehmend an Bedeutung.

3. Markenstimme und Corporate Sound

Das prominente stimmliche Element in der Markenkommunikation ist die „Brand Voice".[2] Diese Markenstimme repräsentiert die Markenpersönlichkeit und ist häufig Bestandteil einer akustischen Signatur. Der gesprochene Markenname und der Claim erfahren dabei, als Teil einer Kennzeichnung des Absenders der Markenbotschaft, die stärkste Verbreitung. Sie werden in der Regel am Ende eines TV-, Radio- oder Kinospots, als so genanntes „Ending", aber auch in anderen Anwendungen eingesetzt. Es handelt sich dabei vielfach um eine Kombination aus visuellem Logo, akustischem Logo und der gesprochenen Marke. Die Markenstimme stellt das stimmliche Pendant zur Wortmarke dar. Demzufolge sollte sie auch als Teil der Markenelemente gesehen und entsprechend als Schlüsselinstrument verankert werden. Auf diese Weise kann die Persönlichkeitswirkung der Stimme gezielt genutzt werden. Dies gilt nicht nur für die Stimme, sondern für alle akustischen Elemente, die strategisch zur Markenkommunikation eingesetzt werden können. Die Persönlichkeit der Marke wird auditiv erlebbar. Wie diese Verankerung im Speziellen erfolgt, ist von der Strategie und Form abhängig, mit der das Unternehmen mittels Marke im Markt agiert.

Neben der Markenstimme sollten Stimmen zur Erreichung von Kampagnenzielen gesondert betrachtet werden. Während Markenstimmen im Wesentlichen die Markenpersönlichkeit verkörpern, dienen Stimmen, die innerhalb von Kampagnen eingesetzt werden, auch der Aktivierung und der Verankerung der spezifischen Werbebotschaft. Die Dauer der Verwendung von Kampagnenstimmen ist häufig begrenzt, zudem hängt die beabsichtigte Wirkung stark von der Werbestrategie ab.

---

[2] Der Begriff „Brand Voice" stammt aus der Differenzierung zwischen Markenstimme und Kampagnenstimme. Vgl. Lehmann M.: „Voice Branding – Die Stimme als Markenklang"(unveröffentl. Manuskript), Vdm Verlag Dr. Müller (erscheint 2007)

Beiden Wirkungsfeldern ist gemeinsam, dass die eingesetzten Stimmen auf das Image einer Marke einzahlen. Demzufolge müssen sie in ihren Charakteren der Markenidentität gerecht werden. Dies verlangt eine kommunikationspolitische Verankerung der akustischen Identität sowie die strategische und konsequente Umsetzung für alle relevanten Bereiche. Eine Brand Voice sollte, wie der gesamte Markenklang, professionell umgesetzt und in die Corporate Identity integriert werden.

Eine mögliche Strategie zur Integrierung der Stimme in den Markenklang besteht in der Schaffung einer „Corporate Voice"[3] und deren Verankerung im „Corporate Sound". Die Corporate Voice stellt ein klangliches Element innerhalb des Corporate Sounds dar und umfasst die Konzeption und Umsetzung der markengerechten Stimme. Dieser Ansatz erfordert eine Herleitung der Stimmcharakteristika aus den Markenwerten. Hierbei sind interdisziplinäre Kenntnisse und Kompetenzen gefragt.

Eine derartige Ableitung muss in der Festlegung einer stimmlichen Persönlichkeit münden, welche so formuliert werden muss, dass sie als Gestaltungsgrundlage in alle relevanten Bereiche des klanglichen Markenauftritts getragen werden kann. Ein solches Briefing legt die Konstanten fest, welche für das Erstellen von Stimmanwendungen benötigt werden. Die gestalterischen Aspekte beschränken sich dabei auf die Auswahl und die Regie. Dies sind die Ausdrucksebenen, welche die Wirkung einer Stimme beeinflussen und stellen Variablen für die Gestaltung einer markengerechten Stimme dar. Die Wirkung der Ebenen lassen sich kaum getrennt von einander beurteilen, da jede einzelne Ebene die anderen beeinflusst. Diese Interdependenzen machen das konzeptionelle Arbeiten mit der Stimme als Teil des Markenklangs zu einer Herausforderung.

Eine Corporate Voice ersetzt somit die Bauchentscheidungen bei der Stimmenauswahl. Die Markenpassung kann durch eine konsistente Ableitung aus den Markenwerten gewährleistet werden. Die markengerechte Stimme bedeutet ein Mehr an Kongruenz in der Wirkung und eine Stärkung des Markenimages durch Persönlichkeit. Auf diese Weise kann die Stimme dazu beitragen, akustische Markenkommunikation markant, emotional und glaubwürdig zu gestalten und somit das multisensorische Markenerlebnis bereichern.

Literatur

Lehmann M.: Voice Branding – Die Stimme als Markenklang, unveröffentlichtes Manuskript. Berlin: Vdm Verlag Dr. Müller 2007

---

[3] Beispielsweise bezeichnet *MetaDesign* das Element Stimme in der Corporate Sound-Konzeption als Corporate Voice.

Klangmarken und Markenklänge: die Bedeutung der Klangfarbe im Audio-Branding

Hannes Raffaseder

Fachhochschule St. Pölten

1. Einleitung

Die Klangfarbe ist neben der Lautstärke und der Tonhöhe die dritte menschliche Primärempfindung bei der Wahrnehmung von akustischen Ereignissen. Folglich ermöglicht sie, zwischen zwei gleich lauten und gleich hohen Schallsignalen zu unterscheiden. Vergleichbar mit der Farbpalette in der Malerei stellen unterschiedliche Klangfarben quasi das unteilbare Ausgangsmaterial für jede akustische Gestaltung dar. Im Gegensatz zu Melodien, Akkordfolgen oder Rhythmen verfügt die Klangfarbe zunächst noch über keine bewusst gestalteten Strukturen, die im Wahrnehmungsprozess auf rationaler Ebene ausgewertet werden müssen. Daher wird sie zwar häufig unbewusst, dafür aber ganz unmittelbar und direkt wahrgenommen und erlebt. Wir reagieren auf die Klangfarbe vor allem auf emotionaler Ebene.

In der Vergangenheit wurde diesem Parameter oft erstaunlich wenig Beachtung geschenkt. Lange war beispielsweise die Organisation von Tonhöhen, Lautstärken oder Zeitstrukturen wie Rhythmus und Form in der Musik von wesentlich größerer Bedeutung. Die Frage, *wie* ein Stück klingen, mit *welchen* Instrumenten etwas gespielt werden soll, spielte im Vergleich dazu eine untergeordnete Rolle. Dabei kann, wie im Folgenden noch näher ausgeführt wird, gerade die Klangfarbe auch in kürzester Zeit große Wirkung erzielen, Emotion genauso wie Information übermitteln.

Beginnend mit den immer ausgefeilteren Instrumentierungen in der romantischen Orchestermusik, über die Klangfarben- bzw. Klangflächen-komposition in der Neuen Musik der 1960er Jahre, der Verwendung von synthetischen Klängen in der Unterhaltungsmusik bis zum Einsatz von beliebigen digital gespeicherten akustischen Ereignissen mit Hilfe der Samplingtechnik ist die Bedeutung der Klangfarbe in der akustischen Gestaltung mittlerweile stark gestiegen. Der charakteristische *Sound* [1] der Sängerin oder des Sängers bzw. der gesamten Band stellt in Pop, Rock oder Jazz unbestritten einen ganz wesentlichen Qualitäts- und Erfolgsfaktor dar. Nur wenn Songs von charismatischen Interpreten mit unverwechselbaren, kaum nachzuahmenden Stimmen und Instrumentalklängen vorgetragen werden, wie dies beispielsweise bei Stars mit anhaltendem Erfolg wie *Madonna, David Bowie, Mick Jagger, Sting, The Who, U2, Robbie Williams* usw. unbestritten der Fall ist, erzielen diese die gewünschte Wirkung. Lyrics wie „Rauch auf dem Wasser, Feuer im Himmel" erscheinen eigentlich nicht gerade dazu geeignet, die Massen zu begeistern, und auch Melodie und Rhythmus vieler Songs sind nicht unbedingt außergewöhnlich.

So hat es ein Hit wie „Smoke on the water" wohl vor allem dem ganz speziellen Sound von *Deep Purple* zu verdanken, dass man auch Jahrzehnte nach dem Erscheinen meist schon während des ersten Taktes beginnt, mitzuklopfen oder gar mitzusingen. Umgekehrt verlieren Songs ohne ihren charakteristischen Sound mitunter rasch an Wirkung. Wenn beispielsweise beim Karaokesingen versucht wird, die Vorbilder möglichst originalgetreu zu imitieren, so ist schon von vornherein klar, dass dieser Versuch misslingen wird. Es zählt nicht die ursprüngliche Wirkung des vorgetragenen Songs, sondern viel mehr der Spaßfaktor.

In einigen Stilen der elektronischen Dance-Music scheint die Klangfarbe sogar im Zentrum des Interesses zu stehen, wenn etwa bei Drum & Bass oder auch im experimentellen Techno auf Harmonieverläufe und Melodien zugunsten von Rhythmen verzichtet wird, die mit ausgefeilten Sounds gespielt werden. Die steigende Beachtung von Sounddesign [2] für Film und Video ist ein weiterer Hinweis für die wachsende Bedeutung der Klangfarbe. Auch Produkt-Sounddesign, bei dem es um die Gestaltung der von bzw. mit den Verkaufsobjekten produzierten Klangfarben geht, wird in immer mehr Branchen zu einem wichtigen Wettbewerbsfaktor. In der Automobilindustrie hat man bereits in den frühen 1990er Jahren damit begonnen, die Geräusche der Motoren, Türen, Schalter, Knöpfe etc. gezielt zu gestalten. Die dafür notwendigen Schallmessräume stellen einen Kostenfaktor um die 100

---

[1] Der umfassende englische Ausdruck *Sound* hat keine gleichbedeutende deutsche Entsprechung. Er umfasst jedes klingende Ereignis, also Sprache, Klänge und Geräusche. Für den charakteristischen *Sound* einer Band, einer Sängerin bzw. eines Sängers ist vor allem die Klangfarbe entscheidend, obwohl auch Timing, Phrasierung und einige andere musikalische Parameter einen wesentlichen Beitrag dazu liefern.

[2] Der Begriff Sounddesign ist in der akustischen Medienproduktion mehrdeutig. Er meint einerseits Konzeption und Gestaltung der gesamten Tonspur (Sprache, Geräusche und Musik) eines Films oder Videos, steht aber andererseits auch für die Entwicklung von passenden Geräuschen für diverse Produkte.

Millionen Euro dar, was die Bedeutung der Produktakustik genauso unterstreicht wie die Tatsache, dass die Erkenntnisse von den Unternehmen als strenge Betriebsgeheimnisse betrachtet werden.[3]

Trotz dieser Entwicklungen befasst sich die aktuelle Fachliteratur zur akustischen Mediengestaltung nach wie vor eher mit der Bedeutung von Rhythmus, Harmonik, Melodie und den Möglichkeiten, damit Spannungsverläufe aufzubauen, die Zeitwahrnehmung zu beeinflussen oder bestimmte Gefühle auszudrücken. Die bewusste Auswahl, der gezielte Einsatz oder die möglichen Wirkungsebenen der Klangfarbe als wesentliches Ausgangsmaterial jeder akustischen Gestaltung und somit selbstverständlich auch von Audio-Branding werden hingegen noch vergleichsweise wenig theoretisch und praktisch reflektiert.

Im Folgenden soll deshalb nach einigen allgemeinen Betrachtungen zur akustischen Wahrnehmung und deren Rolle in der menschlichen Kommunikation vor allem die Eigenschaft der Klangfarbe und deren Bedeutung für Audio-Branding näher analysiert werden.

2. „Das Ganze ist mehr als die Summe seiner Teile!" – Zur Notwendigkeit intermodaler Gestaltungskonzepte

Unsere Sinne liefern jeweils in sich geschlossene Reizqualitäten, die bei gleichzeitiger Wahrnehmung im Allgemeinen assoziativ verknüpft werden. Beispielsweise können wir zwischen „laut" und „leise" oder zwischen „hell" und „dunkel" unterscheiden, nicht aber zwischen „laut" und „dunkel". Objektivierbare Vergleiche oder kontinuierliche Übergänge zwischen den einzelnen Sinneswahrnehmungen sind also unmöglich.

Daraus lässt sich schließen, dass unsere Umwelt nur in Fragmenten erfasst werden kann. Unsere Sinnesorgane sind offensichtlich auf die Wahrnehmung solcher Ausschnitte spezialisiert. Nur durch assoziative Verknüpfung von Sinneseindrücken in Verbindung mit bereits früher erworbener Erfahrung kann ein Mehrwert entstehen, der eine gedankliche Ergänzung fehlender Teile und dadurch eine genauere Beschreibung der Umwelt ermöglicht. Bei simultaner Wahrnehmung unterschiedlicher Reizqualitäten wird daher stets versucht, kausale Verbindungen herzustellen. Visuelle und akustische Eindrücke ergänzen sich also nicht nur, sondern stehen in permanenter Wechselwirkung, beeinflussen und überlagern sich gegenseitig. Die ausschließliche Konzentration auf die visuelle Ebene kann daher in der Marken-

---

[3] Die gemachten Angaben beziehen sich auf einen Vortrag von Dr. Friedrich Blutner im Rahmen des internationalen Symposiums „AllThatSounds – Die Tonspur in den Medien", das am 27. März 2006 im Museumsquartier Wien stattfand. Blutner ist Geschäftsführer der Synotec GmbH, einem Unternehmen für Produktsounddesign, vgl. Blutner 2006.

kommunikation kaum zu optimalen Ergebnissen führen. Eine noch stärkere Berücksichtigung des Hörens – vom Schmecken, Tasten und Riechen einmal ganz abgesehen – ist somit unbedingt zu fordern. Dabei muss die Gleichstellung der Sinneswahrnehmungen im medialen Kontext noch keine zwingende Verbesserung bringen, denn nicht das Nebeneinander, sondern ausschließlich das Miteinander unterschiedlicher Sinnesreize kann zu einer nachhaltigen Qualitätssteigerung führen. Da es also immer um ein optimales Zusammenwirken aller Reizqualitäten gehen muss, sind intermodale[4] Konzeption, Gestaltung und Produktion unbedingt anzustreben[5] (❧ vgl. Artikel M. Haverkamp). Um dies zu erreichen, müssen zunächst die Besonderheiten der einzelnen Sinnesorgane untersucht und verglichen werden, um in der Folge die notwendigen Voraussetzungen schaffen zu können, die eine optimale Ergänzung der Sinneseindrücke sicherstellen.

3. Einige Besonderheiten der akustischen Wahrnehmung

In einer von visuellen Sinneseindrücken dominierten Welt stellt sich zunächst die Frage, welche Bedeutung der akustischen Wahrnehmung überhaupt zukommt und welche Rolle *Sound* in der Markenkommunikation demnach spielen kann.

3.1 Die Omnipräsenz des Hörens

Im Gegensatz zum Auge lässt sich das Ohr nicht einfach verschließen. Außerdem ist es an keinen Blickwinkel gebunden und nimmt stets alle Schallsignale in einem Raum auf. Im Allgemeinen ist der akustische Informa-

---

[4] *Intermodal* meint die gemeinsame Analyse, Konzeption und Gestaltung der unterschiedlichen Ebenen wie z. B. Form, Farbe, Licht, Sprache, Geräusche, Musik etc. In der heutigen Medienproduktion fehlen solche Konzepte vor allem in Bezug auf eine gemeinsame Konzeption von visuellen und akustischen Elementen. Vielfach werden aber selbst in der rein akustischen Domäne die einzelnen Elemente noch erstaunlich wenig in Beziehung gesetzt. Viele Fachdisziplinen wie Linguistik, Musikwissenschaft, technische Akustik etc. betrachten akustische Phänomene. In der Filmproduktion arbeiten Dialog Editor, Sounddesigner, Geräuschemacher, Komponisten etc. oft weitgehend unabhängig von einander an der gemeinsamen Tonspur. Eine ganzheitliche Betrachtung der Wechselwirkungen, Gemeinsamkeiten und Unterschiede der akustischen Phänomene Sprache, Geräusch und Musik findet in Theorie und Praxis noch selten statt.

[5] Wichtige Anregungen zu dieser Thematik gibt Randy Thom in seinen Artikeln, die u. a. online auf http://www.filmsound.org (Besucht am 30.08.2006) verfügbar sind. Umfassende Ansätze für eine intermodale Analyse der Tonspur werden dargestellt in Leeuwen 1999.

tionsfluss aus diesem Grund viel zu groß, um alles bewusst aufzunehmen und auszuwerten. Meist wird daher ein Großteil der im persönlichen Umfeld vorhandenen akustischen Sinnesreize nur unbewusst wahrgenommen. Fälschlicherweise wird dieses *unbewusste* Wahrnehmen oft mit *nicht* Wahrnehmen gleich gesetzt. Der sogenannte Cocktailparty-Effekt beschreibt die Tatsache, dass Menschen auch in relativ lauter Umgebung in der Lage sind, die Wahrnehmung auf ein bestimmtes akustisches Ereignis zu fokussieren. Erfahrungsgemäß können wir in einer Bar problemlos dem Gespräch mit unserem Tischnachbarn folgen, während wir die restlichen Stimmen um uns herum als Gemurmel wahrnehmen. Sollten in dieser Situation aber am Nebentisch Worte fallen, die für uns aus irgendeinem Grund von Interesse sind, so ist es jederzeit möglich, die Aufmerksamkeit darauf zu richten und das Gespräch zu belauschen. Diese Situation, die sicher schon viele erlebt haben, ist ein deutliches Indiz dafür, dass nicht nur die bewusst wahrgenommene akustische Information im menschlichen Gehirn verarbeitet wird. Offenbar wird auch der vermeintlich unwichtige akustische Hintergrund stets abgehört und ausgewertet. Anders wäre es unmöglich, auf die interessanten Worte am Nebentisch in irgendeiner Weise zu reagieren. In der menschlichen Kommunikation spielen also stets zahlreiche unterschwellige akustische Reize eine wesentliche Rolle, die zwar dem Rezipienten mitunter gar nicht auffallen, den Gesamteindruck aber trotzdem maßgeblich beeinflussen.

Während die akustische Wahrnehmung zu jeder Zeit ganz automatisch, wenn auch häufig unbewusst, passiert, setzt die visuelle Wahrnehmung ein aktives Hinsehen voraus. Irgendwo Hinsehen bedeutet gleichzeitig immer auch woanders Wegsehen. Während der visuelle Eindruck von Menschen in einem Raum immer davon abhängt, wo diese hin sehen, was diese sehen wollen, so ist der akustische Eindruck für alle zumindest weitgehend gleich. Ob man irgendein eventuell vorhandenes Störgeräusch hören will oder nicht, spielt keine Rolle. Es wird stören, da Weghören nicht möglich ist. Während es sich beim Sehen also um einen selektiven, vom Blickwinkel des einzelnen Individuums abhängigen Prozess handelt, ist Hören im Gegensatz dazu ganzheitlich, umfassend und verbindend. Da die akustische Szenerie in einem Raum für alle Menschen weitgehend gleich ist, können Schallsignale auch eine verbindende, kollektivierende Wirkung haben. Dieser Aspekt wird beispielsweise bei Marschmusik sehr deutlich, wenn sich alle wie ferngesteuert zum Takt der Musik bewegen. Ähnliches ist auch bei Tanzmusik in den Discos zu beobachten. Auch bei Reden von öffentlichen Personen wird häufig versucht, von dieser Wirkung des akustischen Mediums Gebrauch zu machen. Vor allem wenn man an populistische Politiker oder Diktatoren denkt, wird deutlich, dass der eigentliche Inhalt solcher Reden nur eine untergeordnete Rolle zu spielen scheint. Der markante Klang der Stimme, gekoppelt mit einem prägnanten Sprachrhythmus und einer besonderen Sprachmelodie, erzwingt förmlich die Aufmerksamkeit der Menschen.

3.2 Kopplung von Entstehung, Ereignis und Rezeption

In ihrer ursprünglichen Form ist Schallenergie grundsätzlich flüchtig. Bis zur Erfindung des Phonographen durch Thomas A. Edison (1847-1931) im Jahre 1877 war es unmöglich, Schall zu speichern. Akustische Ereignisse mussten zeitgleich mit ihrer Entstehung, also „jetzt oder nie", erlebt werden. Soll ein akustischer Sinnesreiz bewusst wahrgenommen werden, so fordert die Gleichzeitigkeit von Entstehung, Ereignis und Rezeption die volle Aufmerksamkeit, aktives Erleben und Teilnehmen von den Hörern. Es liegt die Vermutung nahe, dass die direkte, unmittelbare, oft stark emotional geprägte Wirkung von akustischen Ereignissen mit diesem Umstand in engen Zusammenhang gebracht werden kann.

Erfahrungsgemäß eignen sich akustische Ereignisse bestens, um Stimmungen und Emotionen zu transportieren. Dieser Umstand ist natürlich für die Markenkommunikation von immenser Bedeutung. Zweifelsfrei soll Musik im Film, in der Werbung, bei Firmenevents oder bei Produktpräsentationen etc. häufig genau diese Funktion erfüllen. Um einer akustischen Botschaft emotionale Tiefe zu verleihen, sind aber nicht unbedingt mächtige Fanfaren mit Pauken und Trompeten oder „butterweiche" Geigen notwendig. Oft reichen schon kleine akustische Gesten, um eine Vielzahl von Gefühlsregungen zu transportieren. Beispielsweise kann in einem Seufzer eines Mitmenschen Erschöpfung genauso wie Depression, Mitgefühl oder überhebliche Ablehnung mitschwingen. Auch der Klang der gesprochenen Sprache ist für die Bedeutung eines Satzes erfahrungsgemäß oft ganz entscheidend. Dabei können bereits geringe Unterschiede in den einzelnen Lauten zu enormen Bedeutungsverschiebungen führen. Es kann daraus geschlossen werden, dass bei akustischen Ereignissen durchaus eine Vielzahl an feinen Nuancen wahrgenommen und unterschieden werden können, die nachhaltigen Einfluss auf Inhalt und Wirkung haben.

3.3 Klang und Gedächtnis

Da Schall lange nicht gespeichert werden konnte, war es auch unmöglich, ein bestimmtes akustisches Ereignis identisch zu wiederholen. Selbst wenn möglichst gleiche Schallquellen mit möglichst gleichen Mechanismen in Schwingung versetzt wurden, änderte sich das klingende Ereignis im Allgemeinen doch mehr oder weniger stark. So klingen beispielsweise zerbrechendes Glas, das Klopfen an die Tür, das Zwitschern der Vögel oder auch die live von einem Orchester gespielte 5. Sinfonie von Beethoven zwar immer relativ ähnlich, aber niemals völlig identisch. Akustische Ereignisse waren also stets *einmalig*. Möglicherweise können spezifische Schallsignale gerade deshalb auch erstaunlich lange im Gedächtnis behalten werden. Beispielsweise kennen viele Menschen selbst im hohen Alter noch zahlreiche Kinderlieder auswendig, auch wenn sie diese jahrelang nicht mehr gesungen haben, und die Hits der Jugend begleiten einen das ganze Leben, während viele andere Details aus diesem Lebensabschnitt längst in Vergessenheit geraten sind. Auch in der für Audio-Branding besonders wichtigen Werbebranche lässt sich beobachten, dass manche Spots, in denen markante Geräusche eingesetzt, der Slogan mit einem einprägsamen Sprachklang dargeboten wird oder die sich generell durch eine ungewöhnliche akustische Gestaltung auszeichnen, oft jahrelang in Erinnerung bleiben.

Der Zusammenhang von akustischen Reizen und der Gedächtnisleistung ist Gegenstand mehrerer wissenschaftlicher Studien.[6] Wenn diese zunächst zu uneinheitlichen Ergebnissen zu kommen scheinen[7], muss darauf hingewiesen werden, dass die Frage, ob ein Spot mit oder ohne Musik besser erinnert werden kann, schon aufgrund der intermodalen Wechselwirkungen so nicht gestellt werden sollte. Es kommt nicht darauf an *ob*, sondern *wie* akustische Elemente eingesetzt werden. Soll beispielsweise Musik im Hintergrund eine angenehme Stimmung vermitteln und so zu einer positiven Einstellung gegenüber dem Produkt beitragen, so ist es selbstverständlich unabdinglich, dass diese Musik unbewusst wahrgenommen wird. Um nicht von der eigentlichen Werbebotschaft abzulenken, darf sie keinesfalls die Aufmerksamkeit auf sich ziehen. Studien zeigen auch, dass der akustische Reiz sogar besser als der Produktname im Gedächtnis verankert sein kann, wenn zwischen den akustischen Elementen und dem Inhalt klare Bezüge und Querverweise etabliert werden. Sounds können dann zu mnemotechnischen Abruffreizen für die Werbung, die Werbebotschaft und den Markennamen werden.[8]

Wie bereits einleitend erwähnt wurde, stellt der charakteristische Sound einen wesentlichen Qualitäts- und Erfolgsfaktor im Musikbusiness dar. Die große Bedeutung einer achtsamen Auswahl und Gestaltung aller verwendeten Klänge und Geräusche wird dadurch noch einmal unterstrichen. Auch Jahre nach ihrer Veröffentlichung werden zahlreiche Songs schon nach der ersten Sekunde erkannt.

In einem vom Autor mit zahlreichen Studierenden wiederholt durchgeführten Experiment[9] wurden beispielsweise die Songs „Wonderwall" der

---

[6] Einen guten Überblick über relevante Studien gibt Roth 2005, S. 251.

[7] Vgl. Roth 2002, S. 121

[8] Vgl. Roth 2002, S. 127

[9] Es handelt sich dabei um ein vom Autor dieses Artikels im Rahmen von Vorlesungen an den Fachhochschulen in Hagenberg und St. Pölten durchgeführtes Experiment, das den Studierenden die Wichtigkeit der Klangfarbe verdeutlichen sollte. Es diente also pädagogischen Zwecken und wurde bisher nicht wissenschaftlich ausgewertet. Das Experiment wurde in verschiedenen Jahrgängen wiederholt und mit insgesamt rund 600 Studierenden an Studiengängen im Bereich der Medientechnik durchgeführt. Die Ergebnisse waren immer vergleichbar, weshalb die Erfahrungen und die daraus gezogenen Schlüsse auch Eingang in diesen Artikel finden sollen.

britischen Gruppe *Oasis* und „Don′t Speak" von *No Doubt* bereits nach dem ersten Gitarrenakkord von einer großen Mehrheit eindeutig identifiziert. Dies ist zunächst insofern verwunderlich, da es sich in beiden Fällen um einen sehr ähnlichen Gitarrenakkord handelt, mit dem auch noch unzählige andere Songs beginnen könnten. Rhythmus, Melodie oder harmonische Fortschreitung konnten sich in der kurzen Zeitspanne noch in keiner Weise entfalten. Das einzige Erkennungsmerkmal konnte in diesem Fall somit nur die charakteristische Klangfarbe sein.

Dieser einfache, auch mit einigen anderen Songs wiederholt durchgeführte Versuch deutet darauf hin, dass eben nicht einfach nur „Gitarre" gehört wird. Der Parameter Klangfarbe wird sehr differenziert wahrgenommen, und es können auch ganz feine Nuancen unterschieden werden. Der Umstand, dass zwischen der Veröffentlichung des Songs und der erstmaligen Durchführung des beschriebenen Experiments mehr als sieben Jahre vergangen waren, weist auch einmal mehr darauf hin, dass Klangfarben offensichtlich verhältnismäßig lange im Gedächtnis behalten werden können (vgl. Artikel J. Groves).

Vielfach wird als Grund für das schnelle und eindeutige Wiedererkennen vor allem der häufige Einsatz der Songs in diversen Radiostationen vermutet. Dem sei entgegenhalten, dass die meisten Hits nur in den Monaten nach ihrer Veröffentlichung tatsächlich sehr oft, danach üblicherweise jedoch eher selten gehört werden. Außerdem müsste es dann auch möglich sein, häufig wiederholte Slogans nach der ersten Silbe oder zumindest nach dem ersten Wort auch mehrere Jahre später zu erinnern und eindeutig zu identifizieren. Weiters sei angemerkt, dass dieses Experiment nicht nur mit häufig gehörten Songs, sondern generell mit charakteristischen Geräuschen gut funktioniert. Der Sound der Mundharmonika aus dem Film „Spiel mir das Lied vom Tod" wird zum Beispiel auch von jenen rasch erkannt, die den Film nur ein einziges mal gesehen haben.

3.4 Akustische Ereignisse als aktivierende Sinnesreize

Das besondere Merkmal von akustischen Ereignissen, Aufmerksamkeit zu erregen, ist vor allem auch für die Markenkommunikation von Bedeutung. Diese Eigenschaft wird bei einer Vielzahl von Alarmsignalen wie der Hupe des Autos, dem Läuten des Telefons, dem Klingeln des Weckers etc. im täglichen Leben genutzt. Gerade in einer mit visuellen Reizen überfrachteten Umwelt kommt diese Eigenschaft von akustischen Botschaften besonders gut zur Geltung. Leider scheint es eine weit verbreitete Meinung zu sein, dass Schallsignale vor allem durch ihre Lautstärke auffallen. Dabei führt beispielsweise lautes Sprechen bei einem Vortrag mit unruhigem Auditorium selten zu gesteigerter Aufmerksamkeit. Ganz allgemein sind eine außergewöhnliche, mehrere Klangparameter berücksichtigende Sprechweise, bewusstes Setzen von Pausen oder gezielt eingesetzte leise Sprache wesentlich effizienter. Akustische Ereignisse können uns auch aktivieren, ohne dabei eine unmittelbare Reaktion zu erfordern, wie dies bei diversen Signalen meist der Fall ist. Häufig geschieht diese Aktivierung ohne eine bewussten Willensentscheidung. Immer wieder ertappen wir uns beim unbewussten Mitklopfen des Taktes oder gar beim Mitsummen oder Mitsingen einer Musik, die gerade irgendwo zu hören ist. Auch in der wissenschaftlichen Forschung zur Werbewirkung ist das Potenzial von akustischen Ereignissen zur Aktivierung weitgehend unbestritten und wird von empirischen Studien belegt.[10]

3.5 Sound als Folge dynamischer Prozesse

Ein klingendes Ereignis steht immer mit der Anregung und der Schallquelle in einem direkten kausalen Zusammenhang und spiegelt somit deren Eigenschaften zweifelsfrei wider. Jedes hörbare Schallsignal ist grundsätzlich immer eine Folge eines vorangegangenen dynamischen Prozesses, der durch einen entsprechenden Kraftaufwand in Gang gesetzt werden musste. Bewegung und Veränderung sind immer eine Grundvoraussetzung für akustische Ereignisse. Nur in einem völlig statischen und somit leblosen Umfeld herrscht absolute Stille. Akustische Ereignisse sind somit stets auch Ausdruck von Vitalität und Leben.[11] Selbstverständlich sollte diese Eigenschaft eine wichtige Rolle in der Markenkommunikation spielen. Stets kann auch ein eindeutiger Zusammenhang zwischen dem physikalischen Prozess als Ursache und dem akustischen Ereignis als Wirkung hergestellt werden.

Hierin bestehen entscheidende Unterschiede im Vergleich zur visuellen Wahrnehmung. Optische Eindrücke ändern sich nicht mit der Zeit, es sei denn, es verändern sich die betrachteten Objekte bzw. deren Umfeld selbst. Beispielsweise kann die 1505 von Leonardo da Vinci gemalte Mona Lisa nach wie vor quasi im Original betrachtet werden. Das Auge liefert gerade in jenem statischen Umfeld äußerst präzise und detailreiche Informationen über die uns umgebenden Oberflächen, in dem das Ohr nichts als Stille empfangen kann. Die Bewegungen und Veränderungen, deren Folgen von der akustischen Wahrnehmung ausgewertet werden, können visuell hingegen nur mangelhaft erfasst werden. Bereits wenige Einzelbilder pro Sekunde erwecken den Eindruck einer kontinuierlichen Bewegung und rasche Änderungen führen zu verschwommenen Konturen. Manche Aktionen passieren überhaupt zu schnell, um sie allein mit dem Sehsinn richtig erfassen zu können. Beispielsweise kann selbst bei genauer Beobachtung einer Pistole nicht erkannt werden, ob tatsächlich geschossen wird. Das resultierende Geräusch wird aber mit Sicherheit deutlich wahrgenommen. In den Medien werden daher Zeitlupe und Standbilder eingesetzt, um bestimmte Situationen visuell genauer analysieren zu können.

---

[10] Vgl. Roth 2005, S. 117
[11] Vgl. Blutner 2006

3.6 Zur Schwierigkeit der Beschreibung akustischer Wahrnehmungen

Mit dem Sehsinn werden also vorzugsweise statische Objekte wahrgenommen, die auch fassbar, begreifbar und somit beschreibbar sind. Mit einer Reihe von Eigenschaften (Farbe, Form, Größe etc.) und entsprechenden Objektbezeichnungen ist es im Allgemeinen möglich, diese Objekte hinreichend genau und verständlich zu beschreiben. Da das Hören hingegen immer Informationen über dynamische Aktionen liefert, ist es unmöglich, mit dem Finger auf einen Klang zu zeigen. Akustische Ereignisse sind weder fassbare Dinge, noch können sie solche repräsentieren.[12] Dieser Umstand erklärt, warum eine hinreichend genaue Beschreibung von akustischen Ereignissen im Allgemeinen zumindest dann misslingt, wenn man von signaltheoretischen Parametern (z. B. Frequenz, Spektrum, Amplitudenverlauf etc.) absieht. Meist wird nicht das akustische Ereignis selbst, sondern der auslösende Entstehungsprozess beschrieben.

Vielfach werden hierzu Vergleiche verwendet: „Das klingt als ob ...". Diese Schwierigkeiten führen dazu, dass akustische Ereignisse sogar in der Medienproduktion gelegentlich immer noch als diffuse, unkonkrete, vor allem subjektiv erfahrbare und kaum objektivierbare Sinnesreize angesehen und den visuellen Elementen untergeordnet werden. Unbestritten bringt diese Problematik der Beschreibung von Schallsignalen auch mitunter große Schwierigkeiten für die Entwicklung von Klangmarken bzw. Markenklängen mit sich. Beispielsweise wird die Kommunikation zwischen Sounddesigner, Kunden, Marketing- oder Werbefachmann dadurch genauso erheblich erschwert, wie das Finden von passenden Sounds in großen digitalen Soundlibraries.

4. Bedeutung und Wirkung von akustischen Ereignissen

Die Analyse der Besonderheiten der akustischen Wahrnehmung zeigt, dass sich der gezielte Einsatz von Sound in der (Marken-)Kommunikation nicht nur lohnt, sondern im Hinblick auf eine möglichst optimale Gesamtwirkung absolut unverzichtbar ist. Im Folgenden stellt sich daher die Frage, welche Bedeutungen akustische Ereignisse haben bzw. übermitteln können und welche Wirkungen sich mit diesen erzielen lassen.

4.1 Der Informationsgehalt von akustischen Ereignissen

Wie bereits erörtert, können Schallsignale niemals als fassbares Objekt für sich alleine stehen, sondern sind nur als Folge eines vorangegangenen oder eventuell auch gleichzeitig ablaufenden physikalischen Prozesses denkbar. Akustisches Ereignis und Prozess sind dabei untrennbar aneinander gekoppelt.

---

[12] Vgl. Leeuwen 1999, S. 93

Klänge und Geräusche spiegeln daher immer auch die Eigenschaften dieser Prozesse sowie aller daran beteiligten Objekte wider. Sie weisen also einen objektivierbaren Informationsgehalt auf, der Rückschlüsse ermöglicht auf die Schallquelle, die Anregung und auch auf den Raum, in dem das akustische Ereignis ausgelöst wurde.

In vielen Fällen ist es problemlos möglich, auf das Material, die Größe oder die Form der Schallquelle zu schließen. Man hört, wo sich diese befindet, ob sie in Bewegung ist etc. Auch die Beschaffenheit und die Größe des Raumes können erkannt und die Geschwindigkeit, die Stärke, die Art und der Rhythmus der Anregung können im Allgemeinen zumindest näherungsweise bestimmt werden. Beispielsweise lassen Geräusche von Schritten Rückschlüsse auf die Beschaffenheit der Schuhe (z. B. Stöckelschuhe, Sandalen, Holzpantoffel etc.), des Bodens (z. B. Holz, Asphalt oder Schotter), das Schritttempo usw. zu. Mitunter kann sogar die persönliche Befindlichkeit der gehenden Person heraus gehört werden. In der Regel können wir am Schrittgeräusch erkennen, ob jemand in Hektik ist, schnell läuft, gemütlich spaziert, stolpert, torkelt, ausgelassen und fröhlich herum hüpft usw. Bestimmte emotionale Grundstimmungen können somit nicht nur durch Melodien und Rhythmen in der Musik repräsentiert werden, sondern bereits in jedem einzelnen Sound selbst stecken.

Wichtig ist, dass der Informationsgehalt von akustischen Ereignissen im Gegensatz zur visuellen Ebene nicht an den Oberflächen der Objekte hängen bleibt, sondern – über den Umweg dynamischer Aktionen – Aufschluss über deren physische, materielle Beschaffenheit geben kann. Das resultierende akustische Ereignis vermittelt immer auch die Qualität[13] des gesamten Prozesses, also der Anregung und aller beteiligten Objekte. Diese Eigenschaft wird in der Technik beispielsweise bei der akustischen Überwachung von maschinellen Abläufen erfolgreich genutzt. Wenn ein Motor unrund läuft oder Bauteile Verschleißerscheinungen zeigen, so ist dies sofort am Geräusch zu erkennen. Auch in der Materialprüfung sind die akustischen Signale oft aufschlussreich. Das äußere Erscheinungsbild eines billigen Möbelstücks aus Spanplatten kann oft einen durchaus massiven Eindruck erwecken und dadurch Qualität vortäuschen, doch schon durch einfaches Klopfen auf das Objekt wird aufgrund des resultierenden Geräusches der wahre Kern rasch offenbar.

Für die akustische Markenkommunikation ist der Informationsgehalt also insofern von großer Bedeutung, als damit die gewünschten Eigenschaften der Produkte, die besondere Qualität der Marke unter Umständen schon in einem Bruchteil einer Sekunde kommuniziert werden können, ohne dass dafür eine besondere Aufmerksamkeit oder gar eine rationale Leistung von den Konsu-

---

[13] Vgl. Blutner 2006

menten für die Auswertung erforderlich wäre. Beispielsweise vermitteln die für Sound Logos im Bereich der Mobilkommunikation häufig eingesetzten hellen, glockenartigen Klänge eine Klarheit, die als Sinnbild für die Qualität des jeweiligen Netzes stehen kann.

4.2 Der Symbolgehalt von akustischen Ereignissen

Mit dem Symbolgehalt von akustischen Ereignissen wird der Umstand beschrieben, dass Wirkung und Bedeutung eines Schallsignals immer sowohl vom Kontext des auslösenden Ereignisses und vom Umfeld der Wahrnehmung, als auch von persönlichen Erfahrungen und der aktuellen emotionalen Stimmung der Hörerinnen und Hörer abhängen. Akustische Ereignisse können daher auch dann sehr unterschiedlich aufgenommen werden, wenn eine signaltheoretische Analyse zu nahezu identischen Ergebnissen führt. Beispielsweise sind das Rauschen eines Wildbachs und der Lärm einer Autobahn, in jeweils einiger Entfernung von der Schallquelle, rein technisch betrachtet kaum zu unterscheiden, obwohl deren Wirkung und Bedeutung für viele Menschen nahezu gegensätzlich sind. Die Zuschreibung einer bestimmten symbolischen Bedeutung kann dabei sowohl auf assoziativen Verknüpfungen mit persönlichen, subjektiv gefärbten Erinnerungen begründet sein, als auch auf kulturhistorischen, gesellschaftlichen Zusammenhängen. Diese Erkenntnisse werden seit vielen Jahren in der Filmmusik vor allem im Zusammenhang mit der deskriptiven Technik oder der Mood-Technik praktisch umgesetzt.[14]

Klänge und Geräusche repräsentieren also nicht nur die Aktion, von der sie ausgelöst werden, und das Umfeld, in dem sie zu hören sind, sondern auch deren übergeordnete Bedeutung. Ein Schallsignal, das vom technischen Standpunkt als breitbandiges Rauschen bezeichnet wird, kann daher im Fall des Gebirgsbaches für die unberührte Natur genauso stehen, wie für moderne, hektische, lärmende Mobilität im Fall der Autobahn. Letztlich bestimmt also der jeweilige Kontext ganz entscheidend mit, wie das akustische Ereignis interpretiert wird. Oft werden Klänge und Geräusche daher als mehrdeutig, missverständlich, wenig aussagekräftig und gegenüber den visuellen Zeichen als unbedeutend bezeichnet. Unter der Voraussetzung einer ganzheitlichen, intermodalen Konzeption, bei der selbstverständlich der Kontext mitbedacht und mitgestaltet wird, bekommen Schallsignale aber sehr wohl eine weitgehend eindeutige Bedeutung. In diesem Fall kann der Symbolgehalt eingesetzt werden, um besondere, dem Produkt bzw. der Marke zuzuschreibende Werte zu übermitteln. Wiederum ist dafür keine bewusste Rezeption erforderlich. Diese akustischen Botschaften werden von den Hörerinnen und Hörern unbewusst aufgenommen.

---

[14] Gute Einführungen in die Kompositionstechniken von Filmmusik geben u. a. Schneider 1997 und Bullerjahn 2001.

4.3 Direkte Wirkungen von Schallsignalen

Es ist unbestritten, dass Schallsignale jenseits ihres Informations- und Symbolgehalts auch ganz direkte und unmittelbare Wirkungen auf den menschlichen Organismus und die subjektive Befindlichkeit haben können. Das von Kreide auf einer Tafel hervorgerufene Geräusch löst bei vielen Menschen schon bei der bloßen Vorstellung ein unangenehmes Gefühl aus. Angstschreie – egal ob von Menschen oder Tieren – alarmieren uns nicht nur und zwingen uns zum Handeln, sondern sie können auch unseren Körper förmlich durchdringen, sprichwörtlich in „Mark und Bein fahren". Bestimmte akustische Schwingungsmuster können Körperreaktion hervorrufen, Puls- oder Atemfrequenz beeinflussen etc.

Einige dieser direkten Wirkungen von Schallsignalen haben biologische, neuronale oder psychologische Ursachen. Andere werden mit der stammesgeschichtlichen Entwicklung des Menschen erklärt, in der das Gehör als wichtiges Sensorium für aus dem Hinterhalt drohende Gefahren mitunter lebensrettend war.

Obwohl Klang in fernöstlichen Kulturen seit jeher zur Heilung und Schmerzlinderung[15] eingesetzt wird, und auch im Westen die Erfolge der Musiktherapie unumstritten sind, erscheinen diese direkten Wirkungsmuster wissenschaftlich noch erstaunlich wenig aufgearbeitet zu sein. Erst in den letzten Jahren ist ein wachsendes Interesse an interdisziplinärer Forschung im Bereich der Musikwirkung[16] spürbar.

Zahlreichen hoch interessanten seriösen Publikationen stehen dabei leider auch einige zweifelhafte, sehr umstrittene, oft populärwissenschaftlich ausgeschlachtete Ergebnisse[17] gegenüber. Vor allem die Bedeutung der direkten

---

[15] Mit dem in den 1990er Jahren einsetzenden Boom der Esoterik gelangte u. a. auch die Klangschalentherapie in den Westen und erfreut sich großer Beliebtheit.

[16] Eine Zusammenstellung von Beiträgen zu dieser Thematik bietet beispielsweise die Webplattform http://www.tomdoch.de/ (Besucht am 30.08.2006). Lesenswerte, wenn auch populärwissenschaftliche Einführungen in die neurologisch bedingten Wirkungsmuster bieten Spitzer 2005 und Jourdain 2001. Ein großer internationaler Kongress in Baden bei Wien widmete sich im Oktober 2006 der Wirkung von Musik (http://www.mozart-science.at).

[17] Das vermutlich bekannteste Beispiel in diesem Zusammenhang ist der sogenannte „Mozart-Effekt", bei dem der Musik von Wolfgang Amadeus Mozart in einem 1993 von Gordon Shaw und Frances Rauscher durchgeführten Experiment schon nach zehnminütigem Hören eine Verbesserung der mentalen Fähigkeiten attestiert wird (vgl. auch Artikel H. Bruhn). Obwohl das Ergebnis dieser Studie in einer 1999 von Kenneth Steele an der Appalachian State University in Boone, North Carolina durchgeführten Wiederholung nicht bestätigt werden konnte, wurde es medial ausgeschlachtet und gewinnbringend

Wirkungsmuster für die akustische Medienproduktion und die daraus resultierenden Einsatzmöglichkeiten im Sounddesign für Film, Fernsehen oder Markenkommunikation wurden noch kaum erforscht und noch nicht systematisch aufgearbeitet.

5. Klassifizierung und Kategorisierung der Klangfarbe

Bereits im Abschnitt 3.6 wurden die Schwierigkeiten der hinreichenden Beschreibung von akustischen Ereignissen und die darin begründeten Probleme in der akustischen Mediengestaltung beschrieben.

Klangfarbe ist im Gegensatz zu Lautstärke und Tonhöhe keine eindimensionale Eigenschaft, die auf einer Skala zwischen laut und leise oder hoch und tief erfasst werden könnte, sondern eine komplex zusammengesetzte Größe. Technisch lässt sie sich am ehesten mit messbaren Parametern wie dem Spektrum und insbesondere den Formanten[18] beschreiben. Aber auch der zeitliche Verlauf kann eine entscheidende Rolle spielen. Die technischen Beschreibungsgrößen sind vor allem für Fachleute von Bedeutung. Sie sind zwar mess- und objektivierbar und können auch mit den Methoden der digitalen Signalverarbeitung gezielt gestaltet werden, beschreiben aber dennoch die eigentliche menschliche Wahrnehmung nur unbefriedigend.

Die Psychoakustik, die Zusammenhänge zwischen wahrgenommenen Eigenschaften und technischen Messwerten herzustellen versucht, kennt für die Beschreibung der Klangfarbe im Wesentlichen folgende Größen: Klanghaftigkeit, Schwankungsstärke, Rauhigkeit, Volumen und Dichte, Schärfe und Helligkeit. Auf eine ausführliche Erklärung dieser Begrifflichkeiten kann hier mit dem Verweis auf die einschlägige Fachliteratur[19] verzichtet werden.

Eine umfassende Theorie für die Beschreibung, Klassifizierung und Kategorisierung von Schallsignalen fehlt derzeit noch weitgehend.[20] Es müssten dabei sowohl wesentliche Aspekte der Klangfarbe als auch unterschiedliche Wirkungs- und Bedeutungsmuster Berücksichtigung finden.

vermarktet. Beispielsweise ließ sich der Amerikaner Don Campbell den Begriff "Mozart-Effekt" patentieren und verwertet ihn über die Webseite http://www.mozarteffect.com.

[18] Als Formanten werden Maxima im Frequenzspektrum eines Schallsignals bezeichnet, die auf den spezifischen Resonanzraum der Schallquellen zurückgeführt werden können. Sie sind unabhängig von der Grundfrequenz, charakterisieren daher die Schallquelle und somit auch deren spezifische Klangfarbe.

[19] Eine allgemeine Einführung in die Aspekte der akustischen Wahrnehmung verbunden mit wichtigen Grundlagen der Psychoakustik bietet Raffaseder 2002, Kap. 5. Eine umfassende Aufarbeitung dieser Problematik aus der technischen Perspektive liefert Terhardt 1998. Eine umfassende Darstellung wichtiger psychoakustischer Sachverhalte bieten Howard & Angus 2001.

[20] Richtungsweisenden Beiträge liefern Truax 2001 und Leeuwen 1999.

Außerdem müssten dabei Verbindungen zu den messbaren Signaleigenschaften hergestellt werden, wenn damit eine wesentliche Qualitätsverbesserung in der akustischen Mediengestaltung erreicht werden soll.

Das bis März 2008 laufende Forschungsprojekt „AllThatSounds"[21] versucht, einen Beitrag zur Lösung dieser Probleme zu leisten. Mit dem Ziel, das Finden von passenden Sounds für Medienproduktionen zu vereinfachen, werden dabei vier Ansätze untersucht und optimiert:

1. Die Beschreibung der Schallsignale mit Metadaten durch die Urheber soll effizienter und einheitlicher gestaltet werden.

2. Bei der userspezifischen Analyse wird ermittelt, wie, in welchem Kontext, mit welchem Ziel etc. ein bestimmtes akustisches Ereignis in Medienproduktionen eingesetzt wird.

3. Mathematische bzw. signaltheoretische Modelle ermöglichen eine Analyse der Schallsignale, die sich an technischen Parametern orientiert.

4. Die semantisch-assoziative Kategorisierung geht der Frage nach, welche Bedeutung Sounds für die Rezipienten haben bzw. welche Wirkungen ausgelöst werden.

6. Zusammenfassung

Zusammenfassend kann festgehalten werden, dass Klänge und Geräusche, als untrennbares Ausgangsmaterial in der akustischen Kommunikation, einen ganz entscheidenden Beitrag zur Markenkommunikation liefern können. Im Gegensatz zu häufiger im Zentrum des Interesses stehenden musikalischen Größen wie Rhythmus oder Melodie, die sich vorwiegend mit den Parametern Tonhöhe, Lautstärke und Zeitstruktur beschreiben lassen, ist für die Charakterisierung der einzelnen Klänge und Geräusche vor allem die Klangfarbe, der charakteristische Sound von entscheidender Bedeutung. Für die Wahrnehmung von akustischen Ereignissen ist eine Bewertung auf rationaler Ebene nicht unbedingt erforderlich. Einzelne Sounds können schon in einem Bruchteil einer Sekunde große Wirkung entfalten, eine Vielzahl von Informationen transportieren und Emotionen ausdrücken, selbst wenn sie nur unbewusst gehört werden. Sowohl der in jedem Schallsignal steckende Informations- als auch der Symbolgehalt lassen sich in vielfacher Weise für die akustische Markenkommunikation nutzen. Gleiches scheint für die noch vergleichsweise wenig erforschten direkten Wirkungen auf biologischer, neuronaler bzw. psychologischer Ebene zu gelten. In jedem Fall ist entscheidend, dass akustische Einzelereignisse immer zusammen mit dem jeweiligen Kontext bewertet und gestaltet werden müssen.

---

[21] http://www.allthatsounds.net

Höreigenschaften gehen multisensuell im komplexen Zusammenspiel der Sinne auf.[22] In der akustischen Markenkommunikation kann daher ausschließlich eine intermodale Konzeption das gewünschte Ergebnis bringen. Visuelle und akustische Gestaltungselemente müssen auf die gemeinsame Vermittlung des Produkts bzw. der Marke mit ihren Eigenschaften, der spezifischen Qualität, den ihr zugeschriebenen Emotionen abzielen und sich dabei mit möglichst vielen Querverweisen aufeinander beziehen bzw. einander ergänzen.

Literatur

Blutner F.: Klang ist Leben, unveröffentlichte Abschrift eines Vortrags gehalten beim Symposium AllThatSounds – Die Tonspur in den Medien am 27. März 2006 im Museumsquartier Wien: 2006

Bullerjahn C.: Grundlagen der Wirkung von Filmmusik. Augsburg: Wißner-Verlag 2001

Howard D., Angus J.: Acoustics and Psychoacoustics. Oxford: Focal Press 2001

Jackson D.: Sonic Branding. London: Palgrave MacMillan 2003

Raffaseder H.: Audiodesign. Leipzig, Wien: Hanser 2002

Roth S.: Akustische Reize als Instrument der Markenkommunikation. Wiesbaden: Deutscher Universitätsverlag Gabler, Edition Wissenschaft 2005

Schafer R. M.: The Soundscape: Our Sonic Environment and the Tuning of the World: Destiny Books 1993

Schneider N. J.: Komponieren für Film und Fernsehen. Mainz: Schott 1997

Terhardt E.: Akustische Kommunikation. Berlin, Heidelberg, New York: Springer Verlag 1998

Truax B.: Acoustic Communication. Westport, USA: Ablex Publishing 2001

Van Leeuwen T.: Speech, Music, Sound. London: MacMillan Press 1999

---

[22] Vgl. Blutner 2006

D. Tonangebend:
Expertenmeinung und Studienergebnisse

Sonic Branding als Designprozess – eine empirische Bestandsaufnahme

Sonja Kastner

Universität der Künste Berlin

1. Eine Marke kann nicht nicht klingen

Sonic Branding bezeichnet die strategische Planung und Kreation von stimmigen, einprägsamen und unverwechselbaren Klangereignissen für die Bezugsgruppen einer Marke. Der Prozess von Sonic Branding ist hochkomplex. Die ältesten Agenturen, die Brand Sounds konzeptionell kreieren, wurden erst vor fünf bis sieben Jahren gegründet. Vor diesem Hintergrund verwundert es nicht, dass die Gestaltung medienübergreifender auditiver Komponenten auf Basis einer Analyse der Marke ein neues Gebiet ist, auf dem (noch) keine verbindlichen Standards existieren.

Eine systematische wissenschaftliche Betrachtung der Organisationsstrukturen der Agenturen oder Abteilungen für Sonic Branding hat noch nicht stattgefunden. So stellt sich die Frage, welche Bedingungen die Integration von Klängen innerhalb einer multisensuellen Markengestaltung beeinflussen und wie der Konzeptions- und Gestaltungsprozess von Sonic Branding verläuft.

Zur Beantwortung dieser Frage wurde von der Autorin im Rahmen einer Dissertation unter anderem eine empirische Studie durchgeführt, deren Ergebnisse hier kurz zusammengefasst werden sollen.[1] Es wurden einzelne Sonic-Branding-Agenturen nach der Methode der theoriebildenden Fallstudienanalyse untersucht.[2] Neben problemzentrierten Leitfadeninterviews mit Experten wurden als Datenquellen Agenturpräsentationen, interne Arbeitspapiere und Design Manuals in die Erhebung einbezogen. Die Stichproben-

---

[1] Kastner, Sonja 2007
[2] Vgl. Yin, Robert K. 1994, S. 49 ff.

auswahl diente dem Ziel, ein möglichst breites Spektrum an Branchen und Gestaltungsansätzen abzudecken sowie Agenturen unterschiedlicher Größe und mit verschiedenartiger Zusammensetzung des Mitarbeiterstabes zu untersuchen. Abbildung 1 zeigt eine Übersicht der Unternehmen, die im Rahmen der Fallstudienanalysen untersucht wurden.

Abb. 1: Übersicht der Fallstudien

Unternehmen	Gründung	Branchen	Befragte Personen
Unternehmen 1	2002	Messe/Entertainment, Medien, Finanzdienste	• Frau A, Beraterin • Herr B, Berater, Geschäftsführender Inhaber
Unternehmen 2	2001	Finanzdienste, Konsumgüter	• Herr C, Berater, Geschäftsführender Gesellschafter • Herr D, Berater
Unternehmen 3	1994	Medien	Herr E, Sounddesigner
Unternehmen 4	2002	Finanzdienste, Telekommunikation, Medien	Herr F, Sounddesigner, Gründer und Geschäftsinhaber
Unternehmen 5	1989	Kulturelle und soziale Organisationen	Herr G, Designer, Gründer und Geschäftsinhaber

Die Studien wurden im Juli und August des Jahres 2005 durchgeführt. Als Auswertungsmethode diente die qualitative Inhaltsanalyse nach Mayring.[3] Die am häufigsten zu beobachtenden aktuellen Problemstellungen lassen sich anhand von Beispielzitaten aus Interviews mit Vertretern der Sonic Branding-Agenturen zusammenfassen:

---

[3] Vgl. Mayring, Philipp 2003, S. 13 ff.

Abb. 2: Aktuelle Herausforderungen bei der Konzeption von Brand Sounds

	Problemstellung	Aussagen aus der Praxis
1	Mangelnde Kenntnisse über Sonic Branding bei Kommunikationsexperten	„Meine Firma gibt es seit drei Jahren. Die erste Zeit war ich bei fünfzig Unternehmen, Agenturen, Corporate Design-Leuten, und man hat immer wieder gesagt: Was ist überhaupt Sound?" „Aber obwohl das Logo von Intel eigentlich eines der penetrantesten Logos ist überhaupt in den letzten fünfzehn Jahren, können es selbst Leute aus der Kommunikationsbranche nicht zuweisen."
2	Erfordernis zur Neugestaltung von Konzeptions- und Gestaltungsprozessen	„Früher hatte die Werbeagentur Musik produziert. Das wurde einfach irgendwie gemacht. Sie müssen sich erstmal dran gewöhnen, mit uns zusammen zu arbeiten. Das ist gar nicht so einfach." „Letzten Endes muss man weg von dem Arbiträren – man macht ein Briefing und der Komponist fängt an zu komponieren. Und der Bauch sagt, ich mag oder ich mag es nicht."
3	Mangelnde Projekterfahrung mit Sonic Branding auf Seiten des Kunden	„Ich glaube, bei Musik haben viele Kunden das Problem, zu akzeptieren, dass es hier nicht darum geht, irgendwie eine Chartplatzierung zu bekommen." „Das benötigt durchaus eine gewisse Qualifikation von Leuten, die im Unternehmen tätig sind und für den Bereich Corporate Sound zuständig sein müssen."
4	Schwierigkeiten bei der Bestimmung von Brand Sounds	„Wollen die [Kunden] einfach ein Logo, einen Brand Sound, wollen die ein Soundscape? Was ist überhaupt ein Soundscape?"

2. Mangelnde Kenntnisse über Sonic Branding bei Kommunikationsexperten

In der Agenturpraxis nimmt das Bewusstsein für die gezielte Gestaltung einer akustischen Markenkommunikation zu – es wird erkannt, dass Klänge bestens dazu geeignet sind, Erinnerungen und Gefühle bei den Bezugsgruppen zu aktivieren und individuelle Markenpersönlichkeiten zu kommunizieren. Bei Markenverantwortlichen auf Unternehmensseite ist Sonic Branding jedoch nicht hinreichend bekannt. Obwohl die einzigartige Wirkung von Klängen und Musik so offensichtlich ist, scheitern oft die Bestrebungen, Budgets für die konsistente Gestaltung akustischer Kommunikationsmittel zu veranschlagen.

Dessen ungeachtet ist der Einsatz von Brand Sounds in der Markenkommunikation jedoch ein Phänomen, das einer breiten Basis der Konsumenten bekannt ist. Die meisten Verbraucher sind in der Lage, den Bacardi-Song, die Langnese-Melodie oder den gesungenen Claim „Haribo macht

Kinder froh – und Erwachsene ebenso" zu erkennen, zuzuordnen oder sogar zu summen. Wenn es jedoch darum geht, das Sonic Logo von Nokia nachzuahmen, geraten viele – auch Kommunikationsexperten – in Schwierigkeiten. Kaum jemand weiß, dass die Melodie nicht eigens für Nokia komponiert wurde, sondern 1992 der Komposition „Gran Vals" des Spaniers Francisco Tárrega (1854-1909) entnommen wurde. Noch schwieriger wird es bei geräuschhaften Sonic Logos wie denen von Audi oder BMW. Dies liegt zum einen daran, dass die Sonic Logos oft weitgehend unbewusst als Hintergrund und „bloße Färbung" des visuellen Wahrnehmungsobjekts aufgenommen werden. Zum anderen ist in der Gestaltung von Brand Sounds ein Wandel zu beobachten: Während in den 1970er Jahren einprägsame Melodien und Jingles als *Ohrwürmer* fungierten, sind die aktuellen Sonic Logos nur noch etwa ein bis drei Sekunden lang und in ihrer Funktion eher als Symbol und *Sammelbecken für Assoziationen* zu verstehen. In ihrer Wirkung werden die Sounds allgemein unterschätzt.

Im Gegensatz zum visuellen Design hat sich Sonic Branding noch nicht als unverzichtbarer Bestandteil einer integrierten Markenkommunikation etabliert. Die Erkenntnis, dass eine Marke nicht *nicht* klingen kann (analog zum ersten metakommunikativen Axiom von Paul Watzlawick: „Man kann nicht *nicht* kommunizieren"), hat sich bei Agenturen und Markenverantwortlichen noch nicht durchgesetzt.

3. Erfordernis der Neugestaltung von Konzeptions- und Gestaltungsprozessen

„Und am Schluss heißt es dann: Ja, und jetzt brauchen wir noch ein Müsikli."
(Herr F, Sounddesigner, Unternehmen 4)

„Es macht keinen Sinn, wenn man drei Logos aus dem Hut zaubert und sagt, sucht euch doch mal was aus. Man sollte strukturiert vorgehen und überlegen, wie man wo hinkommt." (Herr B, Berater, Unternehmen 1)

Überraschenderweise wird von den Experten immer wieder betont, dass das Briefing die Grundlage für die konzeptionelle Arbeit im Bereich Sonic Branding sei. So banal diese Aussage klingen mag, es lässt sich doch daraus schlussfolgern, dass das Erstellen eines Briefings von den Designmanagern[4]

---

[4] In den Fallstudien bezeichnen sich die Berater und Projektmanager zwar nicht selbst als Designmanager, jedoch veranschaulicht dieser Begriff am treffendsten ihre Tätigkeit. So wird unter Designmanagement nicht nur das Management der Komposition durch Sounddesigner und Musiker verstanden, sondern auch die Einbeziehung der Gestalter in einen umfassenden Prozess der Soundentwicklung und der auditiven Markenkommunikation.

oft nicht als selbstverständlicher Arbeitsschritt, sondern eher als positive Ausnahme wahrgenommen wird. Übereinstimmend wird darauf hingewiesen, dass ein Vorgehen ohne Konzept Ergebnisse produziere, die den funktionalen Anforderungen der Marke nur wenig entsprechen. Nach Aussage der Sounddesigner ist die unstrukturierte Vorgehensweise gekennzeichnet durch das Fehlen eines adäquaten, präzisen Briefings und einer systematischen Markenanalyse. Dies hat nach Meinung der Befragten zur Folge, dass die Komposition nach „Trial-and-Error-Verfahren" verläuft – wobei die Auswahl an möglichen Musikstilen und -richtungen unüberschaubar ist.

Ausgangspunkt sind in der Regel Gespräche von Beratern, Designmanagern und Sounddesigern mit dem Markenmanagement auf Kundenseite. Im Idealfall enthält das Briefing alle für die Teampartner relevanten Informationen. Ziel ist hierbei, den Informationsfluss – entgegen dem Kommunikationsprinzip „Stille Post" – offen und transparent zu gestalten.

„Kriterien wie Qualität und so weiter, die dann beim Briefing vorkommen, sind sicher hilfreich, aber sie lassen auch einen sehr großen Raum. Wie frech darf es jetzt sein? Oder was ist brav, was ist frech?" (Herr F, Sounddesigner, Unternehmen 4)

„Wenn man in der Briefingphase mit Musik arbeitet, heißt das nicht, dass man an einen Schreibtisch geht und auf A4 sagt, es soll einerseits rockig sein und dann ein bisschen Klassik haben. Das ist einfach zu theoretisch." (Herr F, Sounddesigner, Unternehmen 4)

„Wir haben mit Moodboards angefangen, und haben darüber erst einmal die klangliche Begrifflichkeit geklärt, weil der Kunde uns nicht sagen kann, wir müssen rot sein oder blau." (Herr B, Berater, Unternehmen 1)

„Und da ist das Bild sicher der stärkste gemeinsame Nenner, auch für ein Briefing. Und wenn Du bereits Bilder hast, dann weißt Du auch ungefähr, auf welcher Ebene Du Dich soundmäßig bewegst." (Herr F, Sounddesigner, Unternehmen 4)

Diese Aussagen zeigen Schwierigkeiten und mögliche Lösungswege eines Design-Briefings im Bereich Sonic Branding auf. Es wird erstens deutlich, dass Markenwerte wie beispielsweise „Qualität" oder „Vertrauen" durchaus verschieden interpretiert werden können: Der Wert „Vertrauen" kann mit Begriffen wie Sicherheit, Seriosität, Solidität oder Größe übersetzt, andererseits aber auch mit Bedeutungen wie Zuversicht, Modernität, Leistung sowie Dynamik ausgelegt werden.

Zweitens muss herausgestellt werden, dass verbale Beschreibungen von Klängen oder Musikstilen die musikalische Gestaltung zwar oft in eine bestimmte Richtung lenken können, dennoch aber immer noch zu viele mögliche Klangspektren zulassen.

Drittens erscheint es nach Aussagen der Experten sinnvoll, bereits in einer möglichst frühen Phase mit konkreten Soundmustern, Moodboards und Bildmaterial zu arbeiten und anhand von anschaulichen, sinnlich wahrnehmbaren Gestaltungsbeispielen mit dem Kunden gemeinsam die klanglichen Richtlinien festzulegen.

3.1 Inhalte des Briefings im Bereich Sonic Branding

Nach den Aussagen der Befragten ergeben sich die folgenden Inhalte für ein adäquates, präzises Briefing:

Abb. 3: Inhalte eines Briefings im Bereich Sonic Branding

Vor dem Hintergrund eines multisensorischen Brandings lassen sich relevante Gestaltungs- und Differenzierungspotenziale von Brand Sounds mit Hilfe der folgenden Checkliste ermitteln. Im Zentrum des Briefings stehen die *Analyse der Marke* sowie die *Formulierung von Kommunikations- und Positionierungszielen*. Beide sollen hier kurz erläutert werden.

Analyse der Marke – Produkt

- Welches sind die wichtigsten visuellen, auditiven, olfaktorischen, taktilen oder gustatorischen Produktmerkmale?

- Wie kann das Produkt nach sensuellen Gesichtspunkten analysiert und dargestellt werden?

- Existieren Produktsounds? Welche Anregungen oder Richtlinien lassen sich vom Produktsounddesign herleiten? Welche Sounds können Assoziationen zum Produkt auslösen?

- Wie sehen verschiedene Verwendungskontexte des Produktes aus?

- Welche sensorischen Erlebnisse der verschiedenen Sinnesmodalitäten ruft die Verwendung des Produktes hervor?

Analyse der Marke – Kommunikation

- Welches sind die wichtigsten visuellen, auditiven, olfaktorischen, taktilen und gustatorischen Markenbilder, die vermittelt werden?

- Wie lässt sich die Markenpersönlichkeit charakterisieren?

- Welche Brand Sounds wurden bislang verwendet?

- Welche verschiedenen immateriellen, imaginierten Erlebnisse werden durch Sounds und Musik dargestellt?

- Welche verschiedenen Interpretationskontexte sind durch die verschiedenen Bezugsgruppen zu beobachten?

Kommunikations- und Positionierungsziele

- Welche Kommunikationsaufgaben können formuliert werden (z. B. Ansprache bestimmter Bezugsgruppen, emotionale Aufladung des Produktes, Schaffen eines Elementes der Wiedererkennung etc.)?

- Welche Lebensmotive sollen angesprochen werden? Sind es eher kognitive, expressive, emotionale oder somatische Motive?

- Welche Markennutzen sollen in den Vordergrund gestellt werden (Orientierung, Identifikation, Zufriedenheit, Vertrauen, Sicherheit etc.)?

- Welche Funktionen sollen die Sounds erfüllen?

3.2 Interessenkollision mit Partnern

„Bis jetzt wurde Musik oder Akustik noch nie so direkt und so früh integriert in den gesamten Prozess. Es war normalerweise so, dass ein Spot fertig war: Jetzt brauchen wir noch Musik. Dann kam der Komponist hinzu, hatte viele Möglichkeiten. Fertig. Und da hat man wenig Konfliktpotenzial. Jetzt kommt man viel früher zusammen.“ (Herr C, Berater, Unternehmen 2)

Häufig weisen die Designmanager darauf hin, dass die Zusammenarbeit mit Partnern wie Werbeagenturen, CI-Agenturen oder Strategieberatungen hohes Konfliktpotenzial in sich berge. Dabei wird von Seiten der Sonic Branding-Agenturen oft eine unkooperative Arbeitseinstellung bemerkt. Es fehlen erfolgreich erprobte Praktiken und Verfahrensweisen der Zusammenarbeit, nicht selten werden bei den Dienstleistern spezifische Kenntnisse aus dem Bereich Musik und Klang vermisst.

Aufgrund der Interessenlage der Akteure ist als Hauptursache jedoch eine Konkurrenzsituation auszumachen: Zum einen konkurrieren die Dienstleister um das Budget für die auditive Gestaltung der Kommunikationsmittel, das heißt, sie haben vor der Zusammenarbeit mit der Sonic Branding-Agentur allein über die Budgets verfügt. Zum anderen ist zu beobachten, dass die zusätzliche Beratungsleistung der Sonic Branding-Agentur oft als Einschränkung der kreativen Freiheit wahrgenommen wird. Dies führt zu „wenig kommunikativer Offenheit“ (Frau A, Beraterin, Unternehmen 1) auf Seiten der Dienstleister.

Die sich gegenüberstehenden Interessen können – wie die Fallbeispiele zeigen – negative Konsequenzen haben: Verletzte Eitelkeiten durch Aufweichung der Grenzen vormals abgesteckter Hoheitsgebiete im Bereich der auditiven Gestaltung rufen Reaktionen hervor, die bis hin zur Störung des Planungs- und Gestaltungsprozesses reichen und ihn sogar stoppen können.

Die Befragten sprechen dabei dem Kunden eine Schlüsselrolle zu: Er vermittle im Idealfall – sofern er von der Relevanz und Priorität von Sonic Branding überzeugt sei – zwischen den Agenturen, beziehungsweise übe er Druck auf die Werbeagentur aus.

Erstaunlicherweise äußern sich weder Sounddesigner noch Designmanager von sich aus zum Thema Produktsounddesign. Es ist deshalb davon auszugehen, dass eine enge Zusammenarbeit zwischen den Sounddesignern im Bereich Sonic Branding und den Produktsounddesignern nur vereinzelt und auf persönliche Initiative einzelner Akteure hin realisiert werden kann.

Nach Meinung vieler Designmanager wird die Gestaltung von Sounds und Klängen in Werbeagenturen bisher nicht systematisch betrieben. Sämtliche Befragte erheben den Vorwurf, dass immer noch an alten Strategien festgehalten werde, die die akustischen Komponenten in nicht ausreichendem Maß berücksichtigen. Hier lässt sich auch das häufig beobachtete Phänomen einordnen, dass ohne Konzept am Ende der audiovisuellen Gestaltung kurzfristig ein Komponist engagiert werde, der noch Musik hinzufüge. In dieser Produktionsphase, in der nicht selten Zeit und Mittel knapp werden, werde die Musikauswahl dann oft dem Geschmack des Komponisten überlassen.

3.3 Kooperation mit Komponisten konfliktiv

„Da sitzt irgendwo ein toller Komponist und der will einfach nicht akzeptieren, dass seine tollen Ideen – die vielleicht wirklich toll sind – nicht zum Produkt passen." (Herr D, Berater, Unternehmen 2)

„Du bewegst Dich in einem Kreis von 360 Grad, was alles cool und sexy sein kann. Und ein ganz kleiner Teil von fünf Prozent trifft es vielleicht. Das ist eher ein Lotterieverfahren." (Herr F, Sounddesigner, Unternehmen 4)

Viele Beteiligte äußern, dass auch die Zusammenarbeit mit Komponisten Konflikte mit sich bringe. Hauptursache ist nach Ansicht der Designmanager deren Wunsch, die eigenen ästhetischen Vorstellungen zu Lasten der Markenpersönlichkeit oder der Bedürfnisse der Zielgruppe durchzusetzen. Und obwohl das „Wunschziel" – eine Chartplatzierung der Eigenkompositionen – sicher im Interesse aller Beteiligten ist, führt nach eingehender Analyse der Marke eine solche Vorgabe oft in die Irre. Anstatt sich an den Werten der Marke zu orientieren, gerät der Komponist nämlich in die Gefahr, einer möglichst großen Menge potenzieller Kunden gefallen zu wollen – und greift auf vermeintliche Trends zurück. Als Konsequenz nennen die Befragten, dass die Musik weder zur Marke passe noch langfristig verwendet werden könne und überdies austauschbar sei.

Größtes Hemmnis des Kompositionsprozesses ist jedoch nach Meinung der Designmanager ein unklares Briefing, das einen zu weiten Raum für mögliche Stilrichtungen lasse und die Komponisten häufig zwinge, nach „Trial and Error" zu verfahren. In diesem Fall wird die Komposition nicht als schöpferisch-kreativer Prozess empfunden, in dem gewisse Rahmenbedingungen vorgegeben sind, und der spezielle Ziele verfolgt, sondern als „Lotterieverfahren", in welchem die Kompositionen ausschließlich nach der Willkür, dem persönlichem Geschmack und der Tagesform des Kunden bewertet werden.

Abb. 4: Unterschiedliche Denkwelten von Marketingverantwortlichen und Komponisten

4. Mangelnde Projekterfahrung auf der Seite des Kunden

„Es hat dort der Marketing-Chef gewechselt. Der Neue fand Musik völlig überflüssig und dann ist das Projekt verhungert." (Frau A, Beraterin, Unternehmen 1)

Konflikte, die bei der Zusammenarbeit mit Kunden entstehen, werden unter anderem auf folgende Ursachen zurückgeführt: Übereinstimmend stellen die Befragten fest, dass wenige Kunden über genügend Kenntnisse und Erfahrungen mit konsistenter und konsequenter Umsetzung von Sonic Branding haben, beziehungsweise lassen sich die Probleme dadurch erklären, dass das Projekt beim Kunden nicht über die nötige Priorität verfüge.

Die hieraus resultierende, wenig differenzierte Betrachtungsweise und Bewertung von Musik und Klängen wird von den Befragten wiederum oft als Ursache für die Komplexität von Entscheidungsprozessen betrachtet. Als weiteren Grund führen die Experten an, dass Entscheidungen für einen bestimmten Musikstil oder konkrete Kompositionen eher von persönlichen Vorlieben und Befindlichkeiten geprägt seien als von den funktionalen Anforderungen der Marke.

„Also, man weiß sofort: Der war mal in seiner Teenagerzeit Deep-Purple-Fan oder hat irgendwie mit Pink Floyd gearbeitet." (Herr E, Sounddesigner, Unternehmen 3)

Häufig wird beklagt, dass Fehlentscheidungen durch die Bevorzugung aktueller Mainstream-Musik entstehen. Dies überrascht nicht, denn diese Musikrichtung gilt als wenig charakteristisch und prägnant.

„Wenn ich weiß, dass ein Redakteur mit einer bestimmten Musikrichtung ein Problem hat, dann präsentiere ich die natürlich nicht, weil ich keine Chancen sehe." (Herr E, Sounddesigner, Unternehmen 3)

Es wird das Spannungsfeld deutlich, in welchem sich Sounddesigner und Designmanager bewegen: Zum einen betonen sie, dass sie auf die persönlichen Vorlieben der Markenverantwortlichen eingehen müssen; zum anderen seien *sie* es jedoch, die die funktionalen Anforderungen der Marke immer wieder thematisieren, mit den Klängen in Beziehung setzen und den Verständigungsprozess möglichst rationell und transparent gestalten müssen. Als förderlich empfinden die Sounddesigner dabei ihre theoretischen und praktischen Kenntnisse, die musikalische Ausbildung und die Fähigkeit zum analytischen Hören. Die Dolmetschertätigkeit zwischen Kunden und Komponisten wird aber oft als mühevoll erlebt.

5. Schwierigkeiten bei der Bestimmung von Brand Sounds

Berater und Sounddesigner haben nach eigener Darstellung die Aufgabe, Entscheidungsprozesse herbeizuführen und so zu gestalten, dass die Kunden mit der Entscheidung und dem Ergebnis zufrieden sind. Aufwändige und zeitintensive Korrekturschleifen und Feedbackprozesse werden als Ursache für Ineffizienz genannt. Als besonders erschwerende Faktoren werden wenig differenziertes Briefing oder Feedback bezeichnet. Sie machen die Komposition zu einem Produkt, dessen Wirksamkeit nicht plan- oder steuerbar sei. Im Gespräch mit Kunden sei es wichtig, undifferenzierte Äußerungen und subjektive Assoziationen wie „zu dunkel" oder „zu schrill" zu interpretieren. Eine große Rolle scheint hierbei auch die starke Prägung des Einzelnen durch persönliche Erfahrungen oder Erlebnisse mit Musik zu spielen. Hierzu zählen auch Schwierigkeiten bei der Verbalisierung von Klangeindrücken, Musikstilen, Wirkungen usw.

„Das sind so Äußerungen wie: ‚Das ist mir zu schrill.' Oder: ‚Das ist mir zu schnell.' Oder: ‚Das ist mir zu dumpf.' Oder: ‚Das ist mir zu düster.' Und da muss man überlegen: ‚Was macht denn das Düstere aus?'" (Herr E, Sounddesigner, Unternehmen 3)

„Die meisten haben ja mit Musik eigentlich nichts zu tun. Und man muss herausfinden: Was meint der? Das muss man interpretieren. Da hilft mir meine Ausbildung sehr viel und auch die Tatsache, dass ich selbst Musik mache." (Herr E, Sounddesigner, Unternehmen 3)

„[Verantwortliche], die so in ihrer musikalischen Vergangenheit fest hängen, dass sie eigentlich für nichts anderes mehr offen sind. Und wenn solche Menschen dann auch in entscheidenden Positionen sind, ist es sehr schwer, was zu machen, wovon man überzeugt sein kann und wo man das Gefühl hat, dass das sehr gut für das Produkt ist." (Herr E, Sounddesigner, Unternehmen 3)

Die Designmanager präsentieren verschiedene Methoden zur Konfliktvermeidung und -lösung. Im Mittelpunkt steht dabei die gemeinsame Analyse und Bewertung von (beispielhaften) Klängen. Aus den Fallbeispielen lässt sich außerdem ableiten, dass langfristige Strategien zur Abschwächung von Verständigungsschwierigkeiten und zur Fortentwicklung eines Selbstverständnisses der Branche zwingend eine Intensivierung der Lobbyarbeit bei Gesetzgebern, Unternehmen und Agenturen beinhalten muss.

Ebenso wird die Forderungen nach mehr Aktivitäten der Marktforschungsinstitute und der Industrie laut – die Designmanager hoffen auf die Entwicklung geeigneter Messinstrumente, die die Wirkungen der einzelnen Komponenten von Sonic Branding auf die Bezugsgruppen untersuchen und in die bestehenden Marktforschungsaktivitäten einbinden.

6. Fazit

Hauptkritikpunkt für die Sonic Branding-Agenturen ist ein oft wenig konzeptionelles und strukturiertes Vorgehen bei der Gestaltung von Brand Sounds. Im Vergleich zu Designprozessen im visuellen Bereich stellt die Übersetzung von Markenwerten in Klang einen besonders diffizilen Teilaspekt dar, da zum einen oft die verbale Verständigungsebene fehlt, und es zum anderen den (unerfahrenen) Akteuren schwer fällt, sich von ihren persönlichen Vorlieben und ihrem Geschmack in der Analyse und Bewertung von Klängen zu lösen.

Hier liegen jedoch die Chancen für die Tätigkeit der Berater und Designmanager: Wenn sie es schaffen, als Dolmetscher zwischen Kunden, Komponisten und anderen Dienstleistern zu vermitteln, können komplizierte Umwege bei Entscheidungs- und Feedbackprozessen vermieden werden.

„Darum wieder diese Kindergeschichte. Du musst eigentlich zurückgehen zum Kind, das, bevor es einschläft, ein ganz kleines Melodiechen hört. Das gibt einem diese Geborgenheit, das Gefühl: ‚Ah, ich bin zu Hause. Ich fühle mich wohl.' Und das ist es ja eigentlich, was die Unternehmen wollen." (Herr F, Sounddesigner, Unternehmen 4)

Literatur

Kastner S.: Klang macht Marken. Sonic Branding als Erfolgsfaktor einer multisensuellen Markengestaltung. Berlin: 2007

Mayring P.: Qualitative Inhaltsanalyse. Grundlagen und Techniken, 8. Auflage. Weinheim und Basel: Beltz 2003

Yin R. K.: Case Study Research. Design and Methods. Applied Social Research Methods Series. Thousand Oaks London, New Delhi: Sage Publications 1994

Abgehört – der Stellenwert der akustischen Markenführung aus Expertensicht

Christian Ulrich

Strategischer Planer NEW IMAGE creative web solutions GmbH, Berlin

1. Einleitung

Musik, Geräusche, Stimmen – als traditionelle Instrumente der Medien- und Kommunikationsgestaltung werden sie neben vielen weiteren klanglichen Elementen seit langer Zeit und in vielfacher Weise sowohl als tragende wie auch als periphere Kommunikationsmittel eingesetzt.

Seit einigen Jahren versuchen immer mehr Unternehmen Klänge nun auch als wichtiges Instrument der Markenführung zu nutzen. Akustische Logos und Musikstücke für TV-Spots und Telefonschleifen, Klanginstallationen für Messen sowie Website-Sound und viele weitere Elemente sollen dazu beitragen, dass Marken mit deren Einsatz um eine akustische Dimension erweitert werden. So entsteht im Idealfall der ganzheitlich wahrnehmbare authentische und wiedererkennbare Klang der Marke, welcher deren Persönlichkeit und Charakter widerspiegelt.

Tatsächlich werden allerdings bisher strategisch geplante und ganzheitlich konzipierte Ansätze, welche der Marke, ihrer Identität und ihrer Werte entsprechen, nur selten angewandt. Oftmals unterliegt der Einsatz von Klang im Markenumfeld lediglich einem am Geschmack und kurzfristigen Zielen orientierten Bedarf, was zu vielen Einzelentscheidungen in der Umsetzung für die unterschiedlichen Kommunikationskanäle führt und eben nicht einer ganzheitlichen Markenwahrnehmung dient.

Bei heute herrschendem Wettbewerbsdruck und unter den immer schwieriger werdenden Kommunikationsbedingungen scheint dies eine große Verschwendung möglicher Potenziale zu sein. Es stellt sich die Frage, worin hierfür die Begründung liegt. Sehen Markenführende die angesprochenen Potenziale doch als eher gering an? Besitzen Markenexperten insgesamt zu wenig Wissen von Musik und Klang und deren Wirkungsweisen? Oder liegt es eher an den Musikern und Produzenten, die zu wenig mit Marke und deren Führung vertraut sind? Ist es überhaupt vonnöten, interdisziplinäres Wissen auf beiden Seiten aufzubauen oder sollte sich eine eigene Gilde von Markenklangexperten daran machen, die eine Seite zu beraten und die andere entsprechend zu briefen? Liegt es insgesamt daran, dass Wirkungsweisen, Tools und Herleitung des Markenklangs noch unbekannt oder gar unterentwickelt sind?

Der Wissensstand und das Meinungsbild derjenigen, die sich beruflich mit Markenführung und Klang beschäftigen, sind zum jetzigen Zeitpunkt ein wichtiger Indikator und zugleich elementare Voraussetzung für die Entwicklung des Themas an sich. Die zentralen Fragestellungen, welcher Stellenwert der akustischen Markenführung heute und in Zukunft zugesprochen wird, welcher Nutzen von ihr ausgehen kann und wie mit vorhandenen Problemen und Hürden umgegangen werden muss, wurden deshalb in zwei Studien besprochen, in denen Experten zu diesen Themen befragt wurden:

– Delphi-Studie der *MetaDesign AG*: „Corporate Sound als Instrument der Markenführung". Befragt wurden Markenexperten und Markenführende. Die Ergebnisse sind auch erschienen in der Diplomarbeit von Christian Ulrich „Corporate Sound als Instrument der Markenführung" an der TU Ilmenau.

– Diplomarbeit von Kai Bronner an der Hochschule der Medien Stuttgart: „Audio-Branding. Akustische Markenkommunikation als Strategie der Markenführung?". Die 17 befragten Experten waren Vertreter von Audio-Branding-Agenturen, Musikproduktionen, Werbeagenturen und Marken-unternehmen.

Diese beiden Studien dienen als Basis für die folgenden Ausführungen.

2. Akustische Markenführung

2.1 Definition und Einordnung

In der Ausgangslage ist es zunächst bedeutsam für die Entwicklung der akustischen Markenführung, dass dem Aspekt der Multisensualität im Zusammenhang mit der Markeninszenierung insgesamt eine große und wachsende Bedeutung eingeräumt wird. Es sei zunehmend wichtig, neben dem optischen auch alle weiteren Sinne anzusprechen, um als Marke ganz-heitlich wahrgenommen und verstanden zu werden. Dadurch könne das Erlebnis der Marke eindeutiger vermittelt werden und somit für den Re-zipienten präziser spürbar sein.

In Zusammenhang mit Klang erwähnten einige Experten, dass im Grunde alle erdenklichen Elemente Teil der akustischen Markenführung sein könnten, welche die „*optimale Verbindung von Marke und Soundereignis*" darstelle und Elemente für alle Touchpoints umfasse. Sie müsse deshalb auch auf alle relevanten Medien und Einsatzfelder zugeschnitten werden. Dennoch ist die Gesamtheit der instrumentellen Möglichkeiten den wenigsten Experten bekannt. Oft wurden lediglich einzelne Elemente wie Akustisches Logo, Klangwelt, Jingle, Musik, Telefonwarteschleife oder Stimme genannt. Gerade der Stellenwert des Akustischen Logos und der Werbemusik werden in diesem Zusammenhang deutlich überbewertet.

Deren Wirkung in der Exekutive ist zwar stärker als die der anderen Elemente, der Markenklang als solcher ist dennoch aufgrund seines ganzheitlichen Charakters nicht allein durch einen gezielten Einsatz von Logo und Musik zu definieren. Deshalb ist auch ein markenadäquater Einsatz von Musik im werblichen Rahmen noch nicht zwangsläufig als akustische Markenführung zu verstehen. Die Beispiele der Marken *Beck's* oder *Telekom* zeigen, dass Musik bzw. die Anwendung des Akustischen Logos in der Werbung eine starke Wirkung erzielen kann, aber nur der Einklang aller Sound-Elemente in einem ganzheitlichen Konzept entspricht dem Anspruch an die markenstrategische Ausrichtung.

Bei der akustischen Markenführung gehe es zudem um Branding und nicht um Werbung im klassischen Sinne. Instrumente wie Audio-Branding oder Corporate Sound stellten „*Markenberatungsdienstleistungen*" dar. Die Werbeagenturen seien im Bereich Audio „*Laien*", für eine wirkungsvolle akustische Markenführung benötige man aber Audio-Spezialisten. Das Leistungsportfolio einer klassischen Werbeagentur in Bezug auf das visuelle Design unterscheide sich ja auch von dem einer Branding-Agentur.

Es wird deutlich, dass es noch große Unterschiede bezüglich der grundsätzlichen Einordnung des Markenklangs gibt. Die Sichtweise, dass es hierbei nicht um die „*Auswahl von Musik oder um die punktgenaue Konzeption auf die einzelne Anwendung*" gehe, sondern dass man eine langfristige Perspektive und die markenstrategische Herangehensweise benötigt, wird deshalb bezeichnenderweise vor allem von Experten vertreten, die schon erweiterte Erfahrungen mit dem Thema vorweisen können.

2.2 Der Stellenwert

Zusammengefasst lässt sich feststellen, dass der Stellenwert der akustischen Markenführung insgesamt als gering betrachtet wird. Nahezu alle Experten gehen davon aus, dass die Kraft akustischer Elemente im Rahmen der Markeninszenierung im Allgemeinen noch unterschätzt wird und die akustische Markenführung als Disziplin im Markt noch sehr unterrepräsentiert ist. Es fehle insgesamt noch an Bewusstsein und Wissen, um alle Potenziale und den langfristigen „*Mehrfachnutzen*" der akustischen Markenführung zu nutzen. Die Akustik habe in der Markenführung bisher ein „*stiefmütterliches Dasein*" geführt und finde nun erst langsam mehr

Beachtung. Der Unterschied zwischen akustischer Kommunikation und akustischer Markenführung müsse von den Verantwortlichen in den Unternehmen erst noch gelernt werden. Im Vergleich mit der strukturellen und methodischen Herangehensweise für visuelle Markenaspekte werde dies besonders deutlich. Während das visuelle Corporate Design völlig selbstverständlich als Disziplin Anwendung findet, suche man Ähnliches für den akustischen Markenauftritt in den allermeisten Fällen vergeblich.

Ein wichtiger Grund hierfür sei, dass es im Moment nur einige wenige Marken geschafft hätten, Klang als echtes Instrument der Markenführung zu integrieren, während sich die meisten Unternehmen in diesem Zusammenhang bisher kaum oder gar nicht hervorgetan hätten. Als positive Beispiele dagegen werden häufiger die Marken *Telekom*, *Audi* und *Intel* genannt. Dabei wird vor allem auf Seiten der Markenexperten deutlich, dass es bisher an guten und vor allem an erfolgreichen Beispielen mangelt, die als quasi-empirischer Beleg den Nutzen akustischer Markenführung unterstreichen und somit deren Stellenwert erhöhen würden.

Man geht zwar davon aus, dass Klang durchaus eine wichtige Rolle spielt – aber weniger im Markenkontext, sondern eher auf der werblichen Ebene. Vor allem einige Musikproduzenten erwähnen deshalb, dass der Stellenwert schon relativ hoch sei, da für Musik im Rahmen der Werbung zum Teil sehr viel Geld ausgegeben werde (vor allem für Lizenzrechte bekannter Songs) und weil es – angeregt durch die akustischen Logos der Marken *Audi* und *Telekom* – eine Zeit lang gar Mode gewesen sei, ein Akustisches Logo zu haben.

Dennoch sei eine markenstrategische Nutzung von klanglichen Elementen auch in den Werbeagenturen ein „*vernachlässigtes Genre*". Da werde erst rational gedacht, dann visuell und am Schluss mache man die Musik. Bei der Vorstellung eines Werbefilms beim Kunden werde die Musik quasi beiläufig mitpräsentiert. Sie sei ein „*Accessoire*" in der Werbespot-Produktion und habe nicht die Bedeutung, die sie bekommen könnte, würde man sie als Element eines integrierten Markenansatzes betrachten.

Die Mehrheit der Experten äußert allerdings die Vermutung, dass sich die Bedeutung akustischer Elemente für die Markenführung erhöhen wird und dass durch Corporate Sound oder Audio-Branding noch viel Potenzial für eine effiziente Markenkonditionierung freigesetzt werden könnte. Gerade vor dem Hintergrund der immer schwieriger werdenden Durchsetzungsfähigkeit von Marken aufgrund von Marktsättigung und steigendem Wettbewerbsdruck solle man deren Möglichkeiten nicht ungenutzt lassen.

Es sei allerdings davon auszugehen, dass Klang im Rahmen der Markenführung auch in Zukunft keine wichtigere strategische Rolle einnehmen wird als die visuellen Komponenten des Corporate Design. Die Begründung hierfür sehen viele Experten in der Tatsache, dass es vielschichtigere Möglichkeiten gibt, die visuelle Wahrnehmung anzusprechen.

2.3 Funktion und Nutzen

Die Funktion und der Nutzen klanglicher Elemente spielen insofern eine erhebliche Rolle, als dass sie das wichtigste Argument dafür liefern, jene im Rahmen der Markenführung anzuwenden: Markenführende werden Klang nur dann markenstrategisch anwenden, wenn davon auszugehen ist, dass dadurch nachweisbar ein Nutzen für die Marke entsteht.

Trotz grundsätzlich vorhandener Skepsis werden nach Meinung der Experten die Nutzendimensionen **Differenzierung, Wiedererkennung, Emotionalisierung** und **Identifikation** von Marken durch akustische Maßnahmen in erheblichem Maße verstärkt. Vor allem in Verbindung mit dem Visuellen entstünde eine sehr hohe Effizienz in der Markenkommunikation. Klang könne so bei Bildung und Lernfähigkeit von Marken stark unterstützend wirken und gewährleiste damit einen effizienten Einsatz der Mittel.

Alle Experten waren sich darüber einig, dass Klang beim Rezipienten dazu führe, Marken schnellstmöglich **zu erkennen** und **zu differenzieren**. In erster Linie das Akustische Logo, aber auch eine Klangwelt oder Musikstücke könnten nach Meinung der Befragten dieser Funktion dienen. Klang ließe sich besonders gut zur Stärkung der Wiedererkennung einsetzen, da er den Rezipienten auch jenseits seiner Aufmerksamkeit erreiche. Die Nutzung einer weiteren sensuellen Ebene unterstütze hier die schnellere Markenkonditionierung und stärke das langfristige Markenimage.

Somit seien Marken mit Hilfe von Klang in der Lage, ihre Einzigartigkeit und Prägnanz in Abgrenzung zur Konkurrenz zu vermitteln. Dabei sei es aber besonders wichtig, Glaubwürdigkeit und Authentizität auszudrücken, um sich von der Konkurrenz abzugrenzen. So schütze man sich mit einem glaubwürdigen und einzigartigen Klangkonzept auch vor Nachahmern. Nach Ansicht einiger Experten sei es dennoch wichtig, im Markt eine der ersten Marken mit einem geplanten akustischen Markenauftritt zu sein, um einen hohen Grad der Differenzierung zu erreichen. In Zukunft müsse es allerdings vor allem darum gehen, sich durch die Qualität zu differenzieren.

Besonders häufig wurde bei der Frage nach dem Nutzen die **emotionale Komponente** von Musik und Klangelementen im Allgemeinen herausgestellt. Der konzipierte Klang der Marke sei zudem nach Meinung aller Befragten in der Lage, jene emotional aufzuladen. Durch Klang *„entstehen Assoziationen"*. *„Marken werden erlebt und gefühlt"*, und Marken sind durch Klang in der Lage, *„die Menschen auch auf eine weniger rationale Art und Weise zu berühren"*.

Auf die Frage nach der **Identitätsfunktion** von Klang gaben einige Experten zu bedenken, dass es nicht unbedingt gewollt sei, Identität mit Klang zu stiften, da man auf diese Art und Weise zu sehr in eine geschmacksorientierte Richtung tendiere. Es gibt also die Angst, durch Klang bestimmte Rezipientengruppen auszuschließen. Ein Aspekt, der bei klassischem Corporate Design als selbstverständlich vorausgesetzt wird („spitze Marke"), scheint hier vor dem Hintergrund des geringeren Erfahrungshorizonts mit Klang Ängste und Unsicherheiten auszulösen. Heute geschehe die Identifikation am ehesten über musikalische Elemente, wobei den Experten in diesem Zusammenhang nicht ganz klar ist, inwieweit ein klangliches Element „musikalisch" sein muss, um identitätsstiftend zu wirken. Indes gehen die Befragten davon aus, dass es Klänge gibt, die in der Regel als angenehm oder unangenehm empfunden werden können. Die Befragten sind sich darüber bewusst, dass die Beurteilung über Assoziationen funktioniert; welche Klangelemente dies bewirken, wissen sie weniger.

2.4 Methodik und Herleitung

Klang als Instrument der Markenführung muss nach Meinung der Experten auf Basis der Markenstrategie und der Markenwerte entwickelt werden. Vor allem die Markenexperten sehen die Notwendigkeit, den akustischen Auftritt unabdingbar in die Gesamtmarkenstrategie einzubinden. Als rein formales Element, das sich nach Mode, Geschmack und kurzfristigen Trends richtet, greife es zu kurz, wenn es der langfristigen Gesamtwahrnehmung der Marke dienen solle. Dabei dürften visuelle und klangliche Parameter nicht getrennt voneinander betrachtet werden, beide Aspekte müssten als Teil einer ganzheitlichen Markenwahrnehmung verstanden werden, die als Ganzes konzipiert eine größere Kraft entfalte.

Dies bedeute eben auch, dass akustische Elemente genauso sorgfältig aus der Markenstrategie und den Markenwerten abgeleitet werden müssten wie die visuellen Elemente des Corporate Designs. Alle Experten glauben diesbezüglich, dass es grundsätzlich möglich sei, Markenwerte in ein klangliches Konzept zu transformieren. Allerdings ist eine gewisse Unsicherheit darüber vorhanden, wie dieser Prozess vonstatten geht. Hierzu fehle es vielen Markenverantwortlichen noch an grundlegendem Know-how.

Dies wurde auch durch Kritik an möglichen Vorgaben und Anweisungen von klanglichen Guidelines deutlich. Ein Markenklang ließe sich kaum in Worte fassen. Es sei auch nicht möglich, eine bestimmte Musik in Begriffen zu beschreiben. Es gäbe zwar bestimmte musikalische Parameter wie Tempo, Tonart, Instrumentierung etc., aber mit Begriffen wie „schön" oder „dynamisch" käme man in der Musik nicht weit.

Es gäbe kein Nachschlagewerk dafür, wie man Musik oder Klang entwickeln könne, mit der man bestimmte Ziele erreichen oder eine bestimmte Zielgruppe ansprechen könne. Vor allem Musiker sehen zudem die Gefahr, mit bestimmten Richtwerten lediglich zur Versteifung von Nicht-Musikern auf bestimmte Klischees beizutragen. Die akustische Markenführung basiere aber dennoch auf einem konzeptionellen Ansatz, der die Umsetzung erleichtern und effektiver gestalten könne, was sich etwa in genaueren und verständlicheren Briefings manifestiere.

3. Klangexperten und Markenexperten

Das Meinungsbild zu den einzelnen Aspekten der akustischen Markenführung hat gezeigt, dass vor allem zwischen Markenexperten und „reinen"
Musikern recht unterschiedliche Ansichten und Einschätzungen gegenwärtig
sind.

So sind es vornehmlich die Musiker, die von „*verkopften Ansätzen*"
sprechen und zum Teil „*heiße Luft*" in einer strategischen Herangehensweise
sehen. Dagegen mangele es bei Markenverantwortlichen wiederum grundsätzlich an Verständnis und Bewusstsein für klangliche Aspekte. Die fehlende
Kompetenz zeigt sich darin, dass das generelle Vokabular von Klang und
Musik unter den Markenexperten bei weitem nicht so verbreitet ist wie die
Begriffswelt des Visuellen.

Ohne ein ausgeprägtes Bewusstsein und elementares Wissen über
bestimmte Wirkungsweisen von Klang und Musik auf Seiten der Markenführenden wird sich das von Musikern angesprochene Problem, dass die
Briefingverständlichkeit und Genauigkeit in der Praxis sehr oft zu wünschen
übrig lässt (was vor allem den Verständigungsproblemen zwischen Musikern
und Marketingfachleuten geschuldet ist), kaum beheben lassen. Auf der
anderen Seite sollten gerade Musiker und Produzenten erkennen, dass im
Rahmen von Markenführung strategisch und konzeptionell gearbeitet werden
muss, was jeglichen Geschmack und Beliebigkeit von vornherein ausschließt.

Uneins ist man sich auch bezüglich des grundsätzlichen Nutzens einer
strategisch geplanten Herangehensweise. Musiker vertreten eher den Standpunkt, dass es nicht möglich sei, mit „*wissenschaftlichen Mitteln ein perfektes
akustisches Logo zu kreieren*" und den Erfolg akustischer Elemente im Voraus
zu planen. Letztendlich seien es die kreativen und künstlerischen
Entscheidungen, die auch „*aus dem Bauch kommen*", welche dem einen oder
anderen Werbespot die besondere Wirkung verliehen.

Von den Anhängern einer strategisch geprägten Arbeitsweise wurde dem
entgegen gesetzt, dass es vor allem kosteneffizienter sei, sich strategisch mit
dem Thema auseinander zu setzen und auf dieser Basis alle Medien zu
„*bespielen*", als mit vielen Einzelentscheidungen zu operieren, wie es heute im
Regelfall praktiziert wird. Man wolle und könne zudem niemandem die
kreativen Entscheidungen abnehmen oder diese ersetzen. Für die Umsetzung
seien in erster Linie immer noch die Musiker und die Kreativen zuständig. Das
Argument der kreativen Einschränkung ist darüber hinaus insofern
fragwürdig, als dass auch im visuellen Bereich Vorgaben in Form von
Styleguides den gestalterischen Output kaum behindern. Vielmehr ist es so,
dass viele Gestalter strenge Vorgaben ungenauen Briefings allemal vorziehen.

Eine weitere elementare Frage ist die nach der Kompetenzverteilung. Der
sensible Umgang mit Klang sowie dessen strategische Prägung verlangen
unbestritten nach professionellen Arbeitsweisen und Expertenwissen sowohl
im Management als auch in der kreativen Umsetzung. Es gab jedoch keine

einheitliche Meinung darüber, ob dies vor allem durch Consulting-Agenturen gewährleistet werden kann. In erster Linie Musiker – wohl ein wenig aus Angst vor Kompetenzverlust – verneinen dies, ein erneuter Blick auf den visuellen Bereich lässt jedoch vermuten, dass es an den Branding- und CI-Agenturen ist, sich dem Thema vermehrt zu widmen. Deren vorhandene Kompetenz, Marken zu führen muss um die klangliche Dimension erweitert werden, worauf sie auf einer soliden strategischen Basis zielgerichtete Konzepte entwickeln können.

4. Hürden und Lernprozesse

Die vorgelegten Ergebnisse zeigen, dass im Umgang mit Klang und Marke noch Unsicherheit und methodische Unklarheit vorherrschen. Die Tatsache, dass Klang als wichtiges Element der Markenführung angesehen wird, andererseits aber auch noch erhebliche Unsicherheiten und Know-how-Defizite vorhanden sind, zeigt, dass für die Zukunft weitere Lernprozesse stattfinden müssen.

Die wohl größte Hürde auf dem Weg zu einem selbstverständlichen und souveränen Umgang mit der akustischen Markenführung ist die, methodisch und disziplinär eindeutig definierte Instrumente zu entwickeln, deren Herleitung, Elemente, Tools und Wirkungsweisen bekannt, erprobt und routiniert sind.

Es wird immer wieder deutlich, dass es zunächst noch einen erheblichen Erklärungsbedarf zum eigentlichen Sinn und Zweck und den Funktionen und Zielen der akustischen Markenführung gibt. Nicht nur für viele Experten bestehen im Markt noch große Unsicherheiten bezüglich einer einheitlichen und eindeutigen Definition eines akustischen Markenführungsinstruments. Es ist unklar, welche Elemente dazugehören, nach welchen Maßgaben deren Beurteilung stattfinden kann und wie sich der Prozess der Entwicklung objektivieren und dessen Qualität bewerten lässt. Somit müssen in erster Linie methodische Klarheit, wirtschaftliche Potenziale und verschiedene Möglichkeiten des Einsatzes von Klang im Rahmen der Markenführung vermittelt werden.

Dann müssen alle Beteiligten der Tatsache Rechnung tragen, dass es sich bei dem vorliegenden Thema um ein interdisziplinäres Feld handelt, dessen verschiedene Aspekte gelernt werden müssen. Musiker und Produzenten können nur dann optimale Ergebnisse liefern, wenn sie das Wesen der Marke und deren strategische Peripherie begreifen. Auf der anderen Seite werden die Konzeptions- und Produktionsprozesse deutlich verbessert, wenn sich die betreffenden Markenführenden ein gewisses Musikvokabular und ein über den persönlichen Geschmack hinaus reichendes Wissen über Klang und Musik aneignen. Es gibt diesbezüglich noch einen erheblichen Bedarf, Kompetenzen aufzubauen. Allerdings ist es nicht vonnöten, dass Markenverantwortliche auch das Wissen von Sound-Designern haben müssen – eine gewisse Sensibilität und das Bewusstsein für das Thema sollten aber vorhanden sein, um mit dem Instrument sinnvoll arbeiten zu können.

Das große Ziel muss es sein, den Zusammenhang von Marke und Klang und damit auch den Einsatz von Musik aus der geschmacksorientierten und kurzfristigen Betrachtung herauszuführen und auf ein solides markenstrategisches Fundament zu stellen. Nur wenn der Markenklang langfristig und in der Marke verankert ist, kann er auch eine starke Orientierungsfunktion für die Rezipienten haben.

Um insgesamt eine größere Akzeptanz zu schaffen, ist es wichtig, gute Beispiele und empirische Belege über den Nutzen zu haben. Von Vorteil wäre es außerdem, wenn man sich dem Thema der akustischen Markenführung in Forschung und Lehre vermehrt annehmen würde.

Bleibt das Fazit, dass, erst wenn das Instrument **akustische Markenführung** selbst und dessen Möglichkeiten in der Umsetzung gelernt sind, wenn also eine professionelle Sicherheit im Umgang mit allen dazugehörigen Prozessen etabliert ist, alle seine Markennutzenpotenziale ausgeschöpft werden können. Diese Potenziale versprechen sicher nicht, den Klang als Allheilmittel diverser Markenkrankheiten bejubeln zu können. Das eine oder andere Leiden kann aber vielleicht verhindert werden, wenn man sich um den Klang der Marke ähnlich konsequent bemüht wie um ihr Aussehen.

IMES – ein indirektes Messverfahren zur Evaluation von Sound-Logos

Steffen Lepa

Freie Universität Berlin

Gregor Daschmann

Hochschule für Musik & Theater Hannover

1. IMES: Evaluation von Sound-Logos

„Sound-Logos", also 0,5 – 3 Sekunden kurze, meist abstrakte, akustische Ereignisse, erleben seit einigen Jahren als Instrument der Markenkommunikation eine erstaunliche Karriere (z. B. *Intel, AOL, Telekom, O2, Audi*, etc.). Trotz einiger guter theoretischer Ansätze und praktischer Erfahrungen im Rahmen von Audio-Branding (vgl. Artikel in diesem Buch) existiert aber bislang noch keine einheitliche Theorie darüber, was ein Sound-Logo eigentlich zu einem erfolgreichen Marketinginstrument macht. Gleichzeitig stellt sich für die empirische Kommunikationsforschung und Werbepsychologie die Frage nach validen Methoden der Erfolgsprognose und Erfolgsmessung von Audio-Branding Kampagnen, welche Sound-Logos als Mittel der Markenkommunikation einsetzen.

„Erfolg" kann bei Sound-Logos potentiell auf verschiedenen Dimensionen gemessen werden. Das „SoLo"-Messinstrument[1] misst beispielsweise die Wirkung von Sound-Logos auf den Dimensionen „Impact", „Emotion" und „Passung". Hintergrund sind die mit einem Sound-Logo als Marketinginstrument typischerweise verbundenen Ziele: Ein Sound-Logo soll einerseits gut erinnert werden, anderseits spezifische Emotionen wecken und schließlich zu der assoziierten Marke passen. Das „SoLo"-Instrument testet genau diese

---

[1] TMS Emnid et al. 2003

Qualitäten für in Frage kommende Sound-Logos und dient laut Presse-informationen in erster Line dazu, das richtige Sound-Logo für eine geplante Audio-Branding-Kampagne auszuwählen.

Das hier vorgestellte, neue IMES-Messverfahren soll komplementär dazu dienen, den Erfolg einer Audio-Branding-Kampagne im Sinne von entstandener „Passung" von Sound-Logos mit Marken und Markenattributen zu evaluieren, um Entscheidern der Medienbranche ein Tool zur Erfolgskontrolle in die Hand zu geben, welches sicherstellt, dass die Kampagne in der Zielgruppe auch die erwünschte Wirkung evoziert hat. Dazu misst es bei ausgewählten Versuchspersonen die Stärke vorhandener Assoziationen zwischen Sound-Logos und Marken, sowie zwischen Sound-Logos und zentralen Imageattributen von Marken.

2. Validität der Messung von Assoziationsstärken

Eine „klassische" Messung der angesprochenen Assoziationsstärken zwischen Logos und Marken mittels akustischer Darbietung und anschließendem Rating über Likert-Skalen oder semantische Differentiale wäre aus mehreren Gründen auf Ebene der Validität aber problematisch:

1. Bei der persönlichen Einschätzung der Passung eines Sound-Logos zu einer Marke würde die Messung durch subjektive Theorien kontaminiert werden: Probanden haben eigene Vorstellungen davon, wie eine Marke aus ihrer Sicht klingen müsste und würden diese in ihre Ratings einfließen lassen. Somit würde tendenziell das falsche Konstrukt gemessen werden, nämlich der subjektive Gefallen an dem im Rahmen der Markenstrategie ausgewählten Logo, nicht aber das eigentlich intendierte Konstrukt, nämlich die Stärke der Assoziation mit der Marke als Folge des wiederholten Kontakts mit Sound-Logo und Marke.

2. Bei der persönlichen Einschätzung der Passung eines Sound-Logos mit bestimmten Markenattributen durch Probanden wäre wiederum die Gefahr der Kontamination der Messung durch das Phänomen der „perceptual fluency"[2] gegeben: Die Stärke der Erinnerung an das Sound-Logo selbst erzeugt nach dieser Theorie einen unbewussten Bias hin zu positiveren attributiven Urteilen – bekanntere Sound-Logos würden also im Rahmen einer solchen Fehlzuschreibung scheinbar immer auch stärkere Assoziationen zu den Markenattributen aufweisen.

Die angesprochenen Probleme bei der Messung der Assoziativität von öko-logisch validen Stimuli aus der Sozial- und Markenwelt beschränken sich selbstverständlich nicht auf Sound-Logos. In den letzten Jahren richtete sich

---

[2] Vgl. Bornstein and D'Agostino 1994

die Aufmerksamkeit der werbepsychologischen Forschung deshalb zunehmend auf die Entwicklung indirekter Testverfahren[3], welche in der Lage sind, so genannte *implizite Gedächtnisleistungen* zu messen. Dieses Konzept scheint für die Operationalisierung von „Passung" im Falle von Sound-Logos optimal geeignet.

3. Sound-Logos als implizite Cues der Markenidentität

Mit impliziten Gedächtnisleistungen wird der Einfluss von Gedächtnisinhalten auf das Verhalten oder Urteile des Menschen bezeichnet, welcher diesem in jenem Moment nicht bewusst zugänglich ist.[4] Dies tritt laut Forschungsstand der Zwei-Prozess-Theorien der Sozialpsychologie[5] vor allem in *Low-Involvement*-Szenarien auf: Wenn nur wenig rationale Informationen als Basis für Urteile oder Verhalten zur Verfügung stehen, werden Effekte inzidentiellen Lernens wie Stereotypen, Heuristiken und eben die Stärke beiläufig erlernter impliziter Assoziationen relevant, z. B. für Einschätzungen von Marken oder sogar bei Kaufentscheidungen.

Im Falle von Sound-Logos verbietet sich eine rationale Analyse von „Argumenten" während der Rezeption und beim Erinnern schon allein aufgrund der Kürze und Abstraktheit der Klänge und nicht zuletzt wegen eines fehlenden Vokabulars bzw. einer in unserer visuellen Kultur nicht vorhandenen kollektiv geteilten „Klangsemantik", von bekannten Klischees der TV- und Filmvertonung[6] einmal abgesehen.

Sound-Logos fungieren demnach offensichtlich, neben ihrem unmittelbar emotionsauslösenden Moment während der Rezeption (welche beim IMES, obschon zweifellos bedeutsam, nicht im Zentrum des Erkenntnisinteresses steht), vor allem als auditive „Cues" (kognitive „Anker"), also als wiedererkennbare Wahrnehmungsmuster, welche aufgrund ihrer häufigen Verwendung in audiovisuellen Werbemitteln an die Marke und die mit ihr verbundenen Attribute erinnern, ohne dass dies dem Einzelnen notwendigerweise bewusst wird. Damit tragen sie vor allem auf „peripherer" Ebene zur Erinnerung an Marken und deren Attribute bei, was Produktbeurteilung und Kaufentscheidungen beeinflussen dürfte.

Die „erfolgreiche" Langzeitwirkung von Sound-Logos im Sinne von „Passung" wird folglich beim IMES auf der „peripheren Route der Persuasion"[7], und zwar im Sinne impliziter Gedächtniseffekte konzipiert. Insofern werden die interessierenden Assoziationen auch indirekt gemessen,

---

[3] Vgl. Felser 1997
[4] Vgl. Jacoby 1991
[5] Vgl. Chaiken and Trope 1999
[6] Vgl. z. B. Flückiger 2001
[7] Vgl. Petty and Cacioppo 1986

womit gleichzeitig die weiter oben diskutierten Validitätsprobleme „klassischer" expliziter Messungen von Assoziationsstärken beseitigt werden.

4. IMES – ein indirekter, multimodaler Assoziationstest

Indirekte Messungen zum Ermitteln der Stärke impliziter Gedächtniseffekte beruhen häufig auf Reaktionszeitmessungen, die „verdeckt" im Rahmen der Durchführung einer Cover-Aufgabe vorgenommen werden. Es werden dabei in mehreren Durchläufen Stimuli oder Stimulikombinationen auf dem Computerbildschirm dargeboten („display"), die gleichzeitig mehrere Aspekte aufweisen (z. B. Farbe und Bedeutung von Wörtern wie beim Stroop-Test[8]), von denen angenommen wird, dass sie alle unmittelbar und automatisch vom Gehirn verarbeitet werden.[9] Vor Durchführung des Tests bekommen die Probanden jedoch die Instruktion, nur auf einen der Aspekte zu achten, die anderen Aspekte zu ignorieren, und ohne längeres Nachdenken möglichst schnell eine Reaktionsaufgabe, welche nur auf den zu beachtenden Stimulus-Aspekt bezogen ist, zu vollführen.

Ohne Wissen der Versuchspersonen wird nun in einer größeren Anzahl von Durchgängen („trials") der Einfluss des jeweils nicht zu beachtenden Aspektes des Stimulus-Displays auf die Bearbeitungszeit der Aufgabe gemessen, wodurch die Messung ihren indirekten Charakter bekommt – die Probanden sind über die eigentlich verwendete unabhängige Variable, deren Einfluss gemessen wird, nicht informiert, bzw. halten deren Präsenz durch die erfolgte Instruktion für irrelevant. Bei der Entwicklung des IMES dienten etablierte Instrumente für sozial-kognitive implizite Gedächtniseffekte wie der Extrinsic Affective Simon Task (EAST)[10] oder der Implicit Association Test (IAT)[11] als Vorbild, welche nach ähnlichen Prinzipien arbeiten.

Für das „display" werden beim IMES parallel zum Abspielen der Sound-Logos konzeptgemäß sowohl Marken (symbolisiert durch visuelle Logos) und Image-Attribute (schriftlich dargebotene Adjektive) verwendet. Die Cover-Aufgabe für die Probanden besteht darin, möglichst schnell einzuschätzen, ob das akustisch präsentierte Sound-Logo „typisch" für die jeweilige Marke bzw. das Attribut ist oder nicht. Dies haben die Probanden mittels Tastendruck (dichotom: „typisch" oder „nicht typisch") zu entscheiden. Die Reaktionszeit bei einer solchen Aufgabe sollte nach kurzer Lernphase gemäß dem Modell semantischer Netzwerke[12] aufgrund von Bahnungseffekten bei der Handlungs-initiation umso schneller ausfallen, je assoziierter die Marke oder das Attribut

---

[8]   Stroop 1935
[9]   Vgl. Bargh and Chartrand 1999
[10] De Houwer 2003
[11] Greenwald et al. 1998
[12] Vgl. Collins and Loftus 1975

mit dem jeweiligen Sound-Logo ist. Dies wäre allein jedoch noch keine indirekte Messung, da die Probanden über das Ziel der Messung informiert wären, und einerseits versuchen könnten diese zu beeinflussen, anderseits das Gefühl der Bekanntheit von Sound-Logos oder Marken den weiter oben diskutierten ungewünschten „perceptual fluency" Effekt bewirken könnte.

Um eine valide indirekte Messung zu erreichen und gleichzeitig die Gesamtbearbeitungszeit des Tests möglichst kurz zu halten, dient deswegen beim IMES immer eine der beiden durch ein Display gegebenen Aufgaben einfach als Cover-Aufgabe für die jeweils andere: Wenn also aus Sicht der Versuchsperson über die Typikalität eines Sound-Logos für eine bestimmte Marke entschieden werden sollte, wurde in Wirklichkeit der Einfluss eines gleichzeitig auf dem Bildschirm dargebotenen, nicht zu beachtenden Attributs auf die für dieses Urteil benötigte Reaktionszeit gemessen, und umgekehrt. Im Hintergrund steht die Überlegung, dass der jeweilige „Distraktor-Reiz"[13] aufgrund automatischer Reizverarbeitung ebenfalls bahnende oder hemmende Wirkung auf die jeweilige Entscheidung haben sollte, und zwar je nachdem ob er der Tendenz nach ein identisches (in der Terminologie des IMES „kompatibles") Tastenurteil hervorrufen würde oder nicht.

Um mit diesem indirekten Vorgehen tatsächlich einen signifikanten Effekt der „impliziten Assoziativität" zwischen bestimmten Sound-Logos und Marken oder Sound-Logos und Markenattributen nachweisen zu können, benötigt das IMES-Verfahren eine größere Anzahl von visuellen Target-Stimuli, von denen einige für die zu untersuchenden Probanden tatsächlich „echte" Distraktoren darstellen, also keinerlei Assoziativität zu den Sound-Logos aufweisen, während andere mit dem Sound-Logo aus Sicht der Probanden tatsächlich stark assoziiert sind. Ein solcher Kontrast ist notwendig, da die Effekte, wie beim IAT über Reaktionszeitdifferenzen zwischen den resultierenden, im obigen Sinne kompatiblen und inkompatiblen Trials operationalisiert werden, stellt aber in der Praxis kaum ein praktisches Problem dar.

Das IMES-Verfahren bietet nun mit der beschriebenen Aufgabenstellung dem einzelnen Probanden während eines kompletten Testdurchlaufes sämtliche möglichen Kombinationen von Sound, Konzept, Attribut und Aufgabentyp dar, und dies sogar mehrfach, da Reaktionszeitmessungen typischerweise einer gewissen Fehlervarianz durch Ablenkung, Gewöhnung etc. unterliegen. Der gesuchte IMES-Effekt einer bestimmten Sound-Logo – Marken Verknüpfung bzw. Sound-Logo – Attribut Verknüpfung ist dann gegeben, wenn diese Verknüpfung gegenüber allen anderen möglichen Verknüpfungen im Mittel signifikant kürzere Reaktionszeiten bei kompatiblen Trials innerhalb einer größeren Gruppe von Versuchspersonen hervorruft.

---

[13] Experimentalpsychologische Bezeichnung für einen nicht zu beachtenden Stimulus im Display

Dieses für den IMES konstitutive Vorgehen ähnelt im Kern sehr stark dem IAT[14], von dessen Grundidee bei der Entwicklung des IMES entscheidend profitiert werden konnte. Zu den weiteren Ähnlichkeiten gehören das Verfahren zum Ausschluss irregulärer Trials, eine interindividuelle Normierung der Reaktionszeiten[15], sowie die Berechnung der Effektstärken. Diese Vorgehensweisen des IAT wurden praktisch vollständig beim IMES-Instrument übernommen. Das „wechselseitige Covern" der Aufgaben-stellungen, die Verwendung auditiver Stimuli und die Idee, Typikalitäts-bewertungen von dargebotenen Reizkombinationen als Aufgabe zu verwenden, stellen jedoch Neuerungen des IMES-Verfahrens dar.

5. Anwendungsbeispiel: Popstars, Sounds und Images

Nach der konzeptuellen und technischen Entwicklung des IMES sollte dieser praktisch erprobt und dabei einer ersten Validitätsprüfung unterzogen werden. Dazu mussten geeignete Teststimuli und dazugehörige Marken und Attribute gefunden werden. Da der IMES im Rahmen einer zweimonatigen Masterarbeit am Institut für Journalistik und Kommunikationsforschung entwickelt wurde[16], blieb wenig Zeit zu einer aufwändigen Recherche nach geeigneten Marken und Attributen, ferner musste die zeitliche und motivationale Belastung der Probanden wegen der freiwillig erfolgenden Teilnahme ohne Entgelt möglichst gering gehalten werden.

So entstand die Idee, zur Erprobung des IMES auf typische „Sounds" von Popstars zurückzugreifen, da diese in einer vermutlich studentischen Probandengruppe beliebt wären und aufgrund des hohen Bekanntheitsgrades auch stark homogene Erinnerungs- und Assoziationsvorteile erwarten lassen, welche die zum Nachweis der Validität des Verfahren notwendigen, signifikanten IMES-Effekte hervorrufen sollten. Da Popstars sich bekannter-maßen als Marken inszenieren und einen typischen „Sound" haben, sowie sehr eindeutige bis plakative Imageattribute (📖 vgl. Artikel K. Bronner), schien eine Übertragbarkeit auf kommerzielle Sound-Logos der Werbung gegeben.

Die letzte kritische Entscheidung war die Anzahl der zu verwendenden Stimuli – da das IMES-Verfahren auf Kombinatorik beruht, ist jeder zu-sätzliche Stimulus mit erheblicher zeitlicher Belastung für die Probanden verbunden. Auf der anderen Seite können signifikante Effekte aufgrund der Logik des Verfahrens, wie oben beschrieben, nur bei möglichst kontrastierenden Stimuli entstehen: Der Vorsicht halber wurde sich für eine Kombination von 4 Sound-Logos, 2 Marken und 4 Image-Attributen entschieden. Der Stimulus-Pool wurde nach persönlicher Einschätzung und

---

[14] Vgl. Greenwald et al. 1998
[15] Vgl. Greenwald et al. 2003
[16] Lepa 2004

Vorabbefragungen in Seminaren so zusammengesetzt, dass er mindestens zwei „typische" bzw. „etablierte" Verknüpfungen von Sound-Logos und Marken, sowie mindestens 4 etablierte Verknüpfungen von Sound-Logos und Image-Attributen aus der Sicht von Studenten enthielt. Mit der Bezeichnung „etablierte Verknüpfungen" sind im Kontext des IMES-Verfahrens a-priori postulierte, starke Assoziativitäten zwischen einigen der Teststimuli von allen anderen kombinatorisch denkbaren Verknüpfungen des Stimulus Pools begrifflich abgegrenzt.

Um diese Mischung aus „etablierten" und untypischen Verknüpfungen zu erreichen, wurden 1200 ms lange Sound-Logos aus vier prototypischen Popstücken kreiert.[17] Die zwei visuellen Markensymbole wurden dann aus Plattencovern von lediglich zwei der verwendeten Interpreten[18] ausgewählt, die vier Imageattribute wiederum so, dass mindestens zwei dem unterstellten kollektiv empfundenen Charakter dieser Marken entsprechen würden (vgl. Tabelle 1).

6. Erprobung und Validitätsprüfung des IMES

Zunächst sollte sich beim IMES, unabhängig vom Stimulus-Set, zeigen, dass das Verfahren überhaupt in der Lage ist, die theoretisch postulierten *impliziten* Bahnungseffekte zu evozieren. Dies wäre dann gegeben, wenn die Reaktions-zeiten einzelner Trials tatsächlich nachweislich vom Distraktor profitieren würden. Das kann, analog zum IAT, überprüft werden, indem die Reaktions-zeiten „kompatibler" Trials (solche, die identische Tastendrücke unabhängig von der Aufgabe erwarten lassen) von denen „inkompatibler" Trials subtrahiert und die dabei entstehenden Differenzen auf Signifikanz überprüft werden.[19] Wenn dieser Nachweis prinzipiell gelänge, wären folglich auch kombinationsspezifische Reaktionszeitunterschiede valide auf implizite Bahnung zurückzuführen.

Neben dem impliziten Charakter muss der IMES aber auch noch seine Konstruktvalidität nachweisen, also gezeigt werden, dass das Verfahren tatsächlich die *Stärke der Assoziativität* zwischen den dargebotenen Stimuli

---

[17] Quellenangaben und Beschreibung finden sich in Tabelle 1

[18] Madonna: „Music", Warner Music, 2000; Rolling Stones: „Rolling Stones: England's newest Hitmakers", London ffrr, 1964

[19] Ein „kompatibler" Trial war bei der Mehrzahl der getesteten Versuchspersonen z. B. die gleichzeitige Darbietung von *Sound „Rock" – Attribut „männlich" – Marke „Rolling Stones"*, während die Kombination *Sound „Pop" – Attribut „männlich" – Marke „Madonna"* eine „inkompatible" war. Kompatibilität bedeutet, dass der zu erwartende Tastendruck (*typisch/untypisch*) identisch ist, egal ob nach der Typikalität der Marke für das Sound-Logo, oder der Typikalität der Image-Attribute für das Sound-Logo gefragt wird.

misst. Ein Vergleich mit den Ergebnissen eines äquivalenten Messverfahrens scheidet aus, da bislang keine dem IMES vergleichbaren Testverfahren für implizite Assoziationen existieren. Der Vergleich mit einer expliziten Messung wäre demgegenüber bei erster Betrachtung paradox, da ja die in Abschnitt 2 beschriebenen Messverzerrungen gerade eine Nicht-Übereinstimmung expliziter und impliziter Messverfahren nahe legen.

Inzidentiell könnte die Konstruktvalidität also nur mit Hilfe eines Tricks belegt werden: Wählt man, wie beim vorliegenden Stimulus-Set geschehen, sogar „faktisch etablierte" (in diesem Fall kurze Musikschnipsel, die tatsächlich von den Markenrepräsentanten selbst stammen) und gleichzeitig popkulturell massiv verbreitete „Marken", so kann theoretisch von einer Konvergenz expliziter und impliziter Assoziativität ausgegangen werden.

Das gleiche sollte, wenn auch in abgeschwächtem Maße für die mit ihnen verbundenen Attribute gelten: Die Probanden besitzen ein explizites Wissen über die mit den Popmarken „Madonna" und „Rolling Stones" verbundenen Attribute und erkennen die verwendeten Zitate aus ihren Hits „Music" und „Brown Sugar" wieder. Dies ließe sich einfach mit Hilfe eines Treatment-Checks nachweisen. Es sollten sich also folglich neben signifikanten IMES Effekten bei allen solchen „etablierten Verknüpfungen" gleichzeitig zumindest schwache Korrelationen mit den expliziten Ratings derselben Verknüpfungen zeigen. Neben diesem inzidentiellen Nachweis von „convergent validity" des Verfahrens, könnte bei einem gleichzeitigen Ausbleiben dieser Effekte bei nicht-etablierten Verbindungen auch von „discriminant validity" und insgesamt von Konstruktvalidität gesprochen werden.

Aus den genannten Überlegungen ergeben sich folgende vier Arbeits-Hypothesen zur ersten Überprüfung der Validität des IMES:

H1: Vorhandensein eines IMES-Haupteffektes
Kompatible Trials sollten gegenüber inkompatiblen Trials signifikant kürzere Reaktionszeiten aufweisen.

H2: Treatment-Check für Validitätsprüfung
Die Mehrzahl der Probanden sollte die a-priori als „etabliert" klassifizierten Verknüpfungen ebenfalls als etabliert einstufen.

H3: signifikante IMES-Effekte bei etablierten Verknüpfungen
Etablierte Verknüpfungen sollten signifikante IMES-Effekte, also Reaktionszeitverkürzungen bei kompatiblen Stimulussets evozieren.

H4: signifikante Korrelationen mit expliziten Messungen
Die IMES-Effektstärken etablierter Verknüpfungen sollten mit expliziten Urteilen der Typikalität bezüglich derselben Verknüpfungen schwach korrelieren.

Die Sound-Konzept-Verknüpfungen *Pop – Madonna, Rock – Rolling Stones*, sowie die Sound-Attribut-Verknüpfungen *Pop – dynamisch, Pop – künstlich, Rock – männlich* und *Rock – dynamisch* wurden im Rahmen dieser Hypothesen a-priori als „etablierte Verknüpfungen" definiert (vgl. Tabelle 1).

7. Methodik

Zur Demonstration des entwickelten Verfahrens wurde eine kleine unsystematische Zufallsstichprobe von 99 Personen (55 männlich, 44 weiblich, Durchschnittsalter: 26,17) per Schneeball-E-Mail-Verfahren aus einer vornehmlich studentischen Klientel rekrutiert. Die E-Mail erhielt einen Link auf eine Website, auf der die Probanden über Zweck und voraussichtliche Dauer des Experiments unterrichtet wurden und alle für die Durchführung relevanten Instruktionen erhielten. Nach der Lektüre konnten sie, wiederum mit einem Link, das IMES-JAVA-Applet starten. Fehlte das JAVA-PlugIn des Browsers, erschien eine Fehlermeldung und ein Link zu einem kostenlosen Download des PlugIns erschien.

War der Applet-Start dagegen erfolgreich, wurde nun zunächst Bildschirm und Soundwiedergabe getestet. Danach startete die „explizite Phase" des Verfahrens, welche gleichzeitig zum Erlernen der Tastenreaktion dienen sollte. Alle Kombinationen von Sounds mit Markenkonzepten und Sounds mit Imageattributen aus dem Stimulus-Set (vgl. Tabelle 1) wurden dabei je einmal dargeboten. Es ertönte also ein Sound-Logo und dazu erschien entweder ein Markenlogo oder eins der Attribute.

Der Benutzer wurde angewiesen, die jeweils dargebotene Kombination dichotom als aus seiner Sicht entweder typisch (Taste „T") oder untypisch (Taste „U") zu klassifizieren. Im Anschluss wurde er gebeten, das jeweils empfundene Ausmaß der (A-)Typikalität der Stimulusverknüpfung auf einer 9-stufigen Skala zu quantifizieren (vgl. Abb. 1).

Abb. 1: Beispiel für ein Display-Set der „expliziten Phase" des IMES

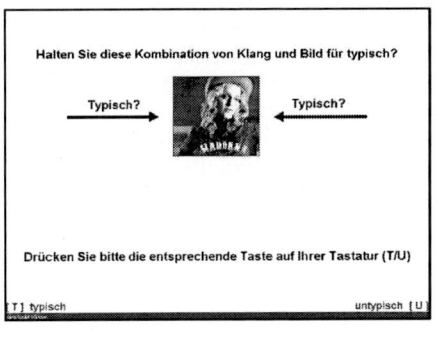 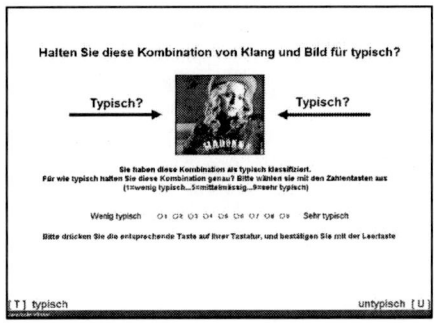

Nach Abschluss dieser ersten Phase, welche der Validierung des Verfahrens und späteren Unterscheidung kompatibler und inkompatibler Trials dient, erhielt der Nutzer die Instruktionen für den „impliziten Teil" des IMES: Er wurde damit konfrontiert, nun dieselben Urteile nochmals unter Zeitdruck und Ablenkung durchführen zu müssen. Er wurde gebeten, sich trotz Zeitdruck und Ablenkung durch konkurrierende Stimuli nur auf die eigentliche Aufgabe (markiert durch Pfeile) zu konzentrieren und möglichst keine „Fehler" (im Sinne einer Nicht-Übereinstimmung mit den Urteilen aus dem expliziten Teil) zu begehen. Weiterhin wurde ihm bedeutet, sich nicht durch etwaige Wiederholungen der Stimulus-Sets irritieren zu lassen. Als motivationaler Anreiz zu möglichst schnellen Reaktionen wurde der Versuchsperson mit der geringsten mittleren Reaktionszeit eine Prämie in Form eines DVD-Gutscheins in Aussicht gestellt.

Auf dem Bildschirm des Nutzers erschienen jetzt, im Gegensatz zum vorherigen Durchlauf, parallel zu den abgespielten Sound-Logos sowohl ein Markenlogo als auch ein Attribut. Das jeweils relevante Aufgabenziel wurde unmittelbar nach dem Abspielen des Sound-Logos durch große rote Markierungspfeile angezeigt (vgl. Abb. 2).

Abb. 2: Beispiele für mögliche Display-Sets der „impliziten Phase" des IMES

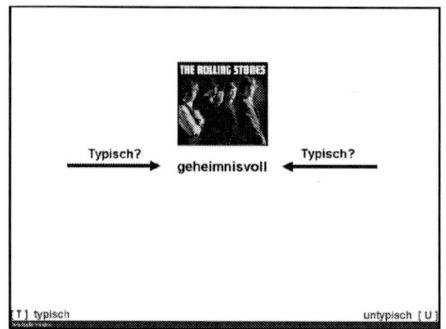 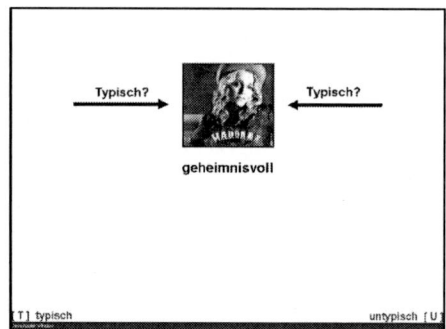

In diesem Moment begann auch die Reaktionszeitmessung. Nach erfolgter Tastenentscheidung durch den Benutzer endete diese und der nächste Trial schloss sich unmittelbar an, es sei denn, es wäre ein „Fehler" gemacht worden. In diesem Fall erschien ein Warnton und die Versuchsperson erhielt symbolisch eine „Strafzeit" und wurde gebeten, sich in Zukunft mehr Mühe zu geben (vgl. Abb. 3).

Abb. 3: Schematischer Ablauf eines IMES-Trials im Zeitverlauf

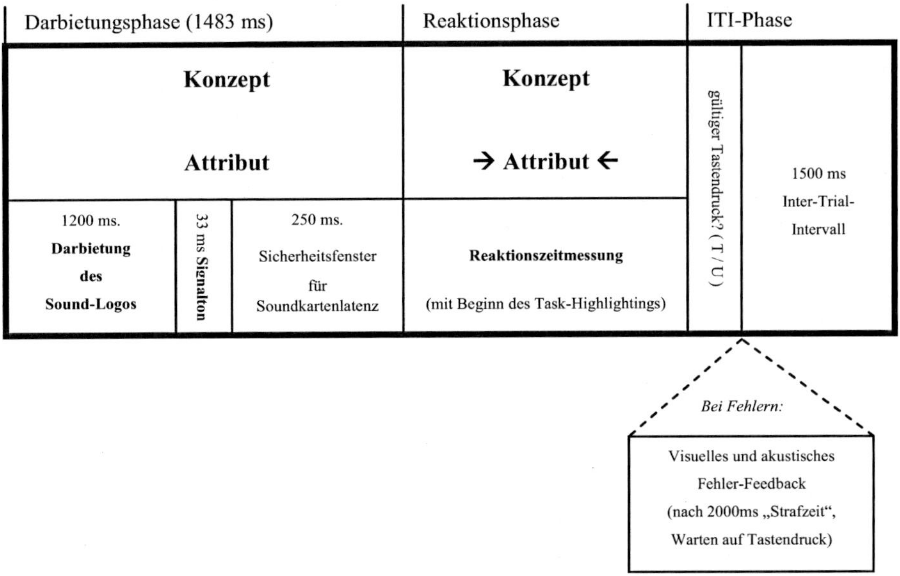

Darbietungsphase (1483 ms)	Reaktionsphase	ITI-Phase
Konzept **Attribut**	**Konzept** → **Attribut** ←	gültiger Tastendruck? (T / U) 1500 ms Inter-Trial- Intervall

1200 ms. **Darbietung** **des** **Sound-Logos**	33 ms Signalton	250 ms. Sicherheitsfenster für Soundkartenlatenz	**Reaktionszeitmessung** (mit Beginn des Task-Highlightings)

Bei Fehlern:

Visuelles und akustisches
Fehler-Feedback
(nach 2000ms „Strafzeit",
Warten auf Tastendruck)

Nach diesem Verfahren wurden, in zufälliger Anordnung alle möglichen Dreier-Kombinationen von Stimuli aus dem Pool jeweils zweimal und mit beiden Aufgabentypen dargeboten. Nach jeweils 32 Trials erschien zur Motivation ein Belohnungsbildschirm mit einem Zwischenergebnis bezüglich der erzielten mittleren Reaktionszeit und einem angeblichen aktuellen Highscore-Rangplatz. Gleichzeitig wurde auf die Anzahl noch zu bewältigender Trials bis zum Abschluss der Untersuchung hingewiesen.

Nach 164 Trials[20] war das IMES-Verfahren schließlich beendet und es erfolgte noch die Abfrage einiger Kontrollvariablen wie Alter, Geschlecht, Bildung und Gefallen an den Sound-Logos und am ganzen Test. Mit der Angabe der letztlich erreichten mittleren Reaktionszeit und dem Verweis auf eine URL mit einer aktuellen Highscore-Tabelle der Reaktionszeiten wurden die Probanden schließlich entlassen.

8. Datenaufbereitung und Effektberechung

Um die für die Hypothesenprüfung notwendigen Effektstärken zu berechnen, wurden zunächst alle Trials ausgeschlossen, welche fehlerhaft beantwortet

---

[20] Zunächst 32 „Lerntrials" aus zufälligen kompatiblen Displays, dann 128 „echte" Trials aus allen denkbaren Verknüpfungsmöglichkeiten (4 Sounds x 2 Konzepte x 4 Attribute x 2 Aufgabenarten x 2 Messungen)

wurden, oder eine zu lange Reaktionszeit aufwiesen (als erlaubtes Maximum galten 4 Standardabweichungen vom Mittelwert 954,45 ms). Außerdem wurden die ersten 32 Trials grundsätzlich als Lernphase betrachtet und folglich nicht bewertet. Die Berechnung der verschiedenen IMES-Effektgrößen für die verbliebenen 128 Trials erfolgte anschließend in Anlehnung an die Berechnungs-Logik des IAT.[21] Zunächst wurden dafür alle vorhandenen Reaktionszeiten zwecks Vergleichbarkeit in ein „personenspezifisches d-Maß" transformiert. Dazu wird von allen Reaktionszeiten der persönliche Mittelwert abgezogen und das Ergebnis durch die persönliche Standardabweichung dividiert.

Abb. 4: Vereinfachte Darstellung der Formeln zur Berechnung der IMES-Effekte

Personenspezifisches d-Maß	= (Messwert – pers. Mittelwert) / pers. Standardabweichung
IMES-Haupteffekt	= d(Reaktionszeiten_inkompatibler_Trials) – d(Reaktionszeiten_kompatibler_Trials)
Verknüpfungsspez. IMES-Effekt	= „typische Verknüpfungen": d(Reaktionszeiten_inkompatibler_Trials) d(Reaktionszeiten_kompatibler_Trials) „atypische Verknüpfungen": d(Reaktionszeiten_kompatibler_Trials) – d (Reaktionszeiten_inkompatibler_Trials)

Der IMES-Haupteffekt wurde anschließend als Differenz der Messwerte zwischen dem Mittelwert aller inkompatiblen und dem Mittelwert aller kompatiblen Trials über alle Versuchspersonen hinweg berechnet. Nach derselben Logik wurden auch die kombinationsspezifischen IMES-Effekte berechnet, nur dass sich die Berechnung dabei auf alle Trials beschränkte, welche die interessierende Stimuluskombination enthielten (vgl. Abb. 4).

Eine besondere Rolle spielte hierbei die vorab vorgenommene explizite Einschätzung der Typikalität der Verknüpfung durch eine einzelne Versuchsperson. Analog zur Berechnung des IAT führte die Einschätzung einer spezifischen Verknüpfung als „atypisch" zu einem Tausch der Vorzeichen bei der Differenzbildung. Dies ergibt sich aus der Logik der entstehenden indirekten Bahnungseffekte, welche auf der Kompatibilität der Tastenreaktion, nicht aber der eigentlich interessierenden Assoziativität der Stimuluskombinationen beruhen.

---

[21] Vgl. Greenwald et al. 2003

Tabelle 1: Stimulus-Pool und empirische Ergebnisse des IMES-Prototyps

IMES-Prototyp: Ergebnisse		Sound-Logo 1	Sound-Logo 2	Sound-Logo 3	Sound-Logo 4
Legende:					
Ziffern - absolute Häufigkeiten expliziter Typikalitätsbewertungen spezifischer Verknüpfungen durch die n=99 Probanden		„Klassik"	„HipHop"	„Pop"	„Rock"
a*, b*** - signifikante (paired t-test, p<.05 oder p<.001-Niveau) IMES-Effekte im d-Maß (c) - signifikante Partialkorrelationen der IMES-Effektstärken mit expliziten Vorabmessungen auf Likert-Skalen Die durch schwarze Umrandung hervorgehobenen Verknüpfungen entsprechen den a-priori vorgenommenen theoretischen Klassifikationen.		Kurzer, orchestraler Tusch im ¾-Takt, aus dem bekannten „Torero"-Thema der Oper „Carmen" (George Bizet, 1875, in einer Interpretation des Czecho-Slovakian Radio Symphony Orchestra, Bratislava, Naxos Music, 1993)	Swingender 4/4 Hip Hop-Rythmus mit düsterem Bass, „Scratching"-Effekt und einem Schrei-Sample. Entnommen aus dem Intro-Teil von „MC's act like them don't know" (KRS-One, LP „KRS-One", 1995)	Schneller 4/4 Elektro-Rhytmus mit Synthesizern und synthetischer Vocoder-Melodiestimme, aus dem Refrain von „Music" (Madonna, Maxi-Single, 2000)	Typischer, leicht ternärer, bluesiger Rockgitarren-Lick von Keith Richards mit plötzlichem Schlagzeug-Einsatz. Entnommen ausdem Intro von „Brown Sugar" (Rolling Stones, LP „Sticky Fingers", 1971)
Konzept 1		6 (c)	30	94 .24* (c)	31 .40***
Konzept 2		7	13	7	97 .46*** (c)
Attribut 1	„männlich"	54	65	12	93 .37*
Attribut 2	„geheimnisvoll"	38	52 (c)	32	4
Attribut 3	„dynamisch"	75	54 (c)	91 .42*** (c)	83 .29*
Attribut 4	„künstlich"	12	66	88 .44***	6

9. Ergebnisse

9.1 (Retest-)Reliabilität der Messungen

Die Übereinstimmung der Werte zwischen beiden erfolgten Messungen einer spezifischen Stimuluskombination erwies sich als ein problematischer Faktor des IMES: Mittlere Reliabilitätskoeffizienten wie die erreichten $\alpha=0,6$ für Sound-Evaluations-Tasks und $\alpha=0,5$ für Sound-Konzept-Tasks sind für die Messung latenter Merkmale über Reaktionszeitverfahren zwar nicht ungewöhnlich, aber dennoch sicher nicht zufrieden stellend. Ein Erklärungsansatz hierfür wären bei ansonsten befriedigenden Ergebnissen mögliche Kontaminationen durch Priming-Effekte resultierend aus den jeweils vorhergehenden Trials, sowie Ermüdungs- und Lerneffekte.

9.2 IMES-Haupteffekt

Der gesuchte Haupteffekt wurde erreicht: Die mittlere Reaktionszeitdifferenz zwischen inkompatiblen und kompatiblen Trials betrug 50,4 ms ($p<.,001$***; $t=4,647$; $df=98$) in absoluter Zeit, sowie 0,15 Standardabweichungen im D-Maß ($p<.,001$***; $t=5,545$; $df=98$). Damit ist ein impliziter Bahnungseffekt durch den jeweiligen „Distraktor" nachgewiesen.

9.3 Treatment-Check

Lediglich die sechs a-priori als „etabliert" eingestuften Stimulusverknüpfungen wurden von mehr als 75% der Probanden als absolut „typisch" klassifiziert. Hinzu kamen sechs weitere Verknüpfungen, die von einer variierenden Mehrheit der Probanden ebenfalls als „typisch" angesehen wurden, dies aber bis auf die Verknüpfung *Klassik – dynamisch* in deutlich geringerem Ausmaß (vgl. Häufigkeiten in Tabelle 1). Daraus resultierte für die Probanden ein Verhältnis von durchschnittlich 16 kompatiblen von insgesamt 32 denkbaren Verknüpfungsmöglichkeiten (Sound x Konzept x Attribut) innerhalb eines Trials, was den im Sinne des Verfahrens optimalen Kontrast bewirkte.

9.4 Kombinationsspezifische IMES-Effekte

Alle sechs etablierten Verknüpfungen wiesen signifikante IMES-Effekte auf ($p<,05$). Darüber hinaus evozierte die Verknüpfung *Rock-Madonna* ebenfalls einen signifikanten IMES-Effekt ($p<,001$). Die sechs lediglich schwach als typisch klassifizierten Verknüpfungen zeigten keinerlei IMES-Effekte (vgl. Tabelle 1).

9.5 Korrelation von expliziten und impliziten Urteile

Zur Berechung der Korrelationen zwischen expliziten und impliziten Assoziationsstärken wurden alle negativen und positiven expliziten Ratings bezüglich einer Verknüpfung zu einer gemeinsamen Skala fusioniert, und aus den impliziten Messungen der Einfluss der Soziodemographie (Alter, Bildung) herauspartialisiert. Danach ergab sich bei den beiden „etablierten" Sound-Konzept Kombinationen eine schwache signifikante Korrelation (r^2=,06* für *Pop-Madonna*; r^2=,04* für *Rock-RollingStones*). Bei den Sound-Attribut-Verbindungen korrelierte nur das Ausmaß von einem der vier IMES-Effekte der etablierten Verknüpfungen (*Pop – dynamisch* mit r^2=,09*) mit seinem expliziten Gegenstück (vgl. Tabelle 1).

Tabelle 2: Bisherige Konstruktvalidität des IMES-Verfahrens

Hypothesen zur Konstruktvalidität des IMES--Verfahrens	Kurzfassung der Hypothesen	Evidenz für „convergent validity"	Evidenz für „discriminant validity"
H1: IMES-Effekt	„Inkompatible" Stimulus-Sets produzieren längere Reaktionszeiten als „kompatible"	**99,9%** .. betrug die mittlere Wahrscheinlichkeit zur Annahme der Hypothese H1	
H2: Treatment-Check	a-priori als „etabliert" klassifizierte Verknüpfungen werden durch Probanden als etabliert eingestuft	~92% .. der Versuchspersonen stuften die als „etabliert" klassifizierten Verknüpfungen als „typisch" ein	~69,5% .. der Versuchspersonen stuften die als „nicht-etabliert" klassifizierten Verknüpfungen als „untypisch" ein
H3: Validität 1	„Etablierte" Verknüpfungen evozieren bei kompatiblen Stimulussets signifikante Reaktionszeitverkürzungen	~100% .. der etablierten Verknüpfungen wiesen signifikante IMES-Effekte auf	~95% .. der „nicht-etablierten" Verknüpfungen wiesen keinerlei signifikante IMES-Effekte auf
H4: Validität 2	Die IMES-Effektstärken „etablierter" Verknüpfungen korrelieren schwach mit expliziten Urteilen	~50% .. der als „etabliert" klassifizierten Verknüpfungen wiesen schwache, aber signifikante Korrelationen mit expliziten Maßen auf	~83% .. der als „nicht-etabliert" klassifizierten Verknüpfungen wiesen keine signifikanten Korrelationen mit expliziten Maßen auf

10. Diskussion

Die Mehrzahl der rechnerisch nachprüfbaren Teil-Hypothesen zum IMES konnte bestätigt werden (vgl. Tabelle 2). Neben dem erfolgreichen Nachweis der postulierten Bahnungseffekte (H1) und erfolgreichem Treatment-Check (H2) konnte für Sound-Konzept-Verknüpfungen „convergent validity" sowohl auf der Ebene der Existenz signifikanter Effekte (H3) als auch mittels der postulierten schwachen Korrelationen (H4) nahegelegt werden. Bei den Sound-Attribut-Verknüpfungen gelang dieser Nachweis nur auf Ebene des bloßen Effektes (H3), die erwarteten Korrelationen blieben aus. Als Erklärung käme eine entgegen den theoretischen Vorüberlegungen doch vorhandene Dissoziation zwischen den mit dem Rock-Sound verbundenen Attributen auf impliziter und expliziter Ebene in Frage: Möglicherweise sind die mit dem „Brown Sugar"-Sample[22] verbundenen Assoziationen also doch differenzierter als vorab angenommen.

Der Nachweis von „discrimant validiy" gelang wiederum erfolgreich auf der Ebene der Sound-Attribut-Verknüpfungen (H3), umgekehrt aber nicht vollständig auf der Ebene der Markenkonzepte – auch hier wies das „Brown Sugar"-Sample eine eigentümliche Ambiguosität auf – ihm wurde auf impliziter Ebene ebenfalls eine Assoziativität zur Marke Madonna zugesprochen.

Zusammenfassend lässt sich schlussfolgern, dass der IMES aufgrund der Vielzahl der bestätigten Teilhypothesen (vgl. Tabelle 2) durchaus in der Lage zu sein scheint, die gesetzten Erwartungen zu erfüllen. Der vollständige Nachweis der Konstruktvalidität bleibt dennoch, wie beschrieben, lückenhaft. Hier sind offensichtlich weitere Experimente notwendig, um zu klären, ob die teilweise ambivalenten Befunde auf eine Schwäche des Verfahrens und seiner theoretischen Hintergründe hinweisen oder nur auf einem ungünstig ge- wählten Sample beruhen, in dem implizite und explizite Assoziationen teil- weise divergieren.

Es stellt sich ob der weiter oben diskutierten Paradoxie zum Nachweis der Konstruktvalidität bei der Messung multimodaler impliziter Assoziationen ohnehin die Frage, ob nicht vergleichbare projektive Verfahren eher zum vergleichenden Nachweis geeignet wären, als eine „explizite" Likert-Skala.

11. Weiterentwicklung und künftige Potentiale des IMES

Der IMES hat sich in seiner ersten Erprobung als praktikables, non-reaktives Testverfahren erwiesen und ist offensichtlich in der Lage, zentrale methodische Probleme bei der validen Evaluation der Passung von Sound-Logos mit Marken und Images zu lösen. Seine besondere Stärke liegt in dem Aufdecken versteckter impliziter Assoziativitäten, welche bei ausreichend starkem Kontrast der verwendeten Stimuli mühelos und hochsignifikant detektiert werden können. Unmittelbar einleuchtend ist damit seine Eignung zur vergleichenden Messung des Erfolgs der eigenen Sound-Logo Kampagne einer Marke mit der des direkten Konkurrenten am Markt: Durch den Vergleich mit den gemessenen Assoziationsstärken konkurrierender Sound-Logos könnten dabei nicht nur das Ausmaß der jeweiligen Assoziationsstärken ermittelt werden, sondern auch spezifische Alleinstellungsmerkmale eines Sound-Logos gegenüber dem des jeweiligen Konkurrenten.[23]

---

[22] Gemeint ist Sound-Logo 4 „Rock"
[23] Vgl. Lepa 2004

Das IMES-Verfahren bedarf allerdings bis zur unmittelbaren kommerziellen Einsetzbarkeit für beliebige Sound-Logo Evaluationen noch einiger Überarbeitungen. Empfehlenswert erscheint eine Verkleinerung des Stimuluspools auf ein 2x2x2-Set bei gleichzeitiger Erhöhung der Anzahl der Messwiederholungen auf mindestens drei. Durch die damit verbundene Verbesserung der Teststärke dürften die diskutierten verbliebenen Probleme in zukünftigen Experimenten substanziell reduziert werden. Gleichzeitig verkürzt sich durch die Verkleinerung des Pools die durchschnittliche Bearbeitungszeit des IMES auf unter 15 Minuten.

Prinzipiell sollte der IMES für beliebige Sound-Logos verwendbar sein. Es ist allerdings zu erwarten, dass die Effekte geringer werden, wenn zu lang andauernde Sound-Logos eingesetzt werden. Die impliziten Bahnungseffekte dürften verloren gehen, wenn der Proband ausreichend Zeit hat, auch bei inkompatiblen Stimulus-Displays beide Tastendruck-Entscheidungen explizit und in Ruhe vorzubereiten. Wann dies der Fall ist, hängt allerdings von der Geschwindigkeit ab, mit der der Proband die Identität eines spezifischen Logos in der Lage zu erkennen ist – was experimentell festzustellen wäre. Pre-Test-Ergebnisse weisen diesbezüglich auf eine empfehlenswerte Maximaldauer der Sound-Logos von 4000 ms hin.

(◄))www) Klangbeispiele zu diesem Artikel auf **www.audio-branding.info**

Literatur

Bargh J. A., Chartrand T. L.: The unbearable automaticity of being, American Psychologist 54, p. 462-479: 1999

Bornstein R. F., D'Agostino P. R.: The attribution and discounting of perceptual fluency: Preliminary tests of a perceptual fluency/attributional model of the mere exposure effect. Social Cognition 12, p. 103-128: 1994

Chaiken S., Trope Y. (editors): Dual-Process theories in social psychology. New York: Guilford Press 1999

Collins A. M, Loftus E. F.: A spreading-activation theory of semantic processing. Psychological Review 82, p. 407-428: 1975

De Houwer J.: The Extrinsic Affective Simon Task. Experimental Psychology 50, S. 77-85: 2003

Felser G.: Messung automatisch aktivierter Informationen und impliziter Assoziationen. In: Felser G. (Hg.): Werbe- und Konsumentenpsychologie. Eine Einführung, S. 220-224. Stuttgart: Schäffer-Poeschel Verlag 1997

Flückiger B.: Sound Design. Die virtuelle Klangwelt des Films. Marburg: Schüren 2001

Greenwald A. G., McGhee D. E., Schwartz J. L. K.: Measuring individual differences in implicit cognition: the Implicit Association Test. In: Journal of Personality & Social Psychology 74, p. 1464-1480: 1998

Greenwald A. G., Nosek B. A., Banaji M. R.: Understanding and using the Implicit Association Test: I. An improved scoring algorithm. In: Journal of Personality & Social Psychology 85, p. 197-216: 2003

Jacoby L. L.: A process dissociation framework: Separating automatic from intentional uses of memory. In: Journal of Memory and Language 30, p. 513-541: 1991

Lepa S.: Entwicklung eines indirekten Messinstruments zur Evaluation von Sound-Logos (IMES). Masterarbeit, Institut für Journalistik und Kommunikationsforschung (IJK), Hochschule für Musik & Theater (HMT) Hannover: 2004

Petty R. E., Cacioppo J. T.: The Elaboration Likelihood Model of Persuasion. In: Berkowitz L. (editor): Advances in experimental social psychology, p. 123-205: 1986

Stroop J. R.: Studies of interference in serial verbal reactions. In: Journal of Experimental Psychology 18, p. 643-662: 1935

TMS Emnid, diffferent, Hastings Audio Network: SoLo – das erste standardisierte Testverfahren zur Evaluation von Sound-Logos. Presseinfo: 2003

E. Zwischentöne:
Neue Medien, Popstars, Filmmusik und Hörmarken

Akustische Markenführung und die digitale Revolution

Lukas Bernays

audio relation – acoustic communication & corporate sound, Zürich

1. Der digitale Audiolifestyle

Wer sich heute in Köpfen und Herzen einen Platz ergattern will, kommuniziert ganzheitlich. Identität, Emotionalität und Differenzierung zählen zum Credo jedes Brandmanagers. Die Kombination von Information, Entertainment und Bildung avanciert zur Zauberformel für die moderne Markenführung.

Genau hier liegt das Potential der digitalen Medien: Als Plattform für konsequente audiovisuelle Markeninszenierungen hat die Digitalisierung einen Trend hin zu neuen, interaktiven Kommunikationsformen eingeleitet. Einen Trend, der langfristig alle Unternehmen, ob KMU oder Großkonzern, zu Medienunternehmen mutieren lässt und durch Unmittelbarkeit und Emotionalität geprägt sein wird.

In diesem Zusammenhang erlebt der Ton als emotionales Schlüsselinstrument eine radikale Aufwertung als Imageträger, Assoziationsanker und Differenzierungsmerkmal. Das wachsende Bewusstsein für die akustische Markenführung ist somit kein Zufall: Ähnlich wie der Binärcode ist auch der Klang ein universeller Code, der als solcher weder kulturelle noch sprachliche Grenzen kennt.

MP3, Podcasts, Internet-Radios, Klingeltöne, Hörbücher, usw. sind Ausdruck eines neuen digitalen Audiolifestyles. Dieser wird in einer Intensität zelebriert, als hätten unsere Ohren eine lange Durststrecke hinter sich. Eine kurzfristige Erscheinung? Kaum: Subkulturelle Phänomene differenzieren sich weiter aus und stoßen zunehmend in den öffentlichen Raum vor.

2. Vom Tonträger zum körperlosen Medium

Mit Sicherheit lässt sich sagen, dass die Menschen eine Compact Disc schon bald als putzigen Anachronismus aus dem 20. Jahrhundert empfinden werden. (Moby[1])

Die digitale Revolution in der Tonträgerbranche begann 1982 mit der Lancierung der Compact Disc. Auf den ersten Blick waren Musik und Digitaltechnik ein schlechtes Paar. Die Musik ist ja zunächst einmal zutiefst analog und beruht auf einer Kette von kontinuierlichen Schallwellen und Luftdruckschwankungen, die das Trommelfell in Schwingungen versetzen. Im Unterschied zu herkömmlichen Aufzeichnungen, die den Ton in physikalischen Analogien darstellten, wurden bei der Compact Disc die Schallwellen erstmals durch Binärcodes gespeichert.

Der neue Silberling, von der Tonträgerindustrie als Wunderding des glasklaren Klangs angepriesen, erntete anfangs heftige Kritik: „Wie aus der Tiefkühltruhe", „Spitz", „Grell", „Steril", „ohne Charme", so äußerten sich die Hifi-Kritiker über den neuen Sound. Trotzdem ist die CD zum erfolgreichsten Tonträger aller Zeiten geworden. Die Speicherung von analogen Signalen auf digitaler Basis hat unser Verständnis für die Digitalisierung nachhaltig geprägt.

Heute, ein Vierteljahrhundert später, hat die CD als Tonträger deutlich an Sex-Appeal eingebüsst. In der mutierten Funktion als reines Speichermedium (CD-ROM) ist die Scheibe mittlerweile gefragter. Mit der Erfindung von MP3 sind die „körperlosen" Musikdateien zum Maß aller Dinge geworden. Als unerschöpfliche Quellen lassen sie es den individuellen Bedürfnissen des Musiknutzers frei, was daraus erwachsen soll und für welches Medium.

3. Die Erfindung von MP3 und die Geburtsstunde der Tauschbörsen

MP3 (Moving Picture Expert Group Audio Layer 3) ist ein Kompressionsverfahren, welches 1995 im deutschen *Fraunhofer Institut* entwickelt wurde. Der Sprengkraft dieses Formats war sich anfangs nicht einmal der Erfinder Karlheinz Brandenburg bewusst. Schließlich handelte es sich ja „lediglich" um ein Komprimierungsverfahren, mit dem sich die Datenmenge eines digitalisierten Musikstücks um den Faktor zwölf reduzieren ließ.

---

[1] Der New Yorker Moby aka Richard Melville Hall repräsentiert einen neuen Typus von „Laptop-Musikern": Im Zuge der Digitalisierung von Studiotechnologie fertigt er seine Musikproduktionen auf dem Computer im Alleingang.

Der psychoakustische Trick von MP3 und sämtlichen Nachfolgeformaten[2] liegt im Weglassen aller Frequenzen, die das menschliche Ohr ohnehin nicht wahrnimmt. Die MP3-Technik komprimiert Audiodateien deshalb nahezu ohne hörbaren Qualitätsverlust. Kleinere Datenmengen wiederum bedeuten kürzere Ladezeiten und weniger Speicherplatz. Komprimierungsprogramme, so genannte Encoder, verbreiteten sich rasant und das Generieren und Verschicken von MP3 übers Internet wurde für jedermann zum Kinderspiel. Was daraufhin folgte, wird heute oft und gerne als Paradebeispiel für die viel zitierte Medienkonvergenz betrachtet.

Michael Robertson und Shawn Fanning, zwei junge Progammier-Cracks, erkannten rasch, welch revolutionäres Potential die Erfindung von MP3 in sich birgt. Mit mp3.com unterstrich Michael Robertson vor allem den Aspekt der Demokratisierung: Newcomer-Bands ohne Plattenvertrag nutzten das Portal als Plattform, um mit Gratis-Downloads auf sich aufmerksam zu machen. Dieses Modell der „Talentförderung" hat bis heute unzählige erfolgreiche Nachahmer gefunden.

Der eigentliche „Zeitzünder" aber war der damals 18-jährige Shawn Fanning. Mit „*Napster*" hob dieser eine Musik-Tauschbörse aus der Taufe, die bis heute als Synonym für die Musikrevolution im Internet gilt. Der Student und Musikliebhaber plante ursprünglich ein einfaches Musik-Suchprogramm, weil Musikangebote im Netz damals zu wünschen übrig ließen. Schließlich entwickelte Shawn Fanning ein Programm, das nach folgendem Prinzip funktionierte: „Ich stelle meine Musikdateien zur freien Verfügung und bediene mich an den Dateien anderer". Die PCs jedes einzelnen Users wurden zu einer gigantischen Jukebox verknüpft. Der zentrale Napster-Server durchforstete die Festplatten aller registrierten Nutzer und veröffentlichte die aktuellen Bestände aller Sounddateien auf dem Kontrollfenster jedes Users. Napster war kinderleicht zu bedienen. Am bunten Tausch-Treiben konnte auch teilhaben, wer keine Musikdateien anbot. Napster führte der Welt mit spitzbübischer Leichtigkeit vor, wie sich herkömmliche Vertriebsstrukturen unterlaufen ließen. Nun blieb im Musikbusiness kein Stein mehr auf dem andern. Der neue digitale Musiclifestyle war geboren und um die Jahrtausendwende nahmen bereits bis zu 40 Millionen Tauschbörsen-User daran teil.

---

[2] MP3 ist zwar das mit Abstand populärste, jedoch bei weitem nicht das klanglich überzeugendste Format. Die folgenden fünf potenziellen Nachfolgeformate produzieren bereits bei niedrigeren Bitraten einen besseren Klang: (Quelle: Chip.de) 1. AAC Plus, 2. Ogg Vorbis, 3. WMA9, 4. MP3Pro, 5. AAC

4. Business strikes back

Wegen der Popularität von Napster und anderen Gratistauschbörsen befürchtete die Tonträgerbranche massive Umsatzrückgänge. Diese sind auch eingetroffen, obwohl bis heute ein direkter Zusammenhang mit dem Aufkommen der Tauschbörsen umstritten ist. Napster jedenfalls war ein Dorn im Auge der Phonoindustrie, den es zu eliminieren galt. Im Dezember 1999 reichte die RIAA (Recording Industry Association of America) deshalb Klage ein. Tatbestand: Urheberrechtsverletzungen im großen Stil. Die RIAA hatte Erfolg: Eine richterliche Verfügung zwang Napster im Sommer 2001 in die Knie. Die Tonträgerindustrie ihrerseits muss sich jedoch vorwerfen lassen, die radikalsten technischen Umwälzungen verschlafen zu haben.

Auf die Schließung von Napster schossen nun aber unzählige neue Tauschbörsen wie Pilze aus dem Boden: *Gnutella, Morpheus, Audiogalaxy, eDonkey, KaZaa, Grokster, Limewire*, usw.. Neu ließen sich jetzt auch Bilder, Filme, Texte und Programme tauschen. Die Anklagen blieben auch hier nicht aus. Doch mit einer raffinierten technischen Adaption, die bis heute juristisch Bedeutung hat, konnten die Betreiber der zweiten Tauschbörsen-Generation Widerstand leisten: Die Datenströme verlaufen seither nicht mehr über einen zentralen Server. Stattdessen schicken sich die User ihren Bestand direkt untereinander zu (Peer-to-Peer). Eine Kontrolle über den Datenfluss ist somit unmöglich. Betreiber können, was die Aktivität ihrer User betrifft, nicht belangt werden. Ein Tauschprogramm ist per se nichts Illegales.

Im Schussfeld der IFPI (International Federation of the Phonographic Industry) stehen heute deshalb die privaten Nutzer von illegalen Tauschbörsen. Dabei zeigt sich, wie die Urheberrechtspraxis bzw. ihre Interpretation von Land zu Land stark variiert. So sieht der Schweizer Entwurf des neuen Urheberrechtsgesetzes vor, dass der private Download für private Zwecke erlaubt ist. In Deutschland hingegen ist bereits das Herunterladen von offensichtlich illegalen Quellen verboten.

Mit Hilfe von DRM (Digital Rights Management) will die Tonträgerindustrie die verlorene Kontrolle auf die körperlosen Musikdateien zurückerobern. Ein Heer von Informatikern ist mit der Entwicklung von neuen Kontroll-Technologien beschäftigt und bedient sich einer Fülle unterschiedlicher Schutzmechanismen. Der Plan sieht vor, dass der Kopierschutz gesetzlich verankert wird und somit die Grundlage für die Implementierung des Kopierschutzes in allen Hard- und Software-Systemen schafft. Von der Lizenzierung über das Nutzungsmanagement bis zu den Vergütungen würde sich damit alles elektronisch regeln lassen. Böse Zungen sprechen bereits vom Digital Restricted Management, einem System der Unterhaltungsindustrie, das aus reiner Machtgier ein emanzipiertes und demokratisiertes Distributionssystem im Keim ersticken wolle.

5. Musikverkauf im Internet

Trotz Problemen mit illegalen Tauschbörsen wird heute mit Musikdateien Geld verdient – nicht zuletzt dank dem Unternehmen *Apple*. Mit dem MP3-Player *iPod*, der benutzerfreundlichen Musikdatenbanksoftware *iTunes* und dem gleichnamigen Online-Musicstore hat Steve Jobs & Co den Musik-Download in legale Bahnen manövriert. Apple's iPod ist zum Statussymbol des digitalen Audiolifestyles schlechthin geworden. Und dies, obschon es klanglich bedeutend bessere MP3-Player gibt. Mit einem Marktanteil von 70 Prozent ist Apple klarer Leader im Download-Business.[3] Die über 300 weltweit größten Anbieter, darunter auch solche von Global Playern wie *T-Online, Microsoft, Yahoo, Sony, AOL* und *Wal-Mart*, verzeichneten im Jahr 2005 mehr als eine Verdoppelung des Umsatzes gegenüber dem Vorjahr. Die Trendkurve zeigt steil nach oben.

Als erfolgreich wird sich auch das Geschäftsmodell des Music-Abos erweisen. Bekanntestes Zugpferd ist der mittlerweile legalisierte Napster. Seit der Übernahme durch die *Bertelsmann Gruppe* hat Napster ein Angebot mit 1,5 Millionen Titeln aufgebaut. Gegen eine monatliche Abogebühr erhält der User einen uneingeschränkten Zugang zur Musikdatenbank. Die Dateien lassen sich auf die Festplatte der PCs und weiter auf den Laptop, das Handy und den MP3-Player speichern oder streamen. Läuft das Abo ab, verfallen alle gespeicherten Titel auf sämtlichen Medienträgern. Digital Rights Management (DRM) lässt grüßen.

Als Alternative zu Musicstores und Music-Abos können sich auch die vielen Talent- und Music-Community-Portale[4] nicht über fehlendes Interesse beklagen. Die Anbieter solcher Dienste profilieren sich als Förderer und Entdecker von neuer Musik und ersparen sich Rechtsstreitigkeiten mit der Tonträgerindustrie. Die mitwirkenden Bands genießen künstlerische Freiheiten und erhalten eine attraktive Plattform, wo sie mittels Gratis-Downloads und attraktiven Download-Preisen auf sich aufmerksam machen. Eine klassische „Win-Win-Situation" und ein neues Szenario, wie unbekannte Bands via Internet zu ihrem Publikum finden.

Die Musik Futurologen Gerd Leonhard und David Kusek sind überzeugt, dass Musik im digitalen Zeitalter zu so etwas wie Leitungswasser oder Elektrizität werde. Der Bezug von Musik soll dabei so simpel werden wie das Bedienen des Wasserhahns. Die Vision klingt verlockend, setzt aber auch eine erfolgreiche Implementierung des Digital Right Managements voraus: Per Zugangscode würde dem Kunden Zugang zu sämtlichen DRM geschützten

---

[3] Deutscher Marktführer ist T-Online mit der Online-Plattform "Musicload"

[4] myspace.com, garageband.com, besonic.com, peoplesound.com, mp3.de, uptrax.com, myownmusic.de, tonspion.de, micromusic.net, usw.

Musikfiles im World Wide Web gewährleistet. Dafür sei eine monatliche Flatrate, ähnlich wie bei der Rundfunk- und Fernsehgebühr zu entrichten.

6. Marken als Vermittler zwischen Musikproduzenten und Konsumenten

Die neue Generation von Musikern und Musikanbietern ist smart, flink und flexibel. Doch aus ökonomischer Sicht zeigt sich, dass das Prinzip von Angebot und Nachfrage auch im Internet nicht Halt machen wird. Den Mythos von Musikern und Kleinlabels, die sich vom Internet einen einfacheren und billigeren Zugang zum Publikum versprechen, betrachten heute viele Branchenexperten skeptisch. Es wird umgekehrt gar befürchtet, dass es in der Angebotsflut des Internet schwieriger werde als je zuvor, Bekanntheit zu erlangen. Dieser Umstand wiederum stärkt die Position von finanzstarken Unternehmen.

Fest steht: Mit der Loslösung der Musikdateien von herkömmlichen Tonträgern ist ein Prozess ins Rollen gekommen, der attraktive Schnittstellen für das Marketing und Branding bietet. Unternehmen bzw. Marken, die den Musikdownload als Verbundprodukt anbieten und zwischen Produzenten und Konsumenten als Vermittler fungieren, werden die legalen Musikangebote im Netz beleben und langfristig zum unverzichtbaren Glied des Marktmechanismus avancieren.

Coca Cola hat mit „mycoke.com" gleich eine eigene Musik-Plattform aus der Taufe gehoben. Für jede Coca-Cola Flasche gibt es Sammelpunkte, die Kunden online gegen Songs eintauschen können. Dank der Kooperation mit Apple's iTunes hat sich nicht nur das Repertoire um ein vielfaches vergrößert, Coca Cola wird vermehrt auch Exklusiv-Aufnahmen und Pre-Releases anbieten können. Das Beispiel verdeutlicht: Kooperations- bzw. Sponsoringmodelle stellen attraktive Varianten für Markenauftritte dar. Ein Beispiel: Der Musikkonsument findet durch gesponserte Exklusivaufnahmen seines Lieblingskünstlers den Weg zur Marken-Website. Attraktiv und bereits mehrfach praktiziert wird auch die Vergabe von Download-Kontingenten beim Kauf von bestimmten Produkten und Dienstleistungen.

Starbucks macht bereits seit einigen Jahren als Musikproduzent und Medienunternehmen von sich reden: Nebst eigenem Radiosender „Starbucks Hear Music" und den bereits legendären Starbucks CD-Compilations, hat die Kaffeehauskette in den USA mit der Integration von digitalen Musikshops begonnen. Unter dem Motto „Kaffee trinken und CDs brennen" stellen sich die Gäste an Tablet-PCs ihre eigenen „Customized-CDs" zusammen.

Ebenfalls erwähnenswert ist die „Mixed Tape Plattform" von *Mercedes*. Dabei handelt es sich um ein Konzept, das auf die „Mitmachkultur" abzielt: Mercedes fordert Musiker, gleich welchen Genres und Alters dazu auf, ihre Songs einzureichen. Eine Musikredaktion erkürt die Tracks für die „Mixed-Tape-Compilation". Diese erscheint alle zwei Monate neu und kann mitsamt

Artwork auf der Website von Mercedes gratis heruntergeladen werden. Die Compilations erreichen eine hohe musikalische Qualität und sind bereits selbst zur Marke geworden: Nach den ersten elf Veröffentlichungen registrierte Mercedes über 20 Millionen Downloads. Die Plattform bewährt sich auch für die Newcomer: So wurde die unbekannte schwedische Sängerin Urzula Amen mit Marcus Loebers Komposition „Push it to the Limit" für die europaweite Mercedes B-Klasse Werbekampagne ausgewählt. Ein exklusiver Remix des Songs stand gleichzeitig mit dem Kampagnenstart als kostenloser Download auf der Mercedes Webpage zur Verfügung. Das Unternehmen ließ verlauten, Künstler der „Mixed-Tape-Compilations" vermehrt in verschiedenen Bereichen der Markenkommunikation einzusetzen. Das Repertoire ist allen Marketingverantwortlichen zugänglich und wird beispielsweise auch für die Mercedes-Podcasts zweitverwertet.

7. Podcasting – Von der privaten Selbstdarstellung zum PR-Instrument

Der Begriff „Podcasting" leitet sich vom Wort „Broadcasting" und von Apple's „iPod" ab. Podcasting bringt auditive und audiovisuelle Inhalte auf neue Art und Weise unter die Leute und ist bereits auf dem besten Weg, dem Radio als traditionelles Medium den Rang abzulaufen. Die Beiträge lassen sich jederzeit als MP3-Datei aus dem Web herunterladen und auf dem PC, dem Laptop, dem Handy oder MP3-Player orts- und zeitunabhängig zu Gemüte führen.

Doch was macht Podcasting für Produzenten und Konsumenten so attraktiv? Es ist die Unmittelbarkeit des Mediums. Jeder und jede kann sich der Welt mitteilen. Ein Computer und ein Mikrofon ist alles was es dazu braucht. Laut einer 2006 durchgeführten Studie des renommierten amerikanischen Marktforschungsinstituts *Forrester* wird die Zahl der US-Haushalte, in denen Podcasts konsumiert werden, von heute 700'000 bis 2010 auf über 12 Millionen steigen. Exponentielles Wachstum wird auch in Europa erwartet. Ob Reportagen, Finanzanalysen oder Statements des CEOs: Alles lässt sich auditiv einfangen und über das Netz verbreiten. Podcasts lassen sich wie reguläre Newsletter abonnieren. Durch die Verknüpfung mit Inhaltsangaben (RSS-Feeds) sind sie über Suchmaschinen einfach auffindbar.

Auch immer mehr renommierte Verlagshäuser bereichern ihre Publishing-Palette mit Audiobeiträgen. Die *Zeit*, das *Handelsblatt* oder die Schweizer *Weltwoche* stoßen damit auf reges Interesse bei ihren Lesern. Ebenfalls als „fleißiger" Podcast-Produzent erweist sich die Autobranche: *Audi, BMW, Mercedes* & Co. integrieren das neue Medium geschickt in die Kommunikation. Medien- und Bilanzkonferenzen, Ansprachen oder Präsentationen neuer Produkte und Dienstleistungen figurieren lückenlos in den Download-sektionen und bereichern die Branding-Toolbox. Dabei zeigt sich: O-Töne vermitteln Unmittelbarkeit, suggerieren Nähe und erzeugen einen psychologischen Mehrwert. Nebst „harten" Fakten kommt die Premium-Kundschaft auch in Sachen Kultur und Entertainment nicht zu kurz. So laden Autofahrer Hörbücher und Musik herunter, um sich bei langen Fahrten oder in Staus von Ihren Marken unterhalten zu lassen.

8. Streaming Audio – Der Strom in die Zukunft

Vor lauter Diskursen über MP3, Tauschbörsen und Podcasting ist die Streaming-Technologie medial etwas ins Abseits geraten. Für die Verbreitung von Audio- und AV-Content ist sie jedoch bedeutend. Ein „Stream" ist nichts anderes als ein konstanter Datenstrom, der in Echtzeit oder zeitversetzt erfolgt. Im Unterschied zum Download landen die Daten nicht auf der Festplatte. Wartezeiten und Risiken von virusinfizierten Daten entfallen somit.

Streaming verhält sich wie Radio hören oder TV schauen. Dank DSL- und Highspeed-Verbindungen lässt die Bild- und Tonqualität schon bald keine Wünsche mehr offen. Nahezu alle regulären Radio- und TV-Stationen verbreiten ihr Programm zumindest teilweise über das World Wide Net. Der Komfort, Radio und TV über das Netz zu konsumieren, ist mittlerweile so beliebt, dass teurere Alternativen für die digitale Verbreitung, wie das DAB (Digital Audio Broadcasting) ins Hintertreffen geraten. Mit der Popularität des Streaming sind weltweit auch Abertausende neue und unabhängige Spartenradios entstanden. Je nach Station lässt sich der Sound vom herkömmlichen FM-Radio nicht mehr unterscheiden. Dank Wireless-Lan wird der Laptop zum mobilen „Transistorradio" und die Sendungen lassen sich via Kabel an den Verstärker der Stereoanlage anschließen. Gerne verwendet wird die Streaming-Technologie zudem bei Online-Stores zum Vorhören von Musikstücken und Hörbüchern.

Streaming wird auch ein großes Potential für die Substitution traditioneller Marketing- und PR-Instrumente vorausgesagt. So lassen sich neue Produkte und Dienstleistungen emotional aufladen. Oder wie wär's mit Corporate Radio zur Pflege des Dialogs mit der Brand Community, vernetzt mit allen mobilen Kommunikationstechnologien? Via UMTS, DMB (Digital Multimedia Broadcasting) oder DVB-H (Digital Video Broadcasting Handheld) lassen sich heute bewegte Bilder und Töne bereits terrestrisch aufs Handy streamen. Es ist also nur noch eine Frage der Zeit, bis die Digitalisierung von Information, Entertainment und Bildung in die intimsten Lebensbereiche vorgedrungen sein wird.

9. Das Handy als Jukebox

Der Siegeszug der Klingeltöne und deren Milliardenumsätze kam für viele überraschend. Seit die Handys jedoch nicht nur piepsen, sondern auch echte Töne (Realtones) von sich geben, sind die Umsätze nochmals steil angestiegen. Marken mit eigener Sound-Identität haben zudem gezeigt, dass Klingeltöne auch als Imageträger einen Segen für das Branding sein können.

Interessanter aber als der „Ringtone-Hype" ist die Tatsache, dass Mobile-phones zum Musikabspielgerät schlechthin avancieren. Das Handy als Jukebox umfasst alle positiven Eigenschaften des digitalen Audiolifestyles: Es kann Töne empfangen, speichern, abspielen und weiterverschicken. Aus dem Blickwinkel der Konvergenz zählen die Musikfeatures zu den beliebtesten überhaupt. Kein Zufall also, dass jetzt auch Apple mit seinem *iPhone* (iPod-Handy) in diesem Marktsegment kräftig mitmischt.

Mobilephones helfen neuerdings auch bei der Identifikation unbekannter Songs. Möglich wurde diese Dienstleistung dank AudioID, einer Technologie aus dem Fraunhofer Institut. Steht die Verbindung zum Erkennungsdienst, hält man das Handy für 20 Sekunden an die Musikquelle. In einer Datenbank von mehreren Millionen Titeln sucht das AudioID-System nach Interpret und Song mit identischem akustischem Fingerabdruck und teilt Songtitel und Name des Interpreten umgehend per SMS mit. Je nach Mobile-Anbieter lässt sich der Song gleich aufs Handy downloaden.

Die Telekommunikationsunternehmen haben sich für das große Geschäft mit den Musikdownloads gerüstet. *Vodafone* bietet den Dienst bereits an, jedoch zum doppelten Preis von Internetdownloads. Die Erfahrungen mit Downloads von Klingeltönen zeigen, dass Mobile Kunden für 20 Sekunden Blöken, Singen, Stöhnen gerne 2 Euro 50 hinlegen, während sich viele Internet-User beim Online-Musicstore für die Hälfte des Preises und mit High-End-Studioaufnahmen immer noch schwer tun.

10. Game Audio – spielerisch Identität erzeugen

Mit dem Boom der Computer- und Videospiel-Branche steigt das Bewusstsein für dieses Genre auch in der Markenkommunikation. In-Game-Advertising bietet nebst Product-Placement-Angeboten auch Möglichkeiten der Integration von Audio-Branding. Für die Markenkommunikation am effektivsten sind jedoch eigens kreierte Spiele, zum Beispiel im Rahmen von Kampagnen. Dabei lassen sich Elemente des Corporate Sounds, wie z. B. Audio-Logos, Brandtracks und Soundscapes spielend integrieren.

Das Audiodesign genießt bei Gamern einen besonderen Status. Es verleiht jedem Spiel seine eigene Identität und haucht den Spielszenen Leben ein. Im Unterschied zu Filmvertonungen erfolgt die auditive Gestaltung nicht linear, sondern adaptiv. Die Tonspur passt sich den Fähigkeiten des Spielers an und ändert je nach Aktion und Aufenthaltsort.

Produktionstechnisch kommen die Game-Soundtracks denjenigen des Films immer näher. So ist auch der Einsatz von Symphonieorchestern keine Seltenheit mehr. Die Soundtrack-Verkäufe laufen den klassischen Filmscores in den USA bereits den Rang ab. Bis Unternehmen sich mit ihren Audio-Branding-Strategien auch die Computer- und Video-Games unter den Nagel reißen, ist es also nur noch eine Frage der Zeit.

11. Audiodesign im Netz als räumliche Tiefendimension

Professionell gestaltete Website-Vertonungen erzeugen Aufmerksamkeit, steigern den Unterhaltungswert und machen einen Internetauftritt emotional erlebbar. Wenn sich Klänge erst allmählich im Gestaltungskontext von Websites durchsetzen, hängt dies mit den technischen Entwicklungen zusammen: Während sich Ladezeiten von Websites früher durch die Integration von Audio erheblich verlängerten, sind ihrer Vertonung mit heutigen DSL- und Highspeed-Anschlüssen kaum noch Grenzen gesetzt.

In puncto Klanggestaltung stecken Web-Auftritte jedoch in den Kinderschuhen. Wahrnehmung zu erzeugen ohne aufdringlich zu wirken, ist ein heikler Spagat. Nicht selten schießen Webvertonungen am Ziel vorbei und werden zur Belästigung. Töne sollten jedoch verführen. Dies erfordert Fingerspitzengefühl. Sound ist daher nicht nur im musikalischen Kontext, sondern auch als räumliche und atmosphärische Dimension zu betrachten. Eine professionelle Audiogestaltung bildet eine homogene Erlebniswelt und steht im Einklang mit dem visuellen Auftritt. Sie greift in die Tiefen des Unbewussten und darf niemals übertrieben ohrenfällig wirken. Wer lässt sich bei der Navigation schon gern von aufsässigem Gedudel stören.

12. Im Dialog mit digitaler Technik

Erst anonymisierte die Industriegesellschaft alles, nun kehrt sich der Prozess um. Gegenstände bekommen ihre Identität zurück. Demnächst wird sich ihr Kaschmirpullover beschweren, weil er zu schlecht behandelt und zu heiß gewaschen wurde. (John Gage, Forschungschef des Wissenschaftsbüros von Sun Microsystems)

Es entspricht einem menschlichen Ur-Bedürfnis, mobile Geräte, Küchengeräte, Haushaltselektronik und Spielwaren auf einfachste und intuitive Art und Weise zu bedienen. Funktionale Start-, Warn- und Bestätigungstöne sind uns vom Teekocher über das Handy bis zum Computerbetriebssytem bereits bestens vertraut. Kaum ein elektronisches Gerät kommt heute ohne aus. Die Hersteller wissen das. Die Tatsache, dass Gebrauchsanweisungen ungelesen verschwinden, ist ebenso bekannt. Was liegt also näher, als dass sich das Produkt dem User gleich selbst erklärt. Das mag für viele Ohren nach Science Fiction klingen. Tatsache ist, dass die Hersteller diesem Ziel mit der voranschreitenden Digitalisierung immer näher kommen: Sprechende Navigationssysteme gehören zur Serienausstattung jedes Neuwagens. Das Handy liest einem SMS-Meldungen vor und auf dem Computer bieten sich Agnes, Victoria, Bruce oder Junior an, um akustisch zu melden, dass eine Applikation die Aufmerksamkeit erfordert.

Klingende und sprechende Produkte integrieren sich fast unbemerkt als Helfer und Unterhalter in unseren Alltag. Doch damit nicht genug: Sie drängen mehr und mehr in den Massenmarkt vor und dominieren zusehends unsere

Kaufentscheidungen. Neue Akzente im Markt der Sprachsynthesesysteme setzt das Schweizer Unternehmen *Svox*. Nebst Text-to-Speech Softwareentwicklungen für ein breites Spektrum mobiler Endgeräte bietet das Unternehmen auch individuelle und maßgeschneiderte Lösungen für Corporate Sound-Anwendungen an. Und wenn sich Computerstimmen bisher meist roboterhaft monoton anhörten, klingen die Svox-Stimmen der neusten Generation bereits erstaunlich vielfältig und emotional. Sie können auch schon mal lachen.

Weil eine Einweg-Kommunikation niemals die Qualität eines Dialogs haben kann und Produkte nicht nur reden, sondern auch zuhören sollen, arbeiten unzählige Spezialisten parallel zur Text-to-Speech Software auch an der Weiterentwicklung leistungsfähiger Spracherkennungs-Software. Schon heute kann man mit einfachen Sprachbefehlen einen PC steuern oder mit ihm Schach spielen. Mit der Sprachdialogführung der Zukunft wird es möglich sein, eine individuelle Selektion aus einer Musikdatenbank zu treffen oder Geräte vollumfänglich zu bedienen. Sowohl *Apple* wie *Microsoft* betrachten die Spracherkennung als wichtigen Zukunftstrend. Gemäß einer Patentschrift arbeitet Apple zurzeit an einem iPod mit Spracherkennungssoftware. Gute Idee, denn bislang war es beim Joggen, Auto- oder Fahrradfahren eher lästig und mitunter auch gefährlich, den MP3-Player abzutasten und einen nächsten Song aus einem anderen Album auszuwählen.

13. Die Marke im Surround-Sound

Der Vision vom digitalen Zuhause – mit Zugang zu digitalen Inhalten rund um die Uhr, an jedem Ort und auf jedem Gerät – sind wir heute bereits sehr nahe. Insbesondere für das perfekte Home- und Car-Entertainment arbeitet die Soft- und Hardwareindustrie auf Hochtouren. Mit der Popularität für Heimkino-Systeme ist auch Surround Sound zum Standard geworden. Diese Raumklang-Technologie trägt unter dem Namen *Dolby Surround* seit 1975 wesentlich zum Kinoerlebnis bei und vermittelt dem Zuschauer akustisch das Gefühl, sich inmitten der Geschehnisse zu befinden. So nimmt man beispielsweise einen sich annähernden Hubschrauber von hinten akustisch wahr, spürt Sekundenbruchteile später, wie Schallwellen der Rotoren über die Köpfe des Publikums zu gleiten scheinen, bis der Hubschrauber schließlich vorne auf der Leinwand auftaucht und auch von dort akustisch wahrnehmbar ist. Surround-Sound-Systeme eignen sich dank des emotionalen Erlebnisses für Events, Messen und Klanginstallationen am Point of Sale.

Je nach Surround-System – und davon existieren einige – werden drei bis sieben Lautsprecher mit je einer Tieftoneinheit (Subwoofer) benötigt und kreisförmig oder rechteckig um die Zuschauer bzw. Zuhörer angeordnet. Wer ungerne allzu viele Lautsprecher in der Wohnstube platziert, greift auf virtuelle Surround-Verfahren zurück. Diese bedienen sich der beiden Stereo-Kanäle und simulieren den Raumeffekt durch psychoakustische Modelle, d. h. der Surround-Eindruck entsteht erst im Kopf des Zuhörers. In die gleiche

Sparte fällt auch das neue MP3-Surround-Format: Mit dem Prinzip der psy-choakustischen Simulation ist Surround-Sound erstmals im Stereo-Kopfhörer erlebbar.

14. Harddisc Recording – Die Musikproduktion im digitalen Zeitalter

Eine tiefgreifende Veränderung im Rahmen der digitalen Revolution hat auch die Audio-Produktion erfahren. Früher kam man für eine brauchbare Produktion nicht um ein kostspieliges Aufnahmestudio, bestückt mit allerlei High-Tech-Audiogeräten, herum. Heute lässt sich dieses in guter Qualität auf virtueller Basis simulieren. Die digitale Revolution geht einher mit der Demokratisierung der Musikproduktion.

Mit leistungsfähigen Rechnern und entsprechender Hard- und Software lassen sich bereits auf dem Laptop passable Resultate erzielen. Und dies gar noch spontan, intuitiv und unabhängig von Ort und Zeit. Dasselbe gilt für die Klangerzeugungs-, Klangmodulation und Effektgenerierung: Von der Aufnahme über das Arrangement bis zu Mix und Mastering erfolgen alle Prozesse in Echtzeit. Sind die Audioquellen einmal digitalisiert, lassen sie sich in unendlich viele separate Einzelvorgänge zerlegen und im neuen Kontext wieder zusammenfügen. Immer höhere Speicherkapazitäten gewährleisten die Ablage von nahezu unbeschränkt vielen Instrumenten- und Geräusch-Bibliotheken, welche bei Bedarf in Sekundenbruchteilen verfügbar sind.

Was bedeutet das alles für den Auftraggeber? Die technische Infrastruktur rückt zugunsten des auditiven Konzepts vermehrt in den Hintergrund. Der Produktionsprozess ist flexibler geworden und beginnt längst vor dem Gang ins teuere Aufnahmestudio. Ein Auftraggeber kann sich zudem via Internet laufend über den aktuellen Stand der Produktion informieren. Sound-Dateien lassen sich innerhalb von wenigen Minuten zur Genehmigung um die Welt schicken.

Literatur

Boeing N.: Bürgerkrieg des Rock'n'Roll, KM21.0: 2000

Gross T.: Digitale Revolution, Teil II: Die Zeit-Feuilleton 2004

Leonhard G., Kusek D.: The Future of Music – Manifesto for the Digital Music Revolution: Berklee Press 2005

o. V.: Wir werden alle digitale Musiker – Der Laptop-Performer ist die Zukunft der Musikindustrie, Moby aka Richard Melville Hall, Das Magazin: 2001

Sieben U.: Ein vegetarischer Hund, Essay im Rahmen der Ausstellung „adonnaM.mp3" – Filesharing, die versteckte Revolution im Internet. Museum für angewandte Kunst Frankfurt: 2003

Schneider R. U.: Eine Revolution aus 0 und 1 – Über die grosse Karriere der kleinsten Informationseinheit, NZZ Folio: 2002

Popstars für Marken

Cornelius Ringe

acg audio consulting group / www.popsponsoring.de, Hamburg

1. Einleitung

1995 verbreitete ein Kino-Werbespot für die *Levi's* Jeans „Double Stitched" weltweit einen Song, mit dem sein Interpret zum Megastar des Reggae-Pop aufstieg. Die Story des Spots und die Musik passten perfekt zusammen: Als Knete-Animation rettet der ultracoole Mr. Boombastic mit seiner unzerstörbaren Levi's Jeans eine hilflose Frau aus den Flammen eines brennenden Hochhauses. Der Song „Mr. Boombastic" und die charismatisch tiefe Stimme des Sängers sind genauso ultracool wie der heldenhafte Protagonist des Werbespots. Gleich am Anfang ist kurz der Künstlername des Interpreten zu hören: Shaggy! Der aus Jamaika stammende Orville Richard Burrell war bereits vorher ein erfolgreicher internationaler Musiker, jedoch verhalf ihm erst die hohe Aufmerksamkeit des Levi's-Spots zum Comeback und internationalen Durchbruch, der sich 1996 in Form eines Grammy Awards manifestierte. Durch diese Kooperation profitierten beide Seiten: Levi's als werbetreibende Marke und Shaggy als internationaler Künstler.

Der folgende Beitrag soll eine grobe Übersicht über die Möglichkeiten der Symbiose von Werbe- und Musikmarkt geben. Dabei wird kurz auf die aktuelle Situation beider Märkte eingegangen. Im Rahmen des Branded Entertainments wird Popsponsoring als eine zentrale Kooperationsform vorgestellt. Anschließend erfolgt aus Markensicht eine Erläuterung der Wirkungsweise von Popsponsoring, sowie den daraus resultierenden Anforderungen der Künstlerwahl.

2. Werbe- und Musikwirtschaft

Seit einigen Jahren besteht eine spannende Konstellation des Werbe- und Musikmarktes, die es beide mit grundlegenden *Paradigmenwechseln* zu tun haben. Am stärksten betroffen ist der Musikmarkt, der nach einem kurzfristigen Boom durch die Einführung der Compact Disc im Jahr 1983 durch die darauf folgende totale Digitalisierung des Musikangebots in eine tiefe Krise gestürzt ist. Dies betrifft vor allem den Tonträgermarkt, der trotz des starken Umsatzrückgangs[1] immer noch der Mittelpunkt der Musikwirtschaft ist. Im Zentrum des Paradigmenwechsels der Musikwirtschaft stehen dabei neue Einnahmemöglichkeiten der Künstler sowie der Diskurs um zukünftige Funktionen und Bedeutung von Musikunternehmen. Während die Vertreter der *Distributionsperspektive* am bisherigen Marktbearbeitungsmodell der Musikindustrie festhalten und eine schnelle Adaption für den digitalen Musikmarkt fordern, stellen die Vertreter der *Contentperspektive* jegliche tradierten Prozesse der Musikwirtschaft in Frage.[2] Letztere haben schließlich die ganze Tragweite des Wandels erkannt und sind dabei, Konzepte für die Generierung neuer Erlösströme zu entwickeln.

Die Auflösung der dogmatischen Trennung von Haupt- und Nebenrechten bei der Musikverwertung könnte hierbei ein wesentlicher Schritt hin zu neuen Konzepten der Musikvermarktung darstellen. Im Wesentlichen versteht man unter den *Hauptrechten* der Musikverwertung die Vermarktung der Nutzungsrechte von Komposition und Produktion der Musik. Bis heute werden diese in erster Linie durch Musiklabels, Verlage und Verwertungsgesellschaften (in Deutschland die GEMA und GVL) wahrgenommen. Alle übrigen Verwertungsrechte werden als *Nebenrechte* bezeichnet und liegen in der Regel direkt beim Künstler oder seinem Management. Hierzu gehören vor allem Live-Auftritte sowie die Verwertung des Künstlerimages in Form von Merchandising/Licensing, Werbeverträgen und Kooperationen.

Standen bisher die Hauptrechte der Musikverwertung im Vordergrund der wirtschaftlichen Nutzung, so verschiebt sich der ökonomische Schwerpunkt immer mehr hin zur Vermarktung von Nebenrechten. Bereits heute wird im Musikmarkt der Großteil der Erlöse nicht mehr durch den Verkauf von Musik an sich, sondern durch die Vermarktung der damit einhergehenden Nebenrechte erwirtschaftet.[3] Für den Künstler ist hierbei aufgrund des geringen Mehraufwands vor allem die Vermarktung seines Künstlerimages attraktiv. So kann auch hinsichtlich der Einstellung gegenüber der Werbewirtschaft eine deutliche Veränderung konstatiert werden:

Hat Jim Morrison 1968 eine mögliche Verwendung des Songs „Light My Fire" für einen Werbespot des Autoherstellers Buick als Pack mit dem Teufel abgelehnt, so ist es heute fast eine Selbstverständlichkeit, dass sich

---

[1] Laut Statistik des Bundesverbandes der Phonographischen Wirtschaft, die 86% des deutschen Gesamtmarktes abbildet, sank der Gesamtumsatz der Mitglieder seit 1997 bis 2005 um 42%. Vgl. Spiesecke H, Bundesverband d. Phonographischen Wirtschaft e.V. 2005, S. 11

[2] Vgl. Engh M. 2006, S. 5 f.

[3] Vgl. ebenda, S. 342

Lenny Kravitz (durch entsprechende Zahlungen motiviert) von den Markenwerten der Wodka-Marke *Absolut* inspirieren ließ und für das Unternehmen
exklusiv den Song „Breathe" schrieb. Absolut kommunizierte dies 2006 mit
der Kampagne „Absolut Kravitz", zu der auch eine eigene Internetseite mit
kostenlosen Downloads des Songs und verschiedenen Re-Mixen gehörte.[4]
Inzwischen sind Kooperationen mit Markenartiklern für Popstars in der
Regel ein fester Bestandteil des Künstler-Marketings. Die häufigste und
immer noch wichtigste kommerzielle Kooperationsform ist zweifelsohne das
Popsponsoring.

Ebenso wie der Musikmarkt, jedoch bei Weitem nicht so dramatisch,
befindet sich der Werbemarkt in einer Umbruchphase. Gründe hierfür sind
vor allem die zunehmende Reizüberflutung (Information Overload) sowie
marketingerfahrene Verbraucher, die wesentlich bewusster als früher und
nach eigenem Nutzenkalkül mit der Werbung umgehen. Auch hier macht
sich die Digitalisierung bemerkbar. Sie bietet den Rezipienten vermehrt
Möglichkeiten, sich der Werbung zu entziehen (z. B. durch Pay-TV, Fest-
plattenrecorder, TV-Werbeblocker usw.), bzw. sie gezielt zu „konsumieren".
Obgleich die *klassische Werbung (Above The Line)* immer noch den größten
Teil des Kommunikationsbudgets in Anspruch nimmt, ist dennoch ein Trend
hin zu mehr *nicht-klassischer Werbung (Below The Line)* zu verzeichnen.[5]
Die Trennung von klassischer und nicht-klassischer Werbung wird zudem
seitens der Werbetreibenden mehr und mehr aufgehoben. Die einzelnen
Werbemaßnahmen werden stattdessen miteinander verzahnt und in ganzheit-
liche Kommunikationsstrategien integriert (integrierte Kommunikation).

3. Kooperationen mit Popstars

Die Schlagworte der neuen Kommunikationsstrategien sind *Emotional Branding* und *Branded Entertainment.* Werbung muss emotional und unterhaltend sein, da auf der Rezipientenseite der Anspruch gegenüber Werbemaßnahmen gestiegen ist. Sie muss dem Verbraucher einen Nutzen – einen
Mehrwert bieten, ansonsten läuft sie Gefahr, nicht akzeptiert zu werden und
somit ihre Wirkung zu verlieren bzw. negativ zu wirken. Die viel zitierte
Freizeitgesellschaft hat sich zur *Erlebnisgesellschaft* entwickelt.[6] Marken
investieren daher zunehmend in die Einbindung ihrer Werbebotschaften in
maßgeschneiderte eigene oder passende fremde Unterhaltungsangebote.
Branded Entertainment lässt sich dabei definieren als die Konvergenz
zwischen Werbung und Unterhaltungsindustrie, bei der versucht wird, die
Werbebotschaft möglichst sinnvoll und glaubwürdig mit einem relevanten

---

[4]   Siehe www.absolutkravitz.com
[5]   Vgl. GfK, WirtschaftsWoche 2005, S. 17
[6]   Vgl. Opaschowski H. W. 2000, S. 19

Unterhaltungsinhalt, den es ohne das Engagement der Marke nicht geben würde, zu verbinden. Es ist vor allem im *Pull-Marketing* anzusiedeln, wobei jedoch auch *Push-Medien* eingesetzt werden können. Somit beinhaltet Branded Entertainment eine schier grenzenlose Vielfalt an Erscheinungs-formen.

Im TV- und Radiobereich ist das *Advertiser Funded Programming (AFP)* zu nennen, zu dem nicht nur das klassische Programmsponsoring, sondern auch das Bereitstellen kompletter Beiträge oder Sendungen durch eine Marke gehört.[7] Inzwischen versuchen in Deutschland viele Marken, nach dem Muster des TV-Senders Bahn TV der Deutschen Bahn[8], eigene TV- und Radiosender zu betreiben. Auch wenn es dank Digitalisierung, Internet und mobilen Breitbandzugängen inzwischen keine technischen Hin-dernisse mehr gibt, so sind dennoch rechtliche Grenzen zu berücksichtigen. Wer in Deutschland Rundfunk betreiben will, braucht die jeweiligen Lizen-zen der Landesmedienanstalten.

Online erscheint Branded Entertainment z. B. in Form von Corporate Pod- oder Vodcasts, markeneigenen Web-Radio-Playern oder Musik-Down-loads. Beim Live-Entertainment sind vor allem Sport, Musik, Comedy und Schau-spiel zu nennen. Alle zusammen können unter dem Begriff Event zu-sammengefasst werden. Im Falle des Einsatzes eines fremdinitiierten Events zu Zwecken der Markenkommunikation handelt es sich im Allgemeinen um Sponsoring, im Falle eines eigeninitiierten Events um Event-Marketing oder Sales-Promotion.[9] Letztendlich haben alle Maßnahmen des Branded Enter-tainments eine Gemeinsamkeit: sie kommunizieren auf emotionalem Weg und bieten den Rezipienten einen Mehrwert, wodurch es zu einer wesentlich stärkeren Bindung an die Marke kommt als bei klassischer Werbung.

Musik stellt für das Branded Entertainment einen idealen Content dar. Sie lässt sich leicht (digital) distribuieren und in fast alle Kommunikations-kanäle integrieren. Popmusik (im weitesten Sinne) bietet hinzu noch eine Erlebniswelt, die weit über das bloße Hören von Musik hinausgeht. Koope-rationen mit Popstars können vielfältig gestaltet werden und bieten unzählige Anknüpfungspunkte für *Crosspromotion*. Popstars sind Idole für ihre Fans und verfügen über eine enorme Macht als *Meinungsführer*. Sie haben meist

---

[7] Die Idee, den Programminhalt von Radio oder TV zu sponsern bzw. selbst zu produzieren, ist fast so alt wie das Radio selbst. 1924 kaufte in den USA die Washburn Crosby Company den Radiosender WLAG (kurz danach WCCO) und sendete die „Betty Crocker Cooking School". 1926 folgte unter dem neuen Konzernnamen General Mills das legendäre „Weathies Quartet", das den ersten Jingle der Welt sang, sowie 1932 die erste echte Soap Opera „Betty and Bob".

[8] Vgl. www.bahntv-online.de

[9] Vgl. Nufer G. 2006, S. 25

ein eindeutiges Profil und ein stark ausgeprägtes Image. Ihre Musikvideos
haben nicht selten den Charakter eines Werbespots für einen ganzen Lebens-
stil und somit auch für vollständige Produktpaletten. Ihre Musik bewegt die
Menschen und drückt oft das aus, was sich nicht in Worte fassen lässt. Auch
der Inhalt ihrer Songtexte kann (vor allem bei gesellschaftskritischen und
politischen Künstlern) Botschaften vermitteln, die auf andere Weise nicht
dieselbe Beachtung finden würden. Popstars sind daher als *Testimonials* für
viele Marken äußerst attraktiv und werden durch weitreichende Kooperationen immer mehr in die Markenkommunikation eingebunden.

Die Wahrnehmung der Werbewirtschaft seitens des Künstlers hat sich
mit dem oben bereits erörterten Paradigmenwechsel ebenfalls geändert.
Werbung wird nicht mehr als unvereinbar mit dem künstlerischen Anspruch
gesehen, sondern vielmehr als Chance zur Verwirklichung produktiver Syn-
ergien. Für so manchen Newcomer bedeutet eine Kooperation mit einem
Markenartikler eine beachtliche Unterstützung seiner Promotion, wie beispielsweise bei der Newcomer-Band „The Subways", deren Song „Rock 'n'
Roll Queen" aus ihrem Debütalbum 2006 für die neue Werbekampagne
„your fragrance, your rules, your song?" des *Hugo Boss* Parfums „Hugo" als
Hintergrundmusik verwendet wurde. Besondere Aufmerksamkeit erfuhr die
Band vor allem dadurch, dass in dem ersten TV-Spot der Kampagne die Zuschauer dazu aufgefordert wurden auf der Internetseite von *Hugo* ihren
Favoriten aus drei weitern Songs der Gruppe zu wählen, der dann in einem
weiteren TV-Spot zu hören war.

Auch Künstler, die bereits Megastars sind, freuen sich nicht nur über die
finanziellen Aspekte von Marken-Kooperationen. Christina Aguilera komponierte 2004 exklusiv für die Weltpremiere der zweiten Generation der
Mercedes-Benz A-Klasse den Song „Hello", der bei der Premiere von ihr
aufgeführt und als Hintergundmusik für die zeitgleiche Werbekampagne verwendet wurde. Sie profitierte von der weltweiten Medienpräsenz und veränderte gleichzeitig ihr Image, hin zu mehr Seriosität.[10] Für ein besonderes
Medienecho sorgte die Tatsache, dass der Song exklusiv von Mercedes-Benz
als kostenloser Download bereitgestellt wurde.

Ein Beispiel für eine besonders stark integrierte Form des Branded
Entertainment ist die seit 2003 in den USA vertriebene Marke *Scion* des
Automobilherstellers *Toyota*.[11] Die spitze Zielgruppe der Marke sind junge,
urbane und hip-hop-affine Amerikaner. Mit dem Ziel der Erreichung von
„Street Cred" (Slang: Akzeptanz und Glaubwürdigkeit) startete Scion 2005
ein eigenes Musiklabel, das unbekannte Hip-Hop-Künstler veröffentlicht
und promotet. Ziel ist dabei kein Gewinn des Labels, sondern die Förderung

---

[10] Hierbei sollte angemerkt werden, dass es ein entscheidender Charakterzug der
   Künstlerin ist, ihr Image regelmäßig zu wechseln.
[11] Siehe www.scion.com

der Künstler und die Positionierung als Nischenanbieter im Hip-Hop-Segment. In Medienberichten (und vor allem in der Blogosphere) wurde deshalb auch oft von einem „Non-Profit-Label" gesprochen. Inwieweit dies für Scion ein Erfolgsrezept ist, wird sich erst über einen längeren Zeitraum erweisen. Bis heute gibt es noch kein Beispiel für ein erfolgreiches Musiklabel, das von einem Markenartikler in Eigenregie geführt wird. Die Kompetenz, Popstars aufzubauen, liegt damit immer noch bei den eigentlichen Musikunternehmen.

4. Sponsoring von Popstars

Die wichtigste und am häufigsten anzutreffende Form der Kooperation mit Popstars ist das Sponsoring. Im Gegensatz zum Mäzenaten- oder Spendentum basiert Sponsoring auf dem Prinzip der Gegenseitigkeit[12] und gehört mit all seinen Facetten, wie bereits im vorherigen Kapitel erörtert, zu den Below The Line-Werbeformen. Die klassischen Sponsoringarten sind in erster Linie das Sportsponsoring, das Kultursponsoring und das Soziosponsoring. Neuere Formen des Sponsorings sind das Ökosponsoring, das Wissenschaftssponsoring, das Programmsponsoring und das Titelsponsoring.[13] *Popsponsoring* ist eine spezielle Ausprägung des Musiksponsorings, welches wiederum ein Teil des Kultursponsorings ist. Neben diesen Sponsoringformen lässt sich eine Vielzahl weiterer Kategorien nennen, die jedoch letztendlich in den eben genannten Sponsoringformen aufgehen. Beispielsweise kann ein Eventsponsoring, je nach Art des Events ein Sport-, Kultur- oder Soziosponsoring sein.

Als Abgrenzung des Popsponsorings gegenüber anderen Sponsoringarten ist festzuhalten, dass es sich hierbei um Sponsoring von *Popmusik* und deren soziokulturellem Umfeld handelt. Popmusik wird hierbei ganz allgemein und im weitesten Sinne als Musik der *Popkultur* verstanden. Nach dieser Definition ist Popmusik nicht deckungsgleich mit den häufig synonym verwendeten Begriffen populäre Musik oder Popularmusik, welche ganz allgemein die Musik beschreiben, die von der breiten Masse gehört wird und zu der auch Volksmusik oder beliebte Werke aus der Klassik gehören.

Gesponsert werden können Konzerte, Tourneen, Festivals, spezielle Events oder Produkte des Künstlers. Das eigentliche Ziel des Popsponso-

---

[12] Das Prinzip der Gegenseitigkeit bedeutet nicht zwingender Maßen, dass der Sponsor für die empfangene Leistung Finanzmittel aufbringt. Andere Formen der Sponsorenleistung sind z. B. Dienstleistungen (Dienstleistungssponsoring) oder Sachmittel (Sachmittelsponsoring).

[13] Beim Titelsponsoring trägt ein Objekt oder Event den Namen des Sponsors. Bekannte Beispiele sind z. B. die Allianz Arena in München oder ab August 2007 die T-Com-Bundesliga.

rings ist der *positive Imagetransfer* vom Künstler auf die Marke. Unterziele können dabei je nach Image-Situation und strategischer Positionierungsphase der Marke der Aufbau, die Modifikation oder die Stabilisierung eines Markenimages sein. Dies erfordert, abhängig vom jeweiligen Unterziel, eine nach strategischen Gesichtspunkten ausgerichtete Auswahl des Imageträgers.

5. Imagetransfer von Popstars auf Marken

Folgt man dem viel zitierten Identitäts- und Imagemodell von Birkigt und Stadler, so stellt das *Markenimage* eine Projektion bzw. das Fremdbild der *Markenidentität* dar, die das Selbstbild der Marke ist.[14] Parallel lässt sich dies auf das *Künstlerimage* übertragen. Als grundlegende Voraussetzung eines Imagetransfers müssen Künstler und Marke vom Rezipienten in einem positiven Zusammenhang wahrgenommen werden. Der zentrale Wirkungsmechanismus des Transfers liegt in der emotionalen *Konditionierung* der Marke durch das Image des Künstlers.[15] Bei Live-Events, wie z. B. Konzerten, kann davon ausgegangen werden, dass die Konditionierung aufgrund des kontinuierlichen Kontaktes bzw. deren zeitlichen Verteilung eine besonders starke Wirkung erzielt.[16] Der Imagetransfer findet auch in die andere Richtung statt. Allerdings fällt dieser wegen der wesentlich schwächeren Aufmerksamkeit gegenüber dem Sponsor als der gegenüber dem Künstler geringer aus.

---

[14] Vgl. Birkigt K., Stadler M. M. 1998, S. 23
[15] Vgl. Kloss I. 2003, S. 86 f.
[16] Vgl. Nufer G. 2006, S. 135

Abb. 1: Imagetransfer und Konditionierung beim Popsponsoring

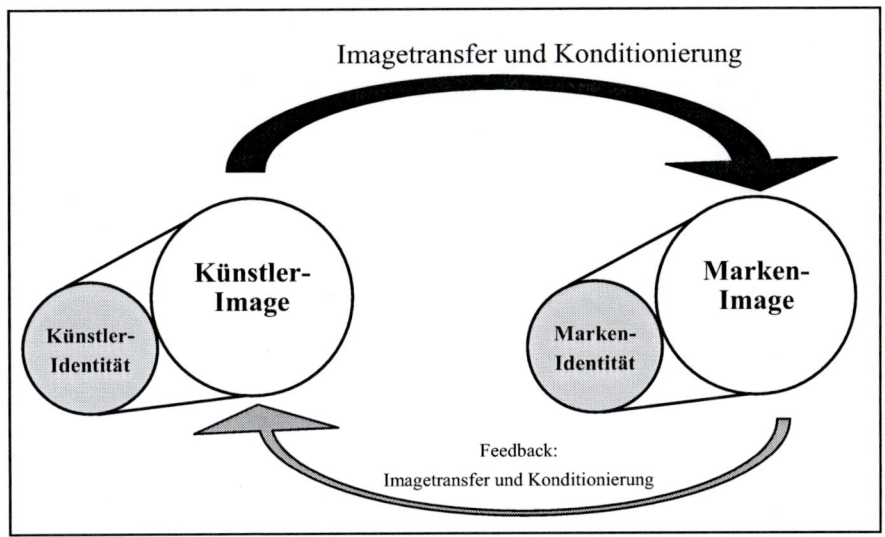

Eine große Rolle im Imagetransfer spielt der viel beschworene *Fit* zwischen Künstler, Marke und Zielgruppe (vgl. Abb. 2). In der Praxis, aber auch in der Theorie, fand bisher kaum eine Differenzierung zwischen maximalen und optimalen Fit, was nicht zwangsläufig ein und dasselbe sein muss, statt. Folgt man dem Erstmaligkeits-Bestätigungs-Modell von Weizsäcker, so kann eine Information nur dann eine handlungsstiftende Wirkung hervorrufen, wenn sie nicht zuviel Neues oder zuviel Bekanntes enthält.[17] Lasslop folgert daraus eine *Zone des wirkungsoptimalen Fit* zwischen Marke und Event.[18] Gesucht ist also nicht der maximale Fit, sondern die maximale Wirkung, die sich mit dem optimalen Fit entfaltet.[19]

---

[17] Vgl. von Weizsäcker E. U. 1974, S. 82 ff.

[18] Vgl. Lasslop I. 2003, S. 96

[19] In der Realität ist ein maximaler Fit zwischen Marke und Event nicht mit einem 100-prozentigem Fit gleichzusetzen, da dies als unrealistisch angenommen werden kann.

Abb. 2: Fit-Dreiecksbeziehung im Sponsoring

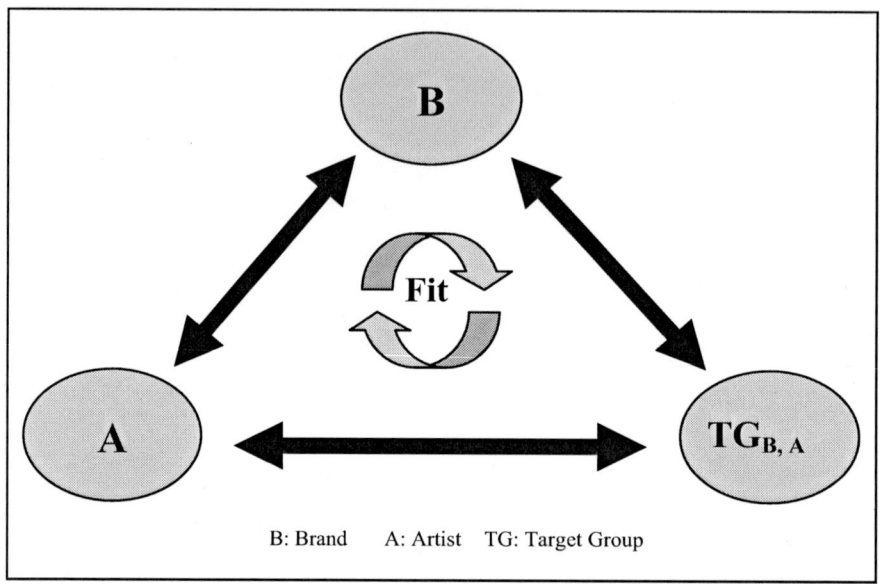

B: Brand   A: Artist   TG: Target Group

Diese Überlegungen lassen sich auf die Imagewirkung im Sponsoring und den Fit zwischen Marke und Künstler übertragen und um eine positive und negative Zone erweitern. Befindet sich der Fit in der positiven Zone, so kommt es auch zu einer positiven Wirkung. Entsprechendes gilt für die negative Zone, da bei einem extremen *Misfit* mit Reaktanzen auf der Rezipientenseite gerechnet werden muss. Um diese Situation zur versinnbildlichen, stelle man sich z. B. einen amerikanischen Ölkonzern als Sponsor eines Protestkonzertes gegen den Irakkrieg vor.

Abbildung 3 stellt eine aus dem Modell von Lasslop entwickelte, schematische Darstellung der Imagewirkungszonen dar. Je nachdem, ob das Ziel des Sponsorings der Aufbau, die Modifikation oder die Stabilisierung eines Markenimages ist, muss entsprechend ein Fit in der jeweiligen optimalen Zone gewählt werden. Es wird jedoch stets eine besondere Herausforderung sein, den richtigen Fit zu bestimmen, da aufgrund der in der Realität bestehenden Vielzahl komplexer und interdependenter Faktoren für einen Fit zwischen Marke und Künstler, nur bedingt mit Kennzahlen gearbeitet werden kann.

Abb. 3: Zusammenhang zwischen Fit und Imagetransfer

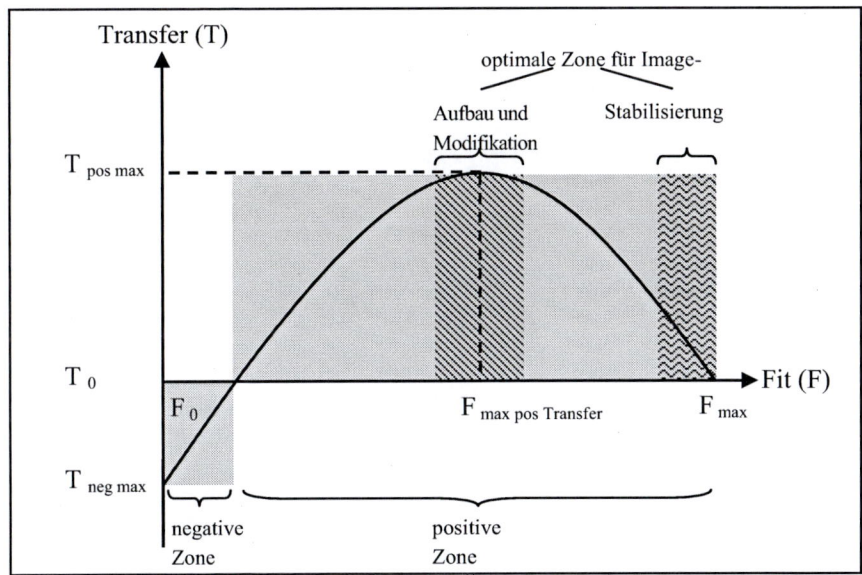

6. Künstlerwahl für Kooperationen

Für die richtige Wahl eines Künstlers zur Kooperation müssen im Rahmen eines Filterungsprozesses drei maßgebliche *Fit-Faktoren* berücksichtigt werden. Diese sind die Sound Identity (SI), die Zielgruppe und das Image (vgl. Abb. 4).[20]

Dass Popstars durch die Musik, die sie produzieren, eine bestimmte *Sound Identity* haben, versteht sich von selbst. Darin enthalten sind z. B. Stilrichtung (Genre), Instrumentarium, allgemeiner emotionaler Ausdruck[21], Klangfarbe sowie Stimme des Sängers. Aber auch Marken können über eine eigene Sound Identity verfügen, die als Teil der *Brand Communications* die *Brand Identity* repräsentiert.[22] Als erster Schritt der strategischen Planung von Kooperationen mit Popstars sollte daher festgestellt werden, welches

---

20 Selbstverständlich müssen Randbedingungen wie z. B. die Verfügbarkeit der Künstler oder Kostenaspekte bei der Künstlerwahl ebenfalls berücksichtigt werden.

21 Die SI der Sängerin Dido ist beispielsweise stark durch ihre Melancholie geprägt, während sich die Musik von Reggae-Popstar Shaggy durch Fröhlichkeit auszeichnet.

22 Ringe C. 2005, S. 50

Soundprofil die in Frage kommenden Künstler haben müssen, um den gewünschten Fit (vgl. Abb. 3) zu erreichen.

Abb. 4: 3-Faktoren-Modell der Künstlerwahl im Popsponsoring

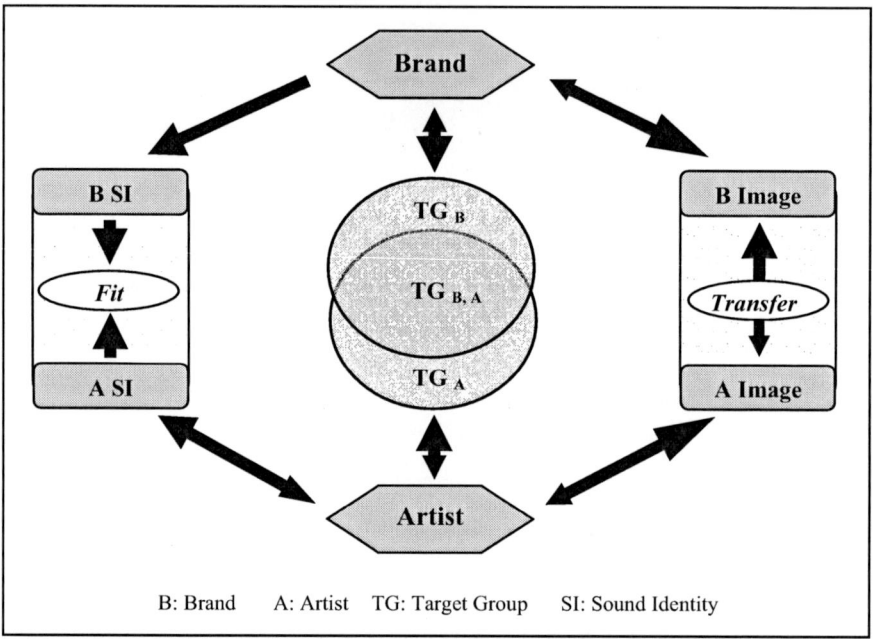

Als nächster Schritt sollten die Zielgruppen der relevanten Künstler mit der Zielgruppe der Marke verglichen werden. Hierzu gibt es ein weitreichendes Instrumentarium der *Zielgruppensegmentierung*, wobei die Wahl des Segmentierungsinstruments ganz von den Bedürfnissen der Marke abhängt.

Sind diese beiden Filterprozesse abgeschlossen, sollte nur noch eine kleine Auswahl der in Frage kommenden Künstler bestehen. In dem letzten und aufwändigsten Schritt müssen schließlich die relevanten Künstlerimages mit dem Markenimage verglichen werden, um den gewünschten Fit zu erreichen.

Im Zentrum der Identitäten von Marke und Künstler steht die jeweilige Persönlichkeit, die als Image von außen wahrgenommen wird und als ein angemessenes Maß für den Imageabgleich zwischen Marke und Künstler herangezogen werden kann. Für die Beschreibung von Persönlichkeit wurden diverse multidimensionale Modelle entwickelt. Eines der populärsten Modelle für die menschliche Persönlichkeit ist das *Five Factor Model (FFM)* von Costa und McCrae mit den „Big Five" genannten Dimensionen Neuroticism, Extraversion, Openness to Experience, Agreeableness und

Conscientiousness.[23] Bei der *Markenpersönlichkeit* haben sich vor allem die fünf Dimensionen von Aaker, Sincerity, Excitement, Competence, Sophistication und Ruggedness, durchgesetzt.[24] Bei einem Vergleich der Herleitung der Persönlichkeitsdimensionen von Menschen und Marken, wird deutlich, dass die beiden Modelle nicht in Einklang zu bringen sind. Eine Lösung dafür ist die Definition des Popstars als *Künstlermarke*.[25] Nach diesem Ansatz ist eine Kooperation zwischen Markenartiklern und Künstlermarken auch als Co-Branding zu verstehen. Der Imageabgleich von Marke zu Künstlermarke kann somit kongruent anhand der einzelnen Dimensionen von Markenpersönlichkeit durchgeführt werden.

7. Outlook

Das Bild der Werbung hat sich gewandelt. Werbung muss nicht nerven, Dinge behaupten, die gar nicht stimmen oder in die Irre führen. Sie muss nicht unmoralisch sein. Werbung kann dagegen cool und unterhaltend sein. Sie kann für die Verbraucher einen eigenständigen Mehrwert bieten, so dass sie von ihnen gezielt gesucht und sogar zum Kult erhoben wird.

Werbung, die dies schafft, hat auch mit Bravour ihre kommunikationspolitischen Ziele erreicht: das Generieren von Recall, Sympathie und Aufmerksamkeit gegenüber der Marke. Abgesehen davon können sich mit „guter" Werbung alle Beteiligten besser identifizieren. Dies betrifft sowohl diejenigen, die Werbung in Auftrag geben, als auch diejenigen, die sie produzieren. Werbung ist ein Aushängeschild der Marke und somit auch für Mitarbeiter etwas, hinter dem sie stehen wollen.

Popmusik als Ausdruck von Emotion und Leidenschaft stellt ein ideales Mittel der Kommunikation dar. Ihr popkulturelles Umfeld bietet für Marken ein unerschöpfliches Potenzial der Marktpositionierung. Kooperationen mit Popstars sind für beide Seiten attraktiv und ergeben bei richtiger Konzeption und Durchführung fruchtbare Symbiosen.

Selbstverständlich wird es auch im Pop immer werbefreie Zonen geben, da sich manche Künstler eben genau gegen diese Art des Kommerz und der Werbung wenden. Auch wird nicht jeder Künstler einen passenden Partner aus der Wirtschaft finden können und andersherum. Aufgrund des verschärften Wettbewerbs in der Markenkommunikation und der Neuorientierung in der Musikwirtschaft ist allerdings mit einem zunehmenden Aufkommen entsprechender Liaisons zu rechnen.

---

[23] Vgl. Costa P. T., McCrae R. R. 1995, S. 23
[24] Vgl. Aaker J. L. 1997, S. 352
[25] Vgl. Engh M. 2006, S. 11 f.; Clark T. 2003, S. 13

Literatur

Aaker J. L.: Dimensions of Brand Personality. In: Journal of Marketing Research, Vol. 34, No. 3, p. 347-356: 1997

Birkigt K., Stadler M. M.: Corporate Identity – Grundlagen. In: Birkigt K., Stadler M., Funck H. J. (Hg.): Corporate Identity. Grundlagen, Funktionen, Fallbeispiele, 9. Auflage. Landsberg am Lech: Verlag Moderne Industrie 1998

Bundesverband der Phonographischen Wirtschaft e.V. (Hg.): Phonographische Wirtschaft - Jahrbuch 2005. Starnberg: Keller Verlag 2005

Clark T.: Universal bittet Künstler zur Kasse. In: Financial Times Deutschland, S. 13, 24.03.2003: 2003

Costa P. T., McCrae R. R.: Domains and Facets: Hierarchical Personality Assessment Using the Revised NEO Personality Inventory. In: Journal of Personality Assessment, Vol. 64, No. 1, S. 21-50: 1995

Engh M.: Popstars als Marke. Wiesbaden: Deutscher Universitäts-Verlag 2006

GfK: WirtschaftsWoche Werbeklima-Studie I/2006. Expertenprognosen zur Entwicklung der Werbewirtschaft
URL: http://www.gfk.com/produkte/produkt_pdf/9/wk_2006_kompl.pdf
(Zugriff am 1.7.2006): 2005

Kloss I.: Werbung. Lehr-, Studien- und Nachschlagewerk, 3. Auflage. München: Oldenbourg Wissenschaftsverlag 2003

Lasslop I.: Effektivität und Effizienz von Marketing-Events. Wirkungstheoretische Analyse und empirische Befunde. Wiesbaden: Gabler 2003

Nufer G.: Event-Marketing. Theoretische Fundierung und empirische Analyse unter besonderer Berücksichtigung von Imagewirkungen, 2. Auflage. Wiesbaden: Deutscher Universitäts-Verlag 2006

Opaschowski H. W.: Kathedralen des 21. Jahrhunderts. Erlebniswelten im Zeitalter der Eventkultur. Hamburg: Germa Press 2000

Ringe C.: Audio Branding. Musik als Markenzeichen von Unternehmen. Berlin: Verlag Dr. Müller 2005

Weizsäcker E. U. von : Erstmaligkeit und Bestätigung als Komponente der pragmatischen Information. In: von Weizsäcker E. U. (Hg.): Offene Systeme I. Beiträge zur Zeitstruktur in Informationen, Entropie und Evolution, S. 82-114. Stuttgart: Klett-Cotta 1974

To set the Tone: Prinzipien der Medienmusikproduktion und -rezeption am Beispiel der Filmmusik

Matthias Hornschuh

Film- und Medienkomponist

1. Medienmusik

In Wahrheit geht kein ernsthafter Komponist aus anderen als materiellen Gründen zum Film.[1]

Von Komponisten wird erwartet, dass sie einen wilden Lockenkopf, schwarze Kleidung und einen exquisiten Rotweingeschmack haben. Als Künstler sollen sie zudem etwas Eigenes liefern, das sie – in Abgrenzung zum Kunsthandwerk – als glaubwürdige Instanz des Kreativen ausweist.

Medienkomponisten jedoch sind Auftragskomponisten. Sie sind nicht vornehmlich sich selbst oder einem „autonomen" Kunstbegriff verpflichtet, sondern den Absichten und Vorgaben ihrer Auftraggeber. Damit liegt die entscheidende Parallele zwischen der musikalischen Arbeit am Film, für die Werbung oder im Kommunikationsbereich nicht in der Musik selbst, sondern in der eigenen Rolle, in der Aufgabe, die der Komponist dem jeweiligen Projekt und dessen Verantwortlichen gegenüber wahrnimmt. Medien-musikalische Bezüge bedeuten für Komponisten immer eine Einordnung in – ggf. auch eine Unterordnung unter – die Vision desjenigen, der das Gesamtprojekt verantwortet. Allerdings ist das keineswegs gleichbedeutend mit der Aufgabe ästhetischer Maximen oder gar mit Selbstverleugnung. Im Gegenteil: Immer wieder muss man sich vergegenwärtigen, dass es nicht das Sequencerprogramm ist, dem man seinen Job verdankt, sondern die geschulte Kompetenz in der Gestaltung der musikalischen Ebene audio-visueller Medien – und sicher auch die eigene musikalische Persönlichkeit.

---

[1] Adorno T. W., Eisler H. 1949/1977, S. 59

Nicht für sich zu arbeiten, sondern einen essentiellen Beitrag zu einem von vielen Kreativen gestalteten Multimedium zu leisten, fordert die musikalische Persönlichkeit und kreative Ausdrucksfähigkeit des Komponisten. Viele Filmkomponisten sind neben ihrer Liebe zur Musik getrieben von einer Leidenschaft für Filme und für das Geschichtenerzählen. Auf jeden, der für Filme arbeitet, übt der Kinosaal eine geradezu erotische Anziehungskraft aus. Der Moment, in dem man zum Teil des Publikums wird, dessen Reaktionen unmittelbar spürt und erfährt, ob der geschaffene Hybrid aus Tönen und Bildern so ankommt, wie man es sich im Team erhofft hat, macht nicht nur die vielen Stunden im Studio, sondern auch manchen im Laufe der Arbeit notwendigerweise eingegangenen Kompromiss wett. Filme ermöglichen uns zu erfahren, dass das Ganze mehr ist als die Summe seiner Teile.

Um den vielfältigen Bezügen und Ansprüchen gerecht werden zu können, innerhalb derer sie sich bewegen, müssen Medienkomponisten eigentlich „multiple Persönlichkeiten" ausbilden: Zwischen den Vorstellungen und Vorgaben des Auftraggebers und dem Erreichen des Publikums liegt eine lange Wegstrecke, auf der die Rollen des Dienstleisters und des Künstlers für jeden Schritt neu ausbalanciert werden müssen.[2]

Dem Weg von der Produktion zur Rezeption folgt auch dieser Text. Nach dem kurzen Einblick in das Arbeitsfeld **Medienmusik** in diesem Abschnitt werden anhand des Spielfilms einige der Ansprüche und Perspektiven aufgezeigt, die im Laufe der **Produktion** die musikalischen Ergebnisse im Film beeinflussen. Ebenfalls anhand des Films werden die komplexen **Rezeption**sprozesse des Filmpublikums skizziert. Abschließend werden wichtige Aspekte von Film, Werbung und Audio-Branding zueinander in ein Verhältnis gesetzt. Dabei soll das Selbstverständnis von Medienkomponisten im Blick behalten werden: Es ist durchaus fraglich, ob sich Adornos und Eislers vorangestelltes Diktum belegen lassen wird.

2. Film(musik)produktion

Filmkomposition ist sicher keine „un-ernsthafte" Arbeit (s. o.), und kaum einer wird auf Dauer in diesem Markt bestehen, wenn er sich nicht persönlich durch Qualität auszeichnet. Immer wieder zeigt sich jedoch, wie schwer es ist, diese Qualität zu bestimmen; wie vielfältig die Bezüge sind, wurde bereits dargelegt. Dass es nicht sinnvoll sein kann, sich vom Qualitätsanspruch zu verabschieden, belegt allein schon die Tatsache, dass wir alle täglich aufs Neue Qualitätsunterschiede von Medienmusik erleben. Filmmusik kann

---

[2] Auch in diesem Aufsatz spiegelt sich eine solche multiple Persönlichkeit wider, denn der Autor ist einerseits ausgebildeter Musiker und andererseits studierter Musikwissenschaftler – und hat zudem als Komponist Musiken für Filme, Hörspiele und Theater wie auch AudioDesign für Radio und TV veröffentlicht.

ärgerlich sein, sie kann stören, sich falsch anfühlen. Doch sie kann uns auch überwältigen, mitreißen, zu Tränen rühren. Was sie hingegen nie tut, ist uns zu verraten, wer eigentlich verantwortlich ist für unser Empfinden von Qualität: Wollte der Komponist eigentlich Geigen zum Kuss?! War es der Cutter, der meinte, zur Verfolgungsjagd müsste „irgendwas mit Drumloops" gemacht werden?! Und kam die umwerfende Idee, schon vor dem Abspann mit der Abspannmusik zu beginnen, vielleicht vom Regisseur?! Man weiß es nicht. Ebensowenig wie sich am fertigen Film nachvollziehen lässt, wer die Idee für eine bestimmte Kamerafahrt oder die Farbe der Vorhänge hatte. Alles ist Teil eines Ganzen geworden, und das findet nurmehr statt in der Wahrnehmung des Publikums.

Doch in aller Regel sind die Dinge nicht zufällig so geworden, wie sie sind, sondern sie sind gemacht, gestaltet – Ergebnisse von Entscheidungen im Produktionsprozess.

Es scheint also nötig zu sein, zu unterscheiden: Zwischen dem Film (dem Produkt der Arbeit) in der Wahrnehmung und Bewertung des Publikums und dem Produktionsprozess, der sich im Nachhinein nicht mehr aus dem Film herauslesen lässt. Entsprechend muss in diesen Bereichen nach der Qualität der musikalischen Arbeit gesucht werden, und jede Bewertung kann nur anhand des konkreten Projekts erfolgen.

In und zumal vor der Produktion geht es oft erst mal gar nicht um die Musik. Das zentrale Moment, das über Job oder Nicht-Job entscheidet, ist ein besonders unberechenbares: Vertrauen. Ein Auftraggeber wird immer denjenigen Komponisten auswählen, dem er am ehesten zutraut, die konkrete Aufgabe am konkreten Projekt mit größter Sicherheit zu bewältigen.[3] Dieses Vertrauen zu gewinnen und zu pflegen ist eine Schlüsselqualität aus Sicht von Produktion und Regie.

Filmproduktion ist ein hochkomplexer Prozess, der nur dann inhaltlich befriedigend und ökonomisch erfolgreich sein kann, wenn es gelingt, ein Team von womöglich erheblicher Größe auf eine gemeinsame Vision einzuschwören. Der Musiker kommt dabei sehr oft erst in der letzten Produktionsphase, der Postproduktion, ins Spiel. Das kann die kreativen Spielräume einer umfangreichen musikalischen Arbeit schon aus Gründen des Zeitdrucks deutlich einschränken. Auf jeden Fall verhindert es eine dem Dreh vorangehende Abstimmung der Dramaturgie. Zu diesem Zeitpunkt gibt es seitens der Regie nur noch wenige Möglichkeiten, etwaige Mängel aus der Drehphase auszugleichen; der Druck auf alle Beteiligten steigt. Musik kommt da gerade recht, um mangelhafte Darstellerleistungen, dramaturgische Brüche, unschöne Schnitte im letzten Moment zu kaschieren. Das führt einerseits oft

---

[3] Daher ist die Freundschaft mit einem Regisseur nach wie vor der beste Jobgarant für einen Filmkomponisten.

zu zu viel Musik im Film und andererseits zu überhöhten Erwartungen an den Musiker.

Mit diesen Erwartungen umzugehen, stellt hohe Anforderungen an die soziale und kommunikative Kompetenz von Komponisten. Obwohl als Musikprofis ins Team geholt, entdecken sie, dass sie umgeben sind von Musikexperten: Jeder hat eine Meinung, jeder einen Geschmack, und fast immer gibt es tiefe musikalische Vorlieben und Abneigungen, auf die ein Musiker aber erst stoßen muss, bevor er sie berücksichtigen kann. Jerry Bruckheimers Dogma „No Horns!" ist da schon sprichwörtlich: Hier ist das Wort des Produzenten Gesetz – und das gilt auch für einen Hans Zimmer.

Ein Dilemma: Ein guter Komponist zeichnet sich durch ein besonderes Gespür und eine ausgeprägte Vorstellungskraft für filmische Atmosphären, Situationen und Kontexte aus, und er ist sehr flexibel, kann also Unterschiedlichstes in gleicher Ernsthaftigkeit und Qualität anbieten – doch dem privaten Geschmack des Regisseurs etwas entgegenzuhalten, ist schwer.[4] Mitunter muss man sich im Sinne des Films auf dieses Kräftemessen einlassen, doch in manchen Fällen ist es offensichtlich, dass die Vorstellungen des Anderen mit den professionellen Ansprüchen des Komponisten nicht vereinbar sind. Was dann ...?

Musik ist für die Auftraggeber riskant: Musik zu verstehen, Musik kreieren, gestalten, und dieses Wissen verbalisieren und argumentativ stützen zu können, bedeutet Macht über andere zu haben, machtvoll in den kreativen Prozess einzugreifen. Gerade die musikalische Kompetenz der Komponisten ist in der Fremdwahrnehmung oft angstbesetzt, da vermeintliches musikalisches Unwissen die Gefahr eines Statusverlusts und – schlimmer noch – des künstlerischen Autonomieverlusts in sich birgt. Ein durch Angst bestimmtes Verhältnis steht aber einer vertrauensvollen Zusammenarbeit im Wege.[5] Dabei besitzen derartige Irritationen durchaus kreatives Potenzial. Immer wieder erlebt man als Komponist, dass sich aus der Auseinandersetzung Lösungen ergeben, die vorher für die Beteiligten nicht vorstellbar gewesen wären. Doch Konflikte auf konstruktive Weise zu führen, setzt gegenseitiges Vertrauen voraus – und die nötige Zeit.

Sind Vertrauen und Zeit vorhanden, kann Musik einen Film enorm aufwerten. Gute Film- und Medienkomponisten beherrschen das Spiel mit kulturellen Codes, eine ihrer Kernkompetenzen besteht darin, Projekten (oder Produkten) einen Stil aufzuprägen, der diese unterscheidbar macht. Dieses

---

[4] Das ist in Werbung und Audio-Branding nicht anders – und beschränkt sich auch keineswegs auf die Person des Regisseurs, sondern gilt gleichermaßen für alle „Entscheider", beim Film etwa auch Produzent oder TV-Redakteur.

[5] Interessanterweise wünschen sich viele Komponisten, dass Regisseure auf Terminologie verzichten und statt dessen auf andere Weise zum Ausdruck bringen, was sie von der Musik erwarten.

Differenzbewusstsein für kulturelle Codes und die Fähigkeit, sich ihrer souverän zu bedienen, gewinnt stetig an Bedeutung, da sich allgemein geltende Geschmacksregeln kaum mehr ausmachen lassen. Das Wissen um die Erfolgsrezepte der Vergangenheit gehört in diesem Zusammenhang zur Basisausstattung.

Viel entscheidender als all das ist aber vielleicht die Tatsache, dass viele Filmmusiker eine Bereitschaft zur emotionalen Öffnung besitzen, die dem Gros der E- wie U-Kollegen abgeht.

Eine intensive musikalische Ausbildung und Praxis vermittelt neben musikalischem Handwerk auch die Fähigkeit, sich in die Perspektive der Zuhörer hineinzuversetzen. In diesem Sinne ist die Aufgabe des Komponisten ähnlich der eines Ghostwriters: Er muss die für das angepeilte Publikum verständlichen Formulierungen finden, die die von Regie und Produktion in Worten und Bildern erzählte Geschichte nebst allen affektiv-emotionalen, irrationalen, paraverbalen Aspekten mit den Mitteln der Musik in filmische Narration übertragen.

Insofern sollte kein Filmemacher – kein Kunde überhaupt – Angst vor musikalischer Sprachlosigkeit haben – solange er in der Lage ist, seine Geschichte und die damit verbundene Gefühlswelt in irgendeiner Form auszudrücken, wird er auch einen Komponisten finden, der sie in Musik zu übersetzen vermag.[6] Diese musikalische Empathie ist die Basis medien-musikalischer Arbeit und ein Beleg für die Richtigkeit der Feststellung, das Komponieren für den Film sei angewandte Psychologie.[7]

3. Film(musik)rezeption

Ich sehe Kino als die Hochzeit von Musik, Ton und Bild. Ich habe eine Leidenschaft fürs Kino und da ist im ästhetischen Sinne alles eigentlich gleichwertig.[8]

So selbstverständlich die vorangestellte Äußerung aus dem Munde Tom Tykwers auch klingt, sie entspricht nicht der Auffassung vieler anderer Film-schaffender und -theoretiker. Nach wie vor dominieren Filmkonzepte, die Film als primär visuelles Medium behandeln statt als genuin *multimedialen*, und damit prinzipiell unteilbaren Gesamtzusammenhang.

Auch in der Film(musik)wirkungsforschung dominierten lange Zeit triviale materialistische Konzepte des Films als einer Bilderfolge, die eine mehr oder weniger eindeutige (Be)Deutung zwingend vorgibt.[9] Für die Film-theorie ist festzustellen, dass die Anerkennung eines genuin *multimodalen*,

---

6 Vgl. Weidinger A. 2006, S. 58 ff. & S. 154
7 Vgl. Rösing H. 1975, S. 139
8 Tom Tykwer im Interview mit dem Autor (1998, unveröffentlicht)
9 Vgl. Klüppelholz W. 1998, S. 295 ff.

d. h. mehrere Sinne ansprechenden, komplexen Zusammenhangs häufig nicht stattfindet. Die sorgfältige Gestaltung, so sie der Tonspur denn zukommt, wird nicht als unverzichtbarer Bestandteil des filmischen Ganzen, sondern als später beigefügte Zutat verstanden;[10] die gelegentliche Rede von Filmmusik als musikalischer "Sauce" ist in diesem Sinne viel sagend.

Doch beim starren Blick auf die Chronologie des Produktionsprozesses wird das Publikum ausgeblendet. Für den Wahrnehmenden ist es irrelevant – und kaum nachvollziehbar –, in welcher Reihenfolge die Gestaltungselemente des Films hergestellt und zusammengefügt wurden. Das mag zu Stummfilmzeiten anders gewesen sein, als man die Produktion der Musik zu einer fertigen Bilderfolge im Kino live miterlebte. Doch Film ist schon lange nicht mehr visuelles Medium plus Musik. Wahrnehmungspsychologisch war er es nie.

Die Erkenntnis, dass Musik und Sound als Bausteine der filmischen Produktgestalt sowie als Elemente filmischer Wahrnehmung nicht für voll genommen werden, passt zu der grundsätzlichen Feststellung, dass nach einem Jahrhundert Filmgeschichte erstaunlich vieles offen ist, wenn es um die Musik im Film geht – angefangen mit der Frage, was überhaupt zur Filmmusik zählt: nur der Score, also die nach dramaturgischen Maßgaben eigens für einen Film produzierte Musik, oder auch so genannte Source-Musik? Was ist mit präexistenter "E"-Musik, was mit Popsongs? Sollten womöglich – an Stelle filmischer – musikimmanente Merkmale herangezogen und nach den Kriterien einer wie auch immer zu bestimmenden Avantgarde bewertet werden, um entscheiden zu können, ob etwas "richtige" Filmmusik ist oder nicht? Auch stellt sich die Frage nach den Grenzen zwischen Sounddesign und Filmmusik.

Doch aus Sicht eines Kinopublikums sind viele dieser Fragen rein akademisch. Während auf Seiten geschulter Filmprofis analytische bis atomistische Wahrnehmungsstrategien dominieren, also solche, die die einzelne Einstellung oder den konkreten Musikcue bewerten, sucht das Publikum insgesamt eher ein ganzheitliches, sinnliches Erlebnis. Während also die Profis mit der Frage nach dem *Wie* beschäftigt sind, lassen sich die Konsumenten viel stärker auf das *Was* ein, was zu einer einfachen Schlussfolgerung führt: Filmleute (und mutmaßlich auch Kritiker und Wissenschaftler) nehmen anders und Anderes wahr als durchschnittliche Kinobesucher. Und das hat Folgen: für die Produktion von Filmen, für die Kritik an und den wissenschaftlichen Umgang mit ihnen. Letztlich, und das ist entscheidend, spiegelt es sich auch im Verhältnis zum Publikum wider.

Es lohnt sich, den Begriff des *Wahr-Nehmens* etwas genauer zu betrachten. Er verweist auf die Kombination einer Tätigkeit (nehmen) mit einer Bewertungsinstanz (wahr - unwahr). Den Wahrnehmenden muss man sich

---

[10] Auch das gilt gleichermaßen für Film, Werbung und Audio-Branding.

also als eine handelnde (also nicht filmische Reize passiv aufnehmende) und
bewertende (also nicht Vorgegebenes fraglos akzeptierende, sondern
selbständig Ordnungen erzeugende) Person vorstellen.[11]

Es wurde bereits ein weiterer Aspekt benannt, der daran anknüpft: Die
„Ganzheitlichkeit" des Erlebens. Aus neurophysiologischer und wahr-
nehmungspsychologischer Sicht ist davon auszugehen, dass Menschen nicht in
der Lage sind, Bild- und Toninformationen prinzipiell voneinander zu
trennen.[12] Erst allmählich beginnt man zu verstehen, wie die Zuordnung eines
physikalischen Stimulus zu einer Sinnesmodalität vonstatten geht. Diese Zuordnung ergibt sich nicht automatisch aus der physikalischen Struktur einer
Reizkonstellation, sondern sie ist vielmehr Ergebnis eines auswählenden und
zuordnenden Prozesses.[13]

Das Prinzip der *intermodalen Wahrnehmung* bezeichnet die assoziative
Verknüpfung bzw. Analogiebildung zwischen disparaten Sinnesreizen (vgl.
Artikel M. Haverkamp). Im Kino ist eine solche Form des direkten Aufeinander-
beziehens – oder besser: unmittelbaren Ineinanderverschränkens – unverzichtbar: Wir wissen, wie die Person aussieht, deren Stimme wir hören, deren Bild
wir aber nicht (mehr) sehen. Die Filmtheorie bezeichnet die spezifische
Ergänzungsleistung, die das Publikum erbringt, indem es Nicht-Gezeigtes
bzw. Nicht-Gesagtes gedanklich ergänzt, als Ellipse. Als intermodale
Wahrnehmung interpretiert, handelt es sich jedoch nicht um eine ergänzende,
sondern um eine unmittelbar beziehende Leistung: Wir fügen nicht einer
Empfindung etwas hinzu, sondern empfinden den Bezug direkt mit. So wie
wir nicht eine Person im Film sehen, sondern ein Bild, das auf das Konzept
einer Person verweist, hören wir eine Stimme (oft diejenige eines Synchron-
sprechers, kaum jedoch diejenige der gemeinten, also dargestellten Person),
die wir auf das Konzept beziehen. Wir brauchen also nicht ein Bild zur Stimme zu ergänzen, sondern müssen lediglich einen Bezug zum Konzept herstellen.

Das ist wiederum für den Einsatz und das Verständnis von Musik im Film
wichtig, denn es besagt, dass sich aufgrund einer Hörempfindung die Wahrnehmung der zeitgleich präsentierten Bildfolge erheblich verändern kann. In
diesem Fall ändert sich für den Rezipienten nicht das Verhältnis der Bilder zu
den Tönen (er hat ja üblicherweise beides niemals ohne einander kennen

---

[11] Zudem auch als eine, die sich freiwillig in die Rezeptionssituation begibt – ein
wesentlicher Unterschied insbesondere zur Werbung.

[12] Rösing H. 1998, S. 451 ff.

[13] Daraus ergibt sich übrigens auch, dass sich die Annahme simpler Reiz-
Reaktions-Muster verbietet: Das Problem beim Film ist, wie Klüppelholz sagt,
dass bei ihm „buchstäblich alles mit allem zusammenhängt" (Klüppelholz W.
1998, S. 295), d. h. jedes Verschieben eines einzelnen Parameters kann die
Bedeutung aller anderen Parameter verändern.

gelernt), sondern es ändern sich ganz konkret die Bilder und Töne selbst – und damit der Film.[14] So lassen sich nicht länger Modelle filmischer Wahrnehmung rechtfertigen, die erstens eine prinzipielle Dominanz visueller Stimuli behaupten und zweitens unterstellen, die für die *Filmanalyse* plausible Kategorie "Bild-Ton-Beziehung" sei für die *Filmrezeption* gleichermaßen relevant.

Darüber hinaus lässt sich so ein Phänomen erklären, das seit den ersten Versuchen der Kombination von Musik und Stummfilm beschrieben und vielfach kritisiert wurde: Filmmusik bemerke man immer erst dann, wenn sie aufhöre[15] – bzw., wie Kurt London[16] meinte, die beste Filmmusik sei die, die „unbemerkt" bleibt. Wenn die disparaten Sinnesreize der Ton- und Bildebene in der Wahrnehmung nicht neben- sondern ineinander existieren, sind solche Beobachtungen leicht zu erklären; das „besondere Verschwinden der Musik im Film"[17] gehört zu den Eigenarten des Filmerlebens, die eben nicht spezifisch filmisch sind, sondern vielmehr allgemein menschlich: Obwohl man als Fußgänger auf einer viel befahrenen Straße keinen Moment daran zweifeln würde, von Lärm umgeben zu sein, nimmt man diesen solange nicht bewusst wahr, wie man sich auf Anderes konzentriert. Das Abbrechen des Lärms würde einem jedoch sofort bewusst werden.

Die Tonspur eines Filmes tritt in diesem Sinne an die Stelle der natürlichen Umgebungsgeräusche, die uns selbstverständlich sind (wir sehen nie ohne zu hören), und wird so zu einem Teil der Umgebung[18]. Musik muss daher keineswegs ständig bewusst wahrgenommen werden, um ihren vollen Einfluss auf die übrigen Ebenen (Handlung, Dialog, Bilder) entfalten zu können. Indem sie uns einen von vielen filmischen Subtexten anbietet, kann sie äußerst subtil unser Verständnis lenken und ist, je nach Genre, Motor der Narration.

Es ergibt sich das Bild eines Rezipienten, der Bestimmtes aus dem (multi)medialen Angebot selektiert, aktiv aufeinander bezieht und mit erheblichem mentalem Eigenanteil ein filmisches Ganzes konstruiert, das erst in der individuellen Wahrnehmung seine volle Gestalt erhält. Caryl Flinn beschreibt den filmischen Wahrnehmungsprozess folgendermaßen: „There is no separation of I see in the image and I hear on the track. Instead, there is the

---

[14] Vgl. Bullerjahn C. 2001, S. 173, 297 ff.

[15] Arnheim R. 1932, S. 304 f.

[16] London K. 1937, S. 37

[17] Thiel W. 1981, S. 34

[18] Das gilt natürlich nicht immer und für jeden filmischen Zusammenhang, sondern eher für die Momente, in denen man sich völlig ins Kinogeschehen versenkt. Kontextabhängig tritt Musik ja durchaus gelegentlich in den Vordergrund.

I feel, I experience, through the grand total of picture and track combined."[19] Speziell in der amerikanischen Literatur ist daher oft die Rede von der *Cinema Experience*, dem Kinoerlebnis – ein Begriff und ein Verständnis, die geeignet sind weiterzuhelfen, da sie vermeiden, bereits im Ansatz des "Film-Sehens" die visuelle Komponente überzubetonen.[20]

Damit ergibt sich wiederum eine bedeutende Implikation für die filmische Produktgestalt: **Der Film ist nicht derselbe ohne seine Musik**. Tauscht man die Musik aus oder analysiert die Bildebene stumm, ändern sich damit auch die Bilder in der Wahrnehmung des Publikums – und umgekehrt.[21]

Nachdem deutlich wurde, dass es grundsätzlich unterschiedliche Strategien der Filmwahrnehmung gibt, ist prinzipiell davon auszugehen, dass Profis und Laien von unterschiedlichen Filmen reden. Dass das durchaus auch der Fall sein kann, wenn Vertreter von Produktion und Regie sich mit Musikverantwortlichen auseinandersetzen, wurde bereits dargelegt.

Zurück zur Film(musik)praxis. Die Vielfalt der Ansprüche, die an Filmmusik gestellt werden, ist enorm. Neben dramaturgisch-narrativen Funktionen hat die Musik eine Reihe weiterer Funktionen zu erfüllen, die oft weit über den konkreten Filmzusammenhang hinausreichen („Metafunktionen"). Filmsongs sollen nicht nur die Promotion des Films unterstützen, sondern darüber hinaus auch die des Soundtrack-Albums und natürlich die der Interpreten. Crossmarketing nennt sich dieses Prinzip, das allen Beteiligten Refinanzierung und Gewinnmaximierung ermöglichen soll. Das kann man kaum kritisieren, Filme kosten halt viel Geld, und Kooperationen helfen dieses aufzubringen. Gleichwohl führen die gelegentlich resultierenden Filmkonzepte aus der Marketingabteilung in eine Sackgasse.[22] Es ist kaum möglich, Filmerfolg *durch* Musik zu planen, doch es ist durchaus möglich, bestimmte Fehler zu vermeiden.

So sehr uns Musik individuell packen und berühren kann – als soziales Phänomen ist sie immer auch Gruppenereignis. Das hohe Involvement der Kinosituation, die ja immer auch ein Gruppenerlebnis bietet, die Entscheidung für einen Kinobesuch, unser medial geprägtes Vorwissen über das, was ein

---

[19] Flinn C. 1992, S. 46

[20] Interessant übrigens, dass im angloamerikanischen Raum die Zuschauer (!) als *Audience* bezeichnet werden ...

[21] Diese Erkenntnis stellt die Validität der Designs vieler Arbeiten der Wirkungs- und Marktforschung im Bereich Film- und Werbemusik in Frage.

[22] Hier liegt womöglich das Geheimnis von Filmen wie *Pulp Fiction* oder *Lola rennt*. Tom Tykwers Sensationserfolg bot dem Publikum eine Vision UND ein cleveres Marketingkonzept. Indem der Film – besonders auch über die Musik – in die Popkultur außerhalb der Kinos integriert wurde, erhielt er jene lebensweltliche Aufladung, die letztlich auch jede Popmusik zu mehr macht als reinem Klang.

Film uns bieten wird (oder soll), die Reflexion des Erlebten nach dem Film –
all das sind Alleinstellungsmerkmale des Kinofilms.[23] Auch die Musik im
Film – und zwar jede – ist konstitutives Element dieses sozialen Ereignisses.
Wenn in *Lola rennt* der Rhythmus der Musik[24] das Adrenalin in die Höhe
treibt, wenn in *The Matrix* Don Davis' orchestraler Wall of Sound das
Publikum anfangs minutenlang atemlos macht oder in *Das Leben der Anderen*
die lyrischen Orchesterklänge[25] das Publikum behutsam und unaufdringlich
durch den Film geleiten, dann trägt das zur Vereinheitlichung des Publikums
bei und prägt den ganzen Film.

Sinnstiftend sind letztlich „die Kontexte [...] und nicht, in erster Linie, die
Texte."[26] Die Kontexte im Blick zu haben – das könnte eines der Geheimnisse
erfolgreicher Musikarbeit in den Medien sein. Je enger ein Film ästhetisch an
eine konkrete (sub)kulturelle Strömung anschließt, desto eindeutiger wird er
(pop)kulturell verortbar. Da Gruppenidentität grundsätzlich über die
Unterscheidung „Wir <–> Nicht-Wir" bestimmt wird, schließt man mit dem
Bekenntnis zu den kulturellen Codes einer Gruppe die Mitglieder anderer
Gruppen aus.[27] Damit engt man den Ausschnitt des erreichbaren Publikums
ein, sofern man es nicht schafft, aus einer Rand- in eine Mittellage zu
wechseln und die kulturellen Codes des Films (bzw. der Filmmusik) in den
Mainstream zu importieren.[28] Dass sich ein solcher Erfolg nicht kalkulieren
lässt, muss an dieser Stelle kaum mehr betont werden – dass die erfolgreiche
Positionierung in der Popkultur nicht zwingend identisch ist mit ökono-
mischem Erfolg hingegen schon.[29]

Der Actionfilm *Judgement Night*, der 1993 mit einem spektakulären
Soundtrack auf sich aufmerksam machte, auf dem – erstmals – Hip Hop- und
Metal-Acts kooperierten, importierte das, was man anschließend „Crossover"
nannte, in den Mainstream. Die CD erregte höchste Aufmerksamkeit und stieg
hoch in die US-Charts ein. Der Score von Alan Silvestri spielte in der
öffentlichen Wahrnehmung überhaupt keine Rolle – doch im Film galt genau
das für die Songs, denn sie tauchten dort kaum auf. Hier wurde durchaus
clever zunächst auf popkulturelle Verankerung gesetzt, anschließend die damit

---

[23] Diese Differenzierung gilt speziell im Vergleich zur Kinowerbung: Es findet
keine Entscheidung für sie statt, sondern sie wird lediglich in Kauf genommen.

[24] Musik: Tom Tykwer, Reinhold Heil und Johnny Klimek

[25] Musik: Gabriel Yared und Stéphane Moucha

[26] Pauli H. 1981, S. 190

[27] Bahrdt H. P. 1992, S. 86 ff.

[28] So geschehen etwa bei *Pulp Fiction*, der eine klar sozial verortete Musikfarbe in
einen Massenmarkt trug und dort als Rolemodel etablierte.

[29] Die Popmusikforschung unterscheidet übrigens kommerziellen Erfolg grundsätzlich von „cultural" bzw. „peer influence". Danke für diesen Hinweis an
Prof. Dr. Jan Hemming.

erreichte Zielgruppe jedoch verprellt ... Ein Marketingkonzept, das nichts mit dem Inhalt des vermarkteten Produkts zu tun hatte, verursachte eine kognitive Dissonanz[30]: Das über die Musik transportierte Image des Filmes stand im Widerspruch zur Wahrnehmung des Films selbst, der viel konventioneller klang als verheißen. Cooler Soundtrack, uncooler Film: schlechte Mundpropaganda sorgte dafür, dass *Judgement Night* bei uns gar nicht erst ins Kino kam, sondern erst Jahre später in die Videotheken. Ein Beispiel für misslungenes Audio-Branding beim Film.[31]

Im Sinne eines solchen Audio-Brandings für Filme ist Coolness sicher ein gangbarer, aber nicht immer der klügste Weg, einen Film akustisch auszuzeichnen. Denn Coolness ist immer nur für einen kleinen Teil des potenziellen Publikums als solche erkennbar und akzeptabel. Komponierte Filmmusik hingegen hat das Potenzial, jenseits solcher kultureller Fallstricke zu wirken.[32] Hier machen sich eher filmimmanente Kategorien bemerkbar, die zu einer Verortung des Films innerhalb der Filmlandschaft führen. Der „Zimmer-Sound" ist längst ein klares Markenzeichen, Filmliebhaber wissen in etwa einzuschätzen, was sie erwarten dürfen, wenn ein John Barry (*James Bond*), ein John Williams (*Star Wars*) oder eine Rachel Portman (*The Cider House Rules*) für einen Film gecastet wird.

Wenn alles gut geht im Produktionsprozess, gewährleisten die Urheber der Filmmusik durch ihre Arbeit einen roten Faden, eine musikalische Einheitlichkeit des Gesamtprodukts. Wenn sich diese über eine CD-Veröffentlichung für die Promotion des Films nutzen lässt, umso besser. Dass die avantgardistischen Filme eines Peter Greenaway auf das gleiche Verortungsprinzip rekurrieren, indem sie mit den spröden Musiken von Michael Nyman die erwartete „Anti-Hollywood"-Ästhetik bedienen, ist interessant, vor dem geschilderten Hintergrund aber nicht weiter erstaunlich: Was für die Filmemacher eine konsequente Ästhetik ist, generiert beim Publikum eine Erwartungshaltung, deren Beachtung wohl durchaus auch eingefordert werden würde, sollte Greenaway jemals mit Hans Zimmer arbeiten.

Die anfängliche Aussage Tom Tykwers kann letztlich in ihrer Bedeutung kaum hoch genug eingeschätzt werden und muss darüber hinaus ergänzt werden: Nicht nur *im ästhetischen Sinne* ist im Film *alles eigentlich gleich-*

---

[30] Behne K.-E. 1994, S. 83
[31] Misslungen zumindest aus Sicht der Filmproduzenten. Ein interessanter Fall von Branding, denn tatsächlich ist bis heute der Filmtitel tief eingebrannt bei vielen, die damals eine Affinität zur entsprechenden Musik besaßen. In diesem Sinne hat das Branding als Prinzip mentaler Einflussnahme bestens funktioniert – seine grundlegende produktbezogene Marketingfunktion hat es jedoch verfehlt.
[32] Nur *weil* solche Filmmusik nicht cool sein muss, kann der Komponist es sich leisten, sich zu öffnen und emotional, intim, dramatisch usw. zu arbeiten.

wertig, sondern auch im psychologischen, d. h. in der Wahrnehmung des Publikums. Die skizzierte Annahme einer prinzipiellen Dominanz der visuellen
Aspekte des Films ist nicht nur Anzeichen einer – ästhetisch wie ökonomisch – problematischen Einseitigkeit auf Seiten der Macher, sie ist zugleich
Hinweis auf eine prinzipielle Fehleinschätzung der Filmrezeption. Während
die amerikanische Filmindustrie das in ihrer kompromisslosen Publikumsori-
entierung längst verinnerlicht hat, lässt sich in deutschen Spielfilmen der vergangenen Jahre die ermutigende Tendenz erkennen, die Ton- und Musik-
gestaltung zu einem vollwertigen Element filmischer Narration aufzuwerten.

4. Filmmusik, Werbemusik, Audio-Branding

Die ausschnitthafte Schilderung der Produktions- und Rezeptionsprozesse
beim Spielfilm hat gezeigt, wie komplex und zu erheblichen Teilen unkon-
trollierbar das Verhältnis von Produkt und Publikum beim Film ist.

Die Wirkungsmacht des Auditiven basiert auf der aktiven Mitwirkung der
Wahrnehmenden. Es ist daher wichtig, frühzeitig mit den Ohren des Publikums zu hören. Dafür ist Expertise gefragt, sei es die der Komponisten oder
die von Musikberatern. Filmmusik, Werbemusik und Audio-Branding können
niemals *gegen* das Publikum funktionieren, soviel ist klar.

Doch wie man das Publikum auf seine Seite holt, dafür gibt es keine
Patentrezepte. Wahrscheinlich muss man sich, um im Bild zu bleiben, eher auf
die Seite des Publikums begeben. D. h. man sollte versuchen, es möglichst gut
zu kennen. Und man muss es ernst nehmen – ohne sich ihm anzubiedern und
aufzudrängen.[33] Ein Job für Spezialisten. Strukturell betrachtet sind Kino- und
TV-Werbung Sonderformen des Films. Hinsichtlich der Inhalte wie der Publi-
kumsansprache jedoch unterliegen ihre Produktion und Rezeption anderen Bedingungen. Bei der Werbung lässt sich der Anspruch der Auftraggeber an das
Medium (und damit auch an die Musik) klarer fassen als beim Film: Werbung
ist botschaftsorientiert und soll im Regelfall den Absatz eines Produktes an-
kurbeln. Eine klarere Zielgruppenorientierung bedingt zudem, dass Teile des
Publikums ausgeschlossen werden von der Teilnahme an der musikalischen

---

[33] Anbiederung wird schnell als Manipulationsversuch empfunden, dem wiederum
mit Abwehr begegnet wird. Wenn es um Images geht, reichen Aufmerksamkeit
und Verstandenwerden nicht aus – und das gilt vermutlich für alle drei hier
angesprochenen Felder, selbst für die Werbung. Nerviges, Aufdringliches sollte
vermieden werden. Botschaften müssen, wie Luhmann (1996, S. 87) über die
Werbung sagt, in eine „schöne Form" gepackt werden, um ihre Plakativität zu
verdecken. Die Bereitschaft, sich manipulieren zu lassen, wird vor allem durch
ästhetischen Genuss erreicht, der – wenn man so will – die effektivste Form der
Manipulation ist. Ästhetisch-künstlerischer Anspruch ist hier also kein
Hindernis, sondern vielmehr Erfolgsrezept – solange es um Kunst geht, die ein
Publikum für sich einnehmen will, statt es zu verschrecken.

Kommunikation; das ist besonders auffällig in der Werbung für jugendaffine Produkte.

Audio-Branding, also die musikalische Oberflächengestaltung von akustischen oder audiovisuellen Medien, weist als nicht-filmische Form andere strukturelle Funktionen auf als reine Werbemusik. Strukturierung, Segmentierung, Ritualisierung sind einige davon; zugleich ermöglicht Audio-Branding die sinnliche Erfahrung einer Unternehmenskultur und damit die Kommunikation affektiver und nicht ohne Weiteres verbalisierbarer Eigenschaften. Neben der Vermittlung eigener positiver Eigenschaften dient Audio-Branding auch der Distinktion, der Unterscheidbarkeit im Markt.

Was die Rezeption anbelangt, muss Audio-Branding, je nachdem, wen oder was es repräsentiert, unter Umständen ein Massenpublikum ansprechen, wobei es verständlich, eingängig und memorierbar sein muss. Grundlegendes Prinzip ist dabei Kontinuität: Die musikalische Grundstruktur muss verlässlich und unverändert bleiben, während die klangliche Verpackung behutsam dem Zeitgeist folgen kann. So hat sich die *Tagesschau* (ARD) in rund 50 Jahren neunmal klanglich verjüngt (❏ vgl. Artikel G. Spehr), während das ZDF-Pendant *heute* im gleichen Zeitraum gut doppelt so oft aktualisiert wurde. Bei beiden Formaten aber blieb im gesamten Zeitraum das jeweilige Motiv unverändert.[34]

5. Fazit

Im Film ist die Musik ein wirkungsmächtiger Miterzähler, das haben die vergangenen Ausführungen gezeigt. Die Kreativen an dieser psychologischen Schnittstelle verdienen es, dass man ihrer Arbeit einen größeren Wert beimisst, einerseits durchaus in Form von Geld, aber auch durch mehr Zeit und frühen Einbezug in die Produktion. Unter optimalen Entstehungsbedingungen kann Filmmusik weit mehr als die Mindestanforderungen des Produzenten erfüllen; sie kann dem Film einen sinnlich erfahrbaren Mehrwert und eine stilistische Aufwertung verleihen. Dass Film- und Medienkomponisten ihre Aufgabe nur mit Leidenschaft und Professionalität bewältigen können, sollte deutlich geworden sein. Ob sie ihr hingegen allein aus „materiellen Gründen"[35] treu bleiben, das wäre Stoff für einen weiteren Aufsatz ... Eines zumindest ist klar: Eine gute Musik kostet Zeit und Geld – und sie ist beides wert.

---

[34] Wehmeyer R. 2000, S. 305
[35] Vgl. Anmerkung 1

Literatur

Adorno T. W., Eisler H.: Komposition für den Film. Textkritische Ausgabe hrsg. von Klemm E. Leipzig: VEB Deutscher Verlag für Musik 1949/1977

Arnheim R.: Film als Kunst, Neuausgabe. München: Hanser 1932/1974

Bahrdt H. P.: Schlüsselbegriffe der Soziologie. Eine Einführung mit Lehrbeispielen. München: C.H. Beck 1992

Behne K.-E.: Gehört. Gedacht. Gesehen. Zehn Aufsätze zum visuellen, kreativen und theoretischen Umgang mit Musik. Regensburg: ConBrio 1994

Bullerjahn C.: Grundlagen der Wirkung von Filmmusik. Augsburg: Wißner 2001

Flinn C.: Strains of Utopia: Gender, Nostalgia, and Hollywood Film Music. New Jersey: Princeton University Press 1992

Klüppelholz W.: Thesen zu einer Theorie der Filmmusik. In: Kopiez R. et al. (Hg.): Musikwissenschaft zwischen Kunst, Ästhetik und Experiment. Festschrift Helga de La Motte-Haber zum 60. Geburtstag, S. 295-300. Würzburg: Koenigshausen u. Neumann 1998

Kopiez R. et al. (Hg.): Musikwissenschaft zwischen Kunst, Ästhetik und Experiment. Festschrift Helga de La Motte-Haber zum 60. Geburtstag. Würzburg: Koenigshausen u. Neumann 1998

London K.: Film Music. London: Faber & Faber 1937

Luhmann N.: Die Realität der Massenmedien. Opladen: Westdeutscher Verlag 1996

Pauli H.: Filmmusik: Stummfilm. Stuttgart: Klett-Cotta 1981

Rösing H.: Funktion und Bedeutung von Musik in der Werbung. In: Archiv für Musikwissenschaft, 32. Jahrg., H. 2., S. 139-155: 1975

Rösing H.: Musik – ein audiovisuelles Medium. Über die optische Komponente der Musikwahrnehmung. In: Kopiez R. et al. (Hg.): Musikwissenschaft zwischen Kunst, Ästhetik und Experiment. Festschrift Helga de La Motte-Haber zum 60. Geburtstag, S. 451-463. Würzburg: Koenigshausen u. Neumann 1998

Thiel W.: Filmmusik in Geschichte und Gegenwart. Berlin: Henschel 1981

Wehmeyer R.: Musik im Fernsehen. In: Kloppenburg J. (Hg.): Musik multimedial. Filmmusik, Videoclip, Fernsehen. Laaber: Laaber-Verlag 2000

Weidinger A.: Filmmusik. Konstanz: UVK 2006

Akustische Marke oder Hörmarke?
Rechtliche Einordnung und Vergütungsmodelle

Marcus Loeber

KCM musicproductions & publishing, Hamburg/Seevetal

Einleitung / Ausgangssituation

Neben dem Inhalt der Kreation ist es wichtig, sich Gedanken über den Schutz des Produktes vor Nachahmung und unerlaubter Benutzung zu machen. Gibt es auch ein Gerüst von Normen, die bei einer Preisfindung helfen könnten? Die deutschen Gesetze fordern nicht nur die Beteiligung des Urhebers, sondern der Gesetzgeber fordert Honorarrichtlinien von den Berufsverbänden der Urheber. Diese Aspekte könnten ggf. zu einer gesetzlichen Mindestvergütung oder Pflicht-Beteiligung führen. Ferner möchte ich anschließend auch überprüfen, ob das Markenrecht (MarkenG) greifen könnte, wenn die akustische Marke (oder Hörmarke) ggf. nicht nach dem Urhebergesetz (UrhG) zu schützen ist.

Bei der Recherche zu diesem Thema habe ich mich mit Buy-out-Regelungen, gesetzlichen Mindestanforderungen und der Frage nach der Angemessenheit beschäftigt. Steigt über die Jahre der Wert einer akustischen Marke durch die Investitionen des Unternehmens und hat der Urheber ggf. einen Anspruch auf eine entsprechende zusätzliche Vergütung? Laut Gesetz ist der Urheber eines Werkes (insofern dies bei einigen akustischen Marken zutrifft) angemessen an den Erträgen des Lizenznehmers zu beteiligen. Was sind die Erträge, die der Nutzer der akustischen Marke *unmittelbar* aus ihr erwirtschaftet?

Ist eine akustische Marke (aM) eventuell patent-rechtlich zu schützen und könnte dem Nutzer eine Lizenz erteilt werden? Welche Rolle spielen die Verwertungsgesellschaften, wie z. B. die GEMA? Fragen nach Kausalität und Bemessungs-Grundlagen sollen auch Inhalt des nun folgenden Beitrages sein.

1. Musikalisches Werk, Hörmarke, Sounddesign-Begriff

Das Urheberrecht schützt den Schöpfer des Werkes (den Urheber) in seinen geistigen und persönlichen Beziehungen zum Werk und in der Nutzung des Werkes (§ 11, UrhG).

Das Urheberrecht spricht dem Urheber, insofern sein Erschaffenes nach § 2 UrhG als WERK schutzfähig ist, einen Vergütungs-Anspruch aus der Verwertung seiner Arbeit zu; § 31 UrhG. Es ist also zu klären, ob es sich bei der aM um eine Musik handelt, die nach § 2 (1) Punkt 2 UrhG geschützt wird. Sollte es sich bei der aM nicht um eine Musik, sondern um ein Sounddesign oder ein individuelles Geräusch-Ereignis (Quack-Sound des *Apple* Computers) handeln, so könnte anstatt des Urheberrechts das Markenrecht greifen. Das Markenrecht schützt Firmenbezeichnungen und Kennzeichen geschäftlicher und geografischer Art. Bei der aM handelt es sich laut Markengesetz um eine Hörmarke (Ingerl/Rohnke, Markengesetz, § 14, Rd. Nr. 626). Eine Schutzfähigkeit der Hörmarke rein aufgrund klanglicher Eigenschaften entbehrt bis heute jeglicher Rechtsprechung. Die Hörmarke kann aber als Marke eingetragen werden, insofern sie durch ihre Ausgestaltung als individuelle geistige Schöpfung betrachtet werden kann. Die Definition des Begriffes einer Hörmarke lautet in der Kommentierung des Markengesetzes wie folgt:

Hörmarken (akustische oder auditive Marken) sind Zeichen, die vom Gehör wahrgenommen werden, ohne Sprache zu sein. Hörmarken sind Zeichen von nicht-sprachlichen Schallwellen an das menschliche Gehörorgan. Solche akustischen Marken können Töne, Tonfolgen, Melodien, aber auch sonstige Klänge und Geräusche (Hupen, oder andere Laute, Zerbrechen von Glas, Donner) deren Bestimmbarkeit und Individualität als Marke etwa auf der Eigenart bestimmter Obertonreihen und Frequenzspektren beruht, sein. (Fezer, Markenrecht Komm., § 3, Rd. Nr. 269, Begriff der Hörmarke, 3. Aufl.).

Es sei darauf hingewiesen, dass die Eintragung einer Hörmarke oder Wortmarke (s. u.) mit erheblichen Kosten für Anwälte und Verfahren verbunden ist. Es ist auch zu bedenken, dass Verfahren zur Eintragung mitunter sehr lange dauern können, weil Einspruchsfristen eingehalten werden müssen. Fraglich ist auch hier, ob diese Aufwendungen auf den Nutzer abgewälzt werden können.

So genannte gesungene Werbeslogans: Die Rechtsprechung empfiehlt hier die Eintragung einer Wortmarke, weil der Rechtssicherheits-Grundsatz den Nutzer davor schützt, alle Hörmarken-Eintragungen vor einer neuen Nutzung auf etwaige gleiche Worte oder Wortfolgen analysieren zu müssen. Wir erkennen auch hier, dass die Rechtsprechung alle Formen der Hörmarke stark voneinander zu trennen versucht, da das Schutzbedürfnis einer Marke hoch liegt.

Das Markenrecht verweist bei Hörmarken mit Musik-Anteilen auch zurück auf das Urheberrecht, das einen Schutz von musikalischen Motiven als

Marke durchaus zulässt.[1] Ob an der Tonfolge (Melodie), die Gegenstand des Hörzeichens ist, ein Urheberrecht und damit ein Sonderrechtsschutz besteht, ist für die Entstehung des Markenschutzes unerheblich (Fezer, Markenrecht, § 3, Rd. Nr. 274).

Im Urheberrecht finden wir eine Definition, was Musik ist und ob auch Sounddesign eine geistige Schöpfung nach dem UrhG sein könnte. Wer sich der Kompositionsschemen Melodik, Harmonik und Rhythmik bedient und diese nutzt, ist musik-handwerklich tätig. Die Rechtsprechung räumt auch ein, dass auch die Nutzung von nur einem Teilaspekt der Musik, z. B. nur eine Melodie, durchaus schutzfähig sein kann.[2] Werke der modernen Musik schlagen immer neue Wege ein. Diese Regelungen scheinen es dem Schöpfer der akustischen Marke bald anheim zu stellen, ob er sie als Musik oder als Marke schützen lässt.

Ein Sound, der z. B. mit Hilfe eines Computers (Sampler) erzeugt wird, kann eine geistige Schöpfung sein, wenn seine Ausgestaltung, Phrasierung und die Anordnung unter Zuhilfenahme anderer musikalischer Gestaltungsmittel dem Geschaffenen eine persönliche individuelle Note gibt (Möhring, Nicolini, Ahlberg, UrhG, § 2 Rd. Nr. 102). Ein beliebiges Alltags-Geräusch lässt sich nicht mit diesen Voraussetzungen vereinbaren (siehe unten).

Auch das *Warenzeichengesetz* erkannte bis 1995 Hörmarken als nicht schutzfähig an.[3] Die Rechtspraxis lehnte die Eintragung von Hörmarken in die Zeichenrolle ab (RPA BlPMZ 1929, 212; 1932, 17; a A schon Aron , GRUR 1930, 1017). Einer Hörmarke fehle die für einen zeichenmäßigen Gebrauch erforderliche Beziehung des Zeichens zur Ware, auf der ein akustisches Zeichen nicht angebracht werden könne (Baumbach/ Hefermehl, § 1 WZG, Rn 67; Reimer/Trüstedt, Bd 1, Kap. 4, Rn 1). Durch eine *Verkehrsdurchsetzung* nach § 8 Abs. 3 kann dieses Schutzhindernis aber überwunden werden. Die Verkehrsdurchsetzung bedeutet, dass durch den permanenten Einsatz der Hörmarke eben dieser oben genannte Bezug zur Ware hergestellt werden kann.[4] Übrigens erfolgt die Eintragung einer Hörmarke gem. Marken-Verordnung (MarkenV) zum einen in zweidimensionaler Form (schriftlich/grafisch) und zum anderen als Daten- oder Tonträger. Bei purem *Sounddesign* kann die zweidimensionale Eintragung nicht wie vorgeschrieben in üblicher Notenschrift erfolgen, sondern wird mit Hilfe eines Sonagramms (Frequenzspektrum) nachgewiesen, welches die Eigenart des Designs aufzeigen kann (§ 11 MarkenV, Mitteilung Nr. 16/94 des Präsidenten des DPA über die Form und Darstellung von Hörmarken durch Sonagramm und ihre klangliche Wiedergabe gem. § 11 Abs. 5 MarkenV). Der Verfasser merkt

---

[1] Möhring, Nicolini, Ahlberg, UrhG Komm. 2. Aufl., §2, Randnummer 104
[2] Möhring, Nicolini, Ahlberg, UrhG Komm. 2. Aufl., §2, Randnummer 99 ff.
[3] Cortbein, Markenschutz für Hörzeichen, §1, Seite 1
[4] Fezer, Markenrecht, §3 Randnummer 275, 3. Aufl.

bewundernd an, dass es Juristen gibt, die sich mit der Frage beschäftigen, ob man auf einer Ware ein akustisches Zeichen anbringen kann.

2. Vergütungsmodelle

Das Urheberrecht garantiert dem Urheber nach § 36 UrhG eine angemessene Vergütung und das Markenrecht dem Erfinder eine Lizenz nach § 30 MarkenG. Das Urheberrecht selbst ist nach § 29 Satz 2 nicht übertragbar oder verkäuflich. Anderslautende Vereinbarungen sind nichtig oder anfechtbar. § 7 des MarkenG regelt, dass sowohl natürliche Personen wie auch juristische Personen oder Persongesellschaften Inhaber von eingetragenen und angemeldeten Marken sein können.

Das Urheberrecht regelt in der so genannten „Zweckübertragungstheorie" auch, dass es keine weitergehende Rechtsübertragung als es der Vertragszweck erfordert, geben darf. Vergütungen müssen am Markt durchsetzbar sein. Zu niedrige Vergütungen können ggf. nach § 138 BGB angefochten werden, wenn eine „krasse Differenz zwischen Leistung und Gegenleistung" vorliegt.[5]

Beim Fehlen von ausdrücklichen Vereinbarungen zur Vergütung kann auch der § 612 Abs. 2 BGB greifen, der eine „übliche Vergütung beim Mangel einer ausdrücklichen Abrede im Dienst- oder Werkvertrag"[6] vorsieht. Was ist üblich? Üblich ist, nach herrschender Meinung, was sich im Verkehr durchgesetzt hat und von beiden Seiten anerkannt wird. Auf die Angemessenheit der Vergütung möchte ich im Folgenden eingehen.

2.1 Entwurfsphase, Kosten

Hier wird man mit dem Designer einen üblichen Betrag vereinbaren können. Der *Composers-Club* empfiehlt auf seiner Homepage im Internet (www.composers-club.de) dazu einige Ansätze. Es gibt Designer, die sich pauschal bezahlen lassen. Andere berechnen einzelne Arbeitsschritte. Ich einige mich mit meinen Kunden immer auf eine Pauschale, die auch sämtliche Änderungen innerhalb einer Arbeitsanweisung beinhaltet. So kann mein Auftraggeber die Kosten im Vorfeld klar kalkulieren und erlebt bei Unstimmigkeiten in der Kreationsphase keine Überraschungen

Problematisch ist die Darbietung von *geistigem Eigentum* in der Entwurfsphase. Ich versuche seit Jahren mich davor zu schützen, dass Agenturen bei mir für kleines Geld tolle Ideen abholen, um sie dann woanders billig fertig zu basteln. Das Gesetz schützt mich hier nicht, weil die meisten Ideen nicht schutzfähig sind. Die Idee, einen Samba mit einem Kartoffelprodukt in Ver-

---

[5] Palandt, BGB, Kommentierung , 51. Aufl., § 138 , Randnummer 66 ff., S. 122 u. 123

[6] Palandt, BGB, Kommentierung , 51. Aufl., § 612 , Randnummer 4 ff., Seite 659

bindung zu bringen, oder eine Melodie auf Feuerwehrhelmen zu spielen, diese Ideen kann man nicht schützen. Hier kommt es auf eine klare vertragliche Vereinbarung an, die eine Nutzung oder Entwicklung der vorgebrachten Ideen von einer Zustimmung und Vergütung des Urhebers abhängig macht. Eine Praxis, die auch bei Präsentationen von Agenturen bei potentiellen neuen Kunden üblich ist.

In der Entwurfsphase wird man ggf. zwei bis drei Designer oder Komponisten auffordern, Entwürfe abzuliefern. In einem zweiten Schritt entscheidet man sich für den Künstler, der dem Gewünschten am nächsten kommt. Reine Kostengründe sollten bei der Entwicklung einer aM keine Rolle spielen, wobei die Unterschiede in den Honoraren doch sehr unterschiedlich sein können.

2.2 Die Produktion, Kostenplanung

Die urheberrechtliche Leistung hat nichts mit dem Produktionsaufwand zu tun! Ist ein Entwurf verabschiedet, beginnt die eigentliche Produktion der aM, wenn sie nicht schon in Reinzeichnungs-Qualität angeboten wurde.

Man muss nun zwischen der urheberrechtlichen Leistung, der Komposition und den tatsächlichen handwerklichen Kosten unterscheiden. Das Honorar des Komponisten/Sounddesigners hat so noch nichts mit der Einräumung von Nutzungsrechten zu tun. In den Honorarforderungen gibt es große Unterschiede. Auch hier haben die Berufsverbände der Komponisten in den letzten Jahren Empfehlungen ausgearbeitet, die auf Befragungen der Mitglieder beruhen.

Sicher ist jedem die Arbeitsstunde unterschiedlich viel Geld wert. Am Ende steht der Kunde, der die Rechnung zahlen muss. Überzogene Forderungen lassen sich am Markt nicht durchsetzen. Dumping-Preise verderben das Geschäft. Auch hier haben die Berufsverbände Richtlinien und Durchschnittswerte herausgegeben, die z. B. auch beim Composers-Club veröffentlicht worden sind. Sie beruhen ebenfalls auf Umfragen unter den Mitgliedern. Über die tatsächliche Höhe des durchsetzbaren Honorars entscheiden Aufwand, Marktposition und nicht zuletzt das Budget des Auftraggebers.

2.3 Nutzungsrecht, Übertragung, Buy-out

Der Begriff „Buyout“, eigentlich „Buy-out“ geschrieben, bedeutet „Rückkauf“ (vergl. Wirtschaftslexikon, Naumann & Göbel, Band III, Seite 443). Man kennt das Wort u. a. im Zusammenhang mit Firmenverkäufen. Das „Management-Buyout“ hat zur Folge, dass ein Unternehmen durch eine Gruppe oder einen Teil der Mitarbeiter übernommen wird. Die Firma wird aus ihrer alten Firmierung „herausgekauft“.

In unserem Fall bedeutet der Begriff etwas ähnliches. Der potentielle Nutzer kauft dem Schöpfer die Nutzungsrechte ab. Er nimmt ihm zugleich die Möglichkeit, seine Rechte zukünftig selbst wahrzunehmen. Für diese Übertragung steht dem Schöpfer/Urheber eine Vergütung zu.

2.4 Buy-out und Persönlichkeitsrechte

Der Urheber und/oder der Designer kann einem Dritten ein zu spezifizierendes Nutzungsrecht an seinem Werk/Design einräumen (ich unterscheide zwischen Werk und Design, weil unterschiedliche Gesetze zur Anwendung gelangen). An dieser Stelle sei bemerkt, dass die Nutzungsrechte für die Sendung, Aufführung und mechanische Vervielfältigung in aller Regel von Verwertungsgesellschaften wahrgenommen werden, wie z. B. der GEMA in Deutschland oder der SUISA (Schweiz). Diese Rechte sind also nicht Gegenstand der nun folgenden Betrachtung.

Dem Urheber allein ist es jedoch gestattet, sein Werk für Werbezwecke freizugeben. Die Benutzung von geistigem Eigentum berührt die so genannten „Persönlichkeitsrechte". Die Erklärung ist einfach: Wird ein Werk des Urhebers mit einem bestimmten Produkt oder einer bestimmten Meinung in Verbindung gebracht, so kann dies zu Problemen führen, wenn der Urheber nicht gefragt wurde, bzw. wenn das Produkt oder die Meinung nicht seine Zustimmung finden. Man denke nur an politische Werbung. Ärgerlich wäre auch eine Bewerbung einer Automarke, wenn der Künstler bereits für eine andere Marke wirbt. Ein lustiges Beispiel ist auch die Verwendung eines großen Hits für eine amerikanische Hämorrhoiden-Creme, ohne dass der Urheber (die Nachfahren) gefragt wurde: Ring of Fire!

Das werbliche Nutzungsrecht bedarf also der ausdrücklichen Zustimmung sämtlicher Urheber. Liegt diese nicht vor, hat der Urheber nicht nur den sofortigen Unterlassungsanspruch, sondern auch Anspruch auf Schadensersatz und Schmerzensgeld (vergl. § 97 ff., UrhG). Es gibt Werbetreibende, die viel Lehrgeld zahlen mussten, weil sie diese Frage für nicht so wichtig erachteten. Die Nutzung eines Werkes ohne Zustimmung hat eigentlich immer ein teures Verfahren zur Folge, denn die Persönlichkeitsrechts-Verletzung zieht eine empfindliche Schmerzensgeld-Forderung nach sich. Natürlich darf der Werbetreibende auch noch die übliche Lizenz zahlen. Der Verfasser empfiehlt also dringend den Erwerb der werblichen Nutzungsrechte vorab.

Für diese Einräumung gibt es unterschiedliche Komponenten: Die Dauer der Übertragung, die räumliche Abgrenzung und die inhaltliche Abgrenzung. Als Alternative gibt es noch das *Total*-Buy-out, welches eine zeitlich und räumlich unbeschränkte Übertragung aller übertragbaren Nutzungsrechte auf den Lizenznehmer bedeutet.

Der Nutzer/Lizenznehmer zahlt an den Urheber/Designer eine Vergütung. Diese Vergütung kann eine Pauschale oder eine Beteiligung an den Erträgen des Nutzers sein. Für beide Varianten möchte ich nun über mögliche Bemessungs-Grundlagen schreiben:

Wollen die beiden Parteien eine Pauschale vereinbaren, so sollte diese angemessen sein. Das UrhG verpflichtet den Lizenznehmer sogar zu der Zahlung einer angemessenen Vergütung (UrhG, § 31 ff.). Fraglich ist nun, was im Falle der Nutzung einer akustischen Marke eine *Angemessenheit* nach dem Urheber-gesetz darstellen könnte?

Der Auftraggeber/Nutzer setzt die akustische Marke für Werbezwecke ein. Welche Erträge hat er unmittelbar durch den Einsatz der Marke? Die Recht-sprechung fordert eine Kausalität, d. h. der Ertrag muss in direktem Zusam-menhang mit der Nutzung stehen. Das Urheberrecht nimmt überwiegend Be-zug auf die Nutzung von musikalisch-dramatischen Werken in Form von kör-perlichen oder nicht-körperlichen Tonträgern oder der Sendung und Auffüh-rung dieser Musik. Hier liegt der Ertrag z. T. deutlich auf der Hand. Der Nutzer verkauft Tonträger mit der Musik des Urhebers oder er erzielt Erlöse durch die Aufführung oder Sendung der Werke. Eine Beteiligung wäre hier relativ einfach zu berechnen, wobei die Angemessenheit bis heute nicht wirk-lich klar ist. In einem Schreiben an die Zeitung *Musikmarkt* im Frühjahr 2004, sprach der damalige Vorstands-Chef der GEMA, Prof. Dr. Kreile, von einer Mindestvergütung von 10% als Angemessenheit, wobei der Lizenzsatz der GEMA für CD-Duplikate mittlerweile schon bei 9 Prozent liegt. Die Verbände der Tonträgerhersteller verloren im Jahre 2005 in einem Verfahren gegen die GEMA. Sie forderten eine Reduzierung der Beteiligung auf unter 5 Prozent. Die Begründung suchte man in den stetig stagnierenden Tonträgerumsätzen und den steigenden Aufwendungen für den Schutz vor Musikpiraterie. Dieser Argumentation folgte die Schiedsstelle nicht. Stagnierende Verkäufe treffen die Urheber ebenfalls.

2.5 Parameter für die Ermittlung einer angemessenen Vergütung bei fehlenden direkten Erlösen

Ich nehme nun an, dass der Auftraggeber aus der Nutzung der aM keine un-mittelbar messbaren Erlöse zieht. Es ist möglich, dass sich der Umsatz des Unternehmens durch die neue Präsenz und den Werbeaufwand steigert. Dafür gibt es aber keine Garantie. Vielleicht ließe sich bei neuen Marken der Erfolg messen. Aber ob dieser ursächlich auf den Einsatz einer aM zurückzuführen wäre, bleibt fraglich.

Grundlage der Vergütung: Beteiligung an den direkten Erlösen oder Be-rechnung anhand der Nutzungs-Intensität mangels direkter Erlöse? Mit dem Anspruch der Gesetze, den Urheber an den Erträgen des Nutzers zu beteiligen, kommen wir bei dieser Betrachtung nicht weiter, denn bei der „Größe" des Unternehmens handelt es sich genauso wenig um direkte Erträge wie bei den Werbeaufwendungen, die kein Ertrag, sondern Aufwand sind! Allerdings stärken Werbung und Image-Pflege die Marktposition und den Markenwert. Wird eine aM Teil dieser Strategie, so könnte man aus dieser Tatsache vielleicht den Nutzen für das Unternehmen herleiten. Wir dürfen auch nicht vergessen, dass dem Auftraggeber die werbliche Nutzung des geistigen Eigen-tums übertragen wird. Diese Tatsache könnte zusätzlich einen besonderen per-sönlichkeitsrechtlichen Vergütungsanspruch auslösen. Es wäre nun denkbar, eine Nutzungs-Lizenz auf Basis der relevanten Netto-Werbeausgaben des Unternehmens zu vereinbaren.

Ein Blick auf die Lizenz-Praxis der Verlage könnte helfen. Im aktuellen Handbuch der Musikwirtschaft finden wir Ansätze für die Bemessungsgrundlage einer werblichen Nutzung:

- Die Frequenz der Nutzung (Häufigkeit, Anzahl, Intensität in einem Zeitraum)
- Die Lizenzdauer (ein Monat oder mehrere Jahre)
- Das Mediabudget (die Aufwendungen des Nutzers für die Schaltung in den Medien)

Eine Lizenz basierend auf einem Prozentsatz der Werbeaufwendungen des Nutzers hat sich in den letzten Jahren durchgesetzt. Kauft ein Unternehmen ein bekanntes Werk/Titel für einen Werbespot ein, so zahlt er durchschnittlich zwischen 3 und 8 Prozent der entsprechenden Werbeausgaben an den Verlag. Die Werbeausgaben sind der Betrag, den das Unternehmen für die Buchung des Spots im TV, Rundfunk, Kino und Internet aufwendet, nicht die Herstellungskosten des Werbespots!

Allerdings argumentieren die Verlage bei bekannten Titeln mit der Vermutung, dass ein häufig im TV ausgestrahlter Werbespot dazu führt, dass der Titel nicht mehr verkauft oder im Radio gespielt wird (over-exposure). Diesen Verlust will man mit der Lizenz (Buy-out) kompensieren.

Es ist denkbar, dass für die pauschale Abgeltung des Vergütungsanspruches auch für unsere aM dieses Schema angewandt wird. Der Werbetreibende kauft den Hit, weil er sich davon eine positive Wirkung auf sein Produkt und den Absatz verspricht. Der Einsatz der aM verfolgt unter dem Strich keine andere Absicht. Übrigens greift bei der Verwendung einer aM nicht das Argument, die Werbung verhilft der akustischen Marke und damit dem Schöpfer zu mehr Bekanntheit. Dies mag für eine Musik gelten, derer CD-Umsätze und Rundfunk-Aufführungen durch einen Werbeeinsatz in die Höhe schnellen (*Levi's Jeans* brachte immerhin 22 Titel in die Charts und sieben auf Platz 1).

2.6 Jährliche oder einmalige Abgeltung der Nutzungsrechte für eine akustische Marke – eine Art Miete ?

Die Lizenz für eine aM könnte eine einmalige Pauschal-Zahlung sein. Als Begründung möchte ich nennen, dass die aM immer eine Sonderanfertigung ist und nicht anders benutzt werden kann. Die aM ist ein Unikat, welches dem Unternehmen „auf den Leib" geschrieben wird. Jährliche wiederkehrende Zahlungen müssten zudem verfolgt werden. Nutzt der Kunde ohne vorherige Zahlung, ist der Streit vorprogrammiert, besonders, wenn es der Urheber erst später bemerkt.

Die Frage der Verhältnismäßigkeit?

In Zeiten von Revisionen, Aktionärs-Revolten gegen vermeintlich astronomische Manager-Gehälter und allgemeinem Misstrauen, sollte sich der Designer/Urheber durch eine solide nachvollziehbare Kalkulation vor möglichen Angriffen schützen. Ich erinnere mich noch heute ungern an den Vorfall mit dem *Jingle* für die EXPO 2000, der wochenlang durch die Presse geisterte, weil die Musikgruppe *Kraftwerk* für die Erstellung einer aM für eben diesen Anlass eine für die Volksseele und die Finanz-Wächter viel zu hohe Gage kassierte. Man wollte mich seinerzeit ins Fernsehen locken, um vorzuführen, dass man innerhalb von wenigen Minuten so ein Soundlogo kreieren könne. Ich habe natürlich abgelehnt. Niemand hat sich seinerzeit die Mühe gemacht, zu erklären, wie viele Millionen Euro für die Aufführung und Sendung dieses Jingles ausgegeben wurden. Keiner hat erklärt, dass die Gelder kein Handgeld waren, sondern eine legitime Forderung einer zudem extrem bekannten Formation für die Einräumung eines Nutzungsrechtes an ihrer Leistung. Vor diesem Hintergrund würde die Zahlung an die Gruppe wesentlich kleiner aussehen. Unternehmen wie *Microsoft* , *Yahoo* oder die *Deutsche Telekom* haben jeweils ein Vielfaches für ihre akustische Markenführung ausgegeben. Betrachtet man aber allein die fünf Töne der Deutschen Telekom und den Umfang der Nutzung seit mehr als sechs Jahren weltweit, erscheint die Vergütung sicher angemessen. Verkauft ein Künstler 15 Millionen Tonträger seines Albums, so kassiert er (einen anständigen Vertrag vorausgesetzt) ein kleines Vermögen. Die Zahlungen werden nicht irgendwo „gedeckelt" oder gekappt, mit dem Hinweis, man habe nun genug verdient! In den Tonträger-Verträgen sind sogar noch Steigerungen bei großen Umsätzen von bis zu drei Prozent eingebaut (Handbuch der Musikwirtschaft, Josef Keller Verlag 2003). Man sollte sich immer wieder vor Augen führen, dass der *Prozentsatz* von wenigen Punkten nur ein kleiner Teil eines riesigen Aufkommens ist, an dem der Urheber/Künstler oder sonstige Teilhaber angemessen zu beteiligen sind. Erwirtschaftet ein Manager für sein Unternehmen mehrere Milliarden Euro im Jahr, so kann die angemessene Vergütung nicht bei einigen hunderttausend Euro liegen, auch wenn das viele gerne so sähen.

2.7 Buy-out nach CC-LISTE (Buy-out-Empfehlungen des Composers-Club Deutschland e.V.)

Das werbliche Nutzungsrecht wird über ein so genanntes Buy-out zeitlich, räumlich und inhaltlich beschränkt übertragen. Der *Composers-Club Deutschland*, eine Vereinigung der Film- und Werbemusik-Schaffenden, hat eine Buy-out-Liste entwickelt, die schon seit vielen Jahren erfolgreich eingesetzt wird. Diese Liste beruht auf einem abstrakten Buy-out-Basispreis, der mit einem Prozentsatz multipliziert wird. Dieser Prozentsatz hat zweierlei Ursprung. Zum einen hat man für jedes Land der Erde einen Prozentsatz ermittelt und festgelegt und zum anderen ergibt sich durch den Umfang der Nutzung ggf.

eine Abstufung, denn der Basispreis bezieht sich auf eine Nutzung in allen Medien (all media). Ein Land wie Nigeria wird eine geringere Nutzungs-intensität aufweisen als beispielsweise die USA. So ergeben sich Prozentsätze von 25% der Basis bis 1600% für eine weltweite Nutzung.

Diese ganzen Berechnungen beziehen sich aber nur auf die Nutzung von Auftrags-Musiken für Werbung. Bereits bestehende Werke werden zu den o. g. Bedingungen von den Verlagen lizenziert. Akustische Marken unterlie-gen für meinen Geschmack anderen Kriterien. Der „normalen" Musik fehlt der Anspruch, der Marke zusätzlichen Aufwind zu geben. Die aM wird Teil der Marke an sich und steigert deren Wert durch zusätzliche Werbewirkung und Bekanntheit. Die aM kann die Bildmarke zum Teil ersetzen, weil der Konsu-ment sie bei ausreichender Wiederholung ohne visuelle Umsetzung erkennen wird. Diese Aspekte grenzen die normale Auftragskomposition und den beste-henden Musiktitel von der aM ab. Der aM könnte somit ein Mehrwert zuge-sprochen werden.

Die Kürze einer aM im Vergleich zu der eigentlichen Werbemusik kann nur eine Rolle spielen, wenn es um die Ermittlung der anteiligen Werbeaus-gaben geht. Die Nutzungsrechts-Vergütung bezieht sich nicht auf die Länge einer Musik. Die Dauer und der damit ggf. verbundene Mehraufwand in der Produktion sollten sich im Arbeits-Honorar wieder finden, wenn überhaupt. Erfahrungsgemäß ist die Produktion einer aM gegenüber einer gewöhnlichen Musik ungleich aufwändiger, weil die Abstimmung regelmäßig viel mehr Zeit in Anspruch nimmt. Zudem muss der Markenklang-Entwickler sich viele Gedanken über die Umsetzung spezifischer Firmen-Themen in die akustische Marke machen.

Ich habe mich in der Vergangenheit bemüht, Vergleichswerte für die Be-rechnung von Buy-outs zu beschaffen. Provisionen und Tantiemen gibt es in vielen Bereichen des täglichen Lebens. Ein Immobilienmakler erhält zwischen 4 und 6 Prozent Vermittlungsprovision des Kaufpreises. Anwälte berechnen Gebühren nach einer Gebührenordnung. Manager kassieren bis zu zwanzig Prozent der Einnahmen ihrer Schützlinge. Betrachtet man die Regie-Gagen bekannter Werbe-Regisseure, die Werbeagentur-Provisionen und schaut man sich die Summen an, für die manch eine akustische Ausstattung den Besitzer wechselt, so kann man schnell ein Gefühl für die Angemessenheit einer Vergütung bekommen, wenn es um die Abgeltung der Nutzungsrechte an einer akustischen Marke im Bereich der Werbung geht. Die Liste des Composers-Club kann hier meines Erachtens nicht zum Ansatz gebracht werden. Die Wahrheit wird irgendwo zwischen drei und zwölf Prozent der relevanten Werbeausgaben liegen.

2.8 Unvorhersehbarer „Erfolg" einer akustischen Marke – Angemessenheit der Vergütung ?

Was passiert eigentlich, wenn die aM nun entgegen aller Vorausschau ein internationaler Erfolg wird, 15 Jahre im Einsatz ist und seinerzeit mit einem Taschengeld pauschal vergütet wurde? Der Urheber sollte es möglichst schnell merken und er sollte nachweisen können, dass er diesen Erfolg nicht voraussehen konnte, bzw. in der Rechte-Übertragung Schranken eingebaut wurden. Steht im Vertrag nur ein Satz, der die Nutzungsrechte der aM für eine Pauschale von Euro xx an die Firma XYZ überträgt, könnte sich der Urheber ggf. auf den so genannten Bestseller-Paragraphen §36 im UrhG berufen und eine angemessene Nachzahlung fordern. Dieser Anspruch verjährt aber 2 Jahre (bzw. 10 Jahre unabhängig von der Kenntnis) nach Kenntnisnahme des Zustandes! In den USA bekam eine Sängerin des Disney Klassikers *Susi & Strolch* im Jahre 1991 2,5 Mio Dollar zugesprochen, weil der Erfolg einer Videoauswertung im Jahre 1953 nicht vorhersehbar war. Es ist (zumindest in Deutschland) fraglich, ob ein Kunde eine aM unter solchen Voraussetzungen weiter nutzen wird, oder alles versucht, eine neue aM zu beschaffen, um sich dem Anspruch zu entziehen?

2.9 Vergütung für eine akustische Marke, die nicht „Musik" ist und nicht dem UrhG unterliegt?

Es gibt akustische Marken, die nicht den Anforderungen an eine „musikalische Schöpfung" gerecht werden. Man denke nur an eine Kollage aus Naturgeräuschen, ein elektronisches Sounddesign oder ein gesprochenes „Kunstwort". Diese Marken könnten unter den Schutz des Markengesetzes fallen.

All diese Marken unterlägen z. B. nicht der nutzungsrechtlichen Kontrolle durch die GEMA. Der Schöpfer hätte dort keinen Anspruch auf Zahlung von Tantiemen. Dies könnte er mit dem Auftraggeber direkt, ohne die Verwertungsgesellschaft, ersatzweise vereinbaren. Hier bemerkt man die starke Stellung der GEMA. Der Gesetzgeber erlaubt ihr das Inkasso. Fehlt der Anspruch über die GEMA, so muss der Schaffende selbst einen Tarif aushandeln, der völlig den Gesetzen des Marktes ausgeliefert ist.

Dennoch könnten die Zahlungen der GEMA ein wichtiger Anhaltspunkt für vergleichbare „Musiken" sein. Der Vorteil solcher Marken läge im geringeren Kontrollaufwand. Ohne GEMA verkauft man seine Leistung mit einer einmaligen Zahlung an den Auftraggeber. Eine korrekte GEMA-Ausschüttung setzt voraus, dass der Nutzer die Nutzung auch bei der GEMA anzeigt. Zusätzlich muss der Urheber sein Werk anmelden und die Nutzungen kontrollieren, weil die Praxis zeigt, dass die GEMA ohne genaue Angaben der Nutzer und leider auch der Urheber nicht richtig abrechnet.

Der Schöpfer einer Marke ohne Schutz durch das UrhG könnte sich an den Tarifen der GEMA orientieren und seine Lizenz hochrechnen. Wird ein musikalisches Werk in einer Werbung über viele Jahre genutzt, zahlt auch die

GEMA über den kompletten Zeitraum. Fehlt diese Mechanik mangels direktem Anspruch, so sollte vorher über eine Art Hochrechnung nachgedacht werden. Die Durchsetzbarkeit gegenüber dem Kunden sei dahingestellt.

Fazit: Für die Berechnung der „Hörmarken"-Lizenz könnten die Parameter einer „Musik" analog herangezogen werden, da Zweck und potentieller Nutzen/Erfolg identisch sein dürften. Kritisch ist die Durchsetzbarkeit GEMA-ähnlicher Zahlungen beim Auftraggeber zu betrachten. Ebenfalls bedenklich sind die hohen Kosten der Eintragung beim Patentamt und die lange Verfahrensdauer.

3. Zusammenfassung

Eine akustische Marke kann Musik oder Design sein. Daraus ergibt sich der rechtliche Schutz nach dem Urhebergesetz oder dem Markengesetz. Das Urheberrecht kann in Deutschland nicht übertragen werden. Der Urheber kann aber weitgehende Nutzungsrechte einräumen. Hier besteht nahezu Vertragsfreiheit. Problematisch ist und bleibt die Frage der angemessenen Vergütung für die urheberrechtliche Leistung sowie die Nutzung des geistigen Eigentums. Das Urheberrecht fordert eine angemessene Vergütung. Die Angemessenheit muss für jeden Fall individuell ermittelt werden und sie muss im Markt durchsetzbar sein. Dafür hat der Gesetzgeber in den letzen Jahren die Verbände aufgefordert, Vergütungsempfehlungen zu erstellen, die in die Rechtsprechung einfließen sollen.

Die GEMA (und alle anderen ausländischen Verwertungsgesellschaften) nehmen nur einen Teil der Urheberrechte wahr. Sie betreiben das Inkasso der Sende-, Aufführungs- und Vervielfältigungsrechte. Honorare für die Erstellung von Werken und die Erlaubnis zur werblichen Nutzung sind alleinige Sache der Urheber.

In Zeiten der fortschreitenden Digitalisierung und des immer schnelleren und besseren Zugangs zu Daten besteht die Gefahr, dass die Urheber schon bald für viele Nutzungen keine Vergütungen mehr erhalten, weil die Kontrolle einfach nicht mehr möglich ist.

Literatur

Baumbach, Hefermehl: Warenzeichenrecht, 12. Auflage. München: Verlag C. H. Beck 1985

Fezer K.-H.: Markenrecht, 3. Auflage. München: Beck'sche Kurz-Kommentare 2001

Ingerl R., Rohnke C.: Markengesetz, 2.Auflage. München: Verlag C. H. Beck 2003

Jani O.: Der Buy-Out-Vertrag im Urheberrecht. In: Adrian, Nordemann, Wandtke (Hg.): Berliner Hochschulschriften zum Gewerblichen Rechtsschutz und Urheberrecht. Berlin: Berliner Wissenschafts-Verlag 2003

Kortbein C.: Markenschutz für Hörzeichen. Frankfurt: Peter Lang 2005

Kreile R. (Hg.): GEMA Jahrbuch 2005/2006. Baden-Baden: Nomos 2005

Kreile, Becker, Riesenhuber: Recht und Praxis der GEMA. In: De Gruyter Recht. Berlin: 2005

Möhring, Nicolini: UrhG Kommentar. In: Nicolini, Ahlberg (Hg.): UrhG Kommentar, 2. Auflage. München: Verlag Franz Vahlen 2000

Palandt: Bürgerliches Gesetzbuch, 51. Aufl., §138 und §612 BGB. München: Beck'sche Kurz-Kommentare 1992

Schulz P. F.: Werbemusikverträge und Filmmusik-Lizenzverträge. In: Moser, Scheuermann (Hg.): Handbuch der Musikwirtschaft, 6. Aufl., S. 1342–1402. München: Keller Verlag 2003

Woll A.: Wirtschaftslexikon Band III. Köln: Naumann & Göbel 2004

F. Klang im Orchester der Sinne: multisensuelle Kommunikation

Akustik als klangvolles Element multisensualer Markenkommunikation

Karsten Kilian

Universität St. Gallen, Markenlexikon.com, Würzburg

1. Notwendigkeit multisensualer Kommunikation

Markenbotschaften werden bis heute üblicherweise nur auf ein oder zwei Sinneskanälen bewusst und gewollt kommuniziert. Doch die mono- oder duosensuale Kommunikation stößt zunehmend an Grenzen. Während der visuelle Kanal weitestgehend ausgereizt ist, ermöglicht der akustische Kommunikationskanal, wie die Beiträge in diesem Buch zeigen, noch reichlich Gestaltungsmöglichkeiten. Unabhängig davon verschenken Unternehmen mit der ausschließlichen Fokussierung auf die beiden genannten Sinneskanäle erheblich Potenzial, da die übrigen drei Kanäle ebenfalls vielfältige Möglichkeiten bieten, die eigene Marke bekannt zu machen und „sinnvoll" vom Wettbewerb zu differenzieren.

Zudem gilt es zu beachten, dass Markenverantwortliche das Leistungsvermögen der eigenen Marke vielfach schwächen, wenn sie zulassen, dass die übrigen Sinneskanäle ihre Wirkung ungesteuert und damit zumeist nicht im Sinne der Markenidentität entfalten. Ein- oder zweidimensionale Markenkommunikation wird den Kundenerwartungen nicht mehr gerecht, wie Franz-Peter Falke, Präsident des Markenverbandes betont: „Kunden wollen über ihre fünf Sinne angesprochen werden."[1] Sie verfügen über fünf Zugänge zur Welt von denen jedoch nur zwei intensiv genutzt werden. Und diese sind zunehmend „überfüllt". Es ist deshalb Aufgabe von Marketing- und Markenverantwortlichen „to break the two-dimensional advertising impasse."[2] Für ein starkes Markenimage reicht es heute nicht mehr aus, Kunden ausschließlich

---

[1] Engeser 2006, S. 83
[2] Lindstrom 2005, S. 9

optisch und akustisch gezielt anzusprechen. Für einen durchschlagenden Erfolg müssen möglichst alle fünf Sinne und ihre Wechselwirkungen gezielt gesteuert werden, wie auch Kroeber-Riel und Weinberg betonen: „Die multisensuale Beeinflussung der Konsumenten – über visuelle und akustische Reize, über Duft-, Geschmacks- und Tastreize – wird in Zukunft eine weitaus größere Rolle als bisher spielen."[3] In ähnlicher Weise betont *MetaDesign*-Berater Kracht: „Multisensorischem Branding gehört die Zukunft."[4] Auf den ersten Blick scheint es jedoch, als würde eine rein visuelle und akustische Ansprache der Konsumenten ausreichen, denn immerhin werden 83% unserer Sinneseindrücke über den Sehnerv aufgenommen und weitere 11% über die Ohrmuscheln wie Tabelle 1 zeigt.[5]

Tabelle 1: Systematisierung von Sinneseindrücken und Sinnesempfindungen[6]

Sinnesorgane	Sinneseindrücke (Wahrnehmung) (in %)		Sinnesempfindungen (Beispiele)
Augen	Optisch	83,0	hell/dunkel, farbig
Ohren	Akustisch	11,0	leise/laut, nah/fern
Nase	Olfaktorisch	3,5	fruchtig, aromatisch
Haut/Bewegung	Taktil/Kinästhetisch	1,5	warm/kalt, glatt/rau
Zunge	Gustatorisch	1,0	süß/bitter,salzig, sauer

Die scheinbare Dominanz des Sehnervs relativiert sich jedoch bei näherer Betrachtung. In einer aktuellen Studie von *Millward Brown* und Lindstrom wurden Konsumenten nach der relativen Wichtigkeit der einzelnen Sinne für die Bewertung bei Kaufentscheidungen befragt. Den Ergebnissen zufolge führt das Sehen mit 58% die Wichtigkeitsskala an, dicht gefolgt vom Geruchssinn mit 45% und dem Gehörsinn mit 41%. Aber auch der Geschmackssinn mit 31% und der Tastsinn mit 25% spielen eine gewichtige Rolle, wenn es um die Bewertung von Marken geht.[7] Eine aktuelle Befragung von *Information Resources Inc.* (IRI) zum Einfluss der Verpackung auf die Kaufentscheidung in deutschen Verbrauchermärkten kam zu ähnlichen Ergebnissen, wobei sechs von zehn befragten Konsumenten Verpackungen für sinnvoll erachten, die „ein zusätzliches Erlebnis für Augen, Ohren und Nase

---

[3] Kroeber-Riel/Weinberg 1999, S. 124
[4] MetaDesign 2006, o.S.
[5] Vgl. Braem 2004, S. 192
[6] Vgl. Braem 2004, S. 192, Linxweiler 2004, S. 49 sowie Schubert/Hehn 2004, S. 1248
[7] Vgl. Lindstrom 2005, S. 69

bieten oder sich besonders anfühlen"[8]. 41% der Konsumenten gaben zudem an, dass sie bereit wären, hierfür mehr Geld auszugeben. Befragt nach dem Einfluss multisensorischer Komponenten auf die eigene Kaufentscheidung nannten 34,1% den Sehsinn, 30,9% den Riechsinn, 9,8% den Tastsinn und 3,8% den Hörsinn. Für 39,7% der Befragten spielte keiner der Sinne eine Kauf entscheidende Rolle.[9]

Wie die international durchgeführte Studie von Millward Brown zeigt, unterscheiden sich die Wichtigkeiten der einzelnen Sinne deutlich in Abhängigkeit von der Produktkategorie. In Tabelle 2 sind die relativen Wichtigkeiten für acht ausgewählte Kategorien wiedergegeben.

Tabelle 2: Relative Wichtigkeit der fünf Sinne in acht Produktkategorien[10]

Produktkategorie	Sehen	Hören	Fühlen	Schmecken	Riechen
Sportbekleidung	86,6	10,2	82,3	8,4	12,5
Home Entertainment	85,6	81,6	11,6	10,7	10,8
Auto	78,2	43,8	49,1	10,6	18,4
Telefon	68,9	70,2	43,9	8,0	8,9
Seife	36,0	6,7	61,5	5,6	90,2
Eiscreme	34,9	6,8	21,7	89,6	47,0
Soft Drink	29,6	13,2	15,1	86,3	56,1
Fast Food	26,3	12,0	10,4	82,2	69,2
Hinweis: Prozentualer Anteil der beiden höchsten Wichtigkeitsstufen auf einer 5-er Likert-Skala (von „am wichtigsten" bis „am wenigsten wichtig")					

Während bei Autos und Telefonen der Seh-, Hör- und Tastsinn den größten Einfluss auf die Produkteinschätzung nehmen, ist es bei Seife mit gut 90% der Geruchssinn. Bei Eiscreme, Softgetränken und Fast Food wiederum dominieren Geschmacks- und Geruchssinn. Wenngleich in allen acht Produktkategorien mindestens ein Viertel der Befragten, meist sogar deutlich mehr, den Sehsinn einer der zwei höchsten Wichtigkeitsstufen zuordneten, so zeigt die Praxis, dass auf übersättigten Märkten mit zunehmend gleichartigen Produkten der Sehkanal zunehmend „blockiert" ist und es für Markenanbieter deshalb immer schwieriger wird, auf diesem Sinneskanal tatsächlich zum Konsumenten vorzudringen.

---

[8] Saal 2006, S. 23
[9] Vgl. Saal 2006, S. 23
[10] Vgl. Millward Brown 2005, unveröffentlichte Studienergebnisse

Während das Gehör bei Autos, Telefonen und Unterhaltungselektronik für Zuhause eine bedeutsame Rolle spielt, ist die Bedeutung bei Nahrungsmitteln und Getränken relativ gering, was daran liegt, dass mit dem Markenprodukt verbundene Geräusche erst beim Konsum des Produktes entstehen. Die limitierte Eisserie „*Magnum 5 Sinne*" hat 2005 jedoch gezeigt, dass sich auch hier kreative Möglichkeiten bieten, um sich über ein multisensuales Erlebnis zu differenzieren und dieses vorab zu kommunizieren. Während Magnum 5 Sinne *Vision* als „ein Fest für die Augen" vermarktet wurde, war die Variante *Touch* mit Haselnussstückchen für den Genuss „mit zartem Gespür" konzipiert worden. Magnum 5 Sinne *Sound* wiederum war mit einem knackigen Klang beim Biss in die mit karamellisierten Zuckerstückchen versehene Zartbitter-schokoladenumhüllung entwickelt worden, bei der *Aroma*-Variante sorgten Kaffeebohnenstückchen in der Schokoladenumhüllung für einen feinen Kaffeeduft und bei *Taste* brachte die cremige Karamellfüllung Konsumenten auf den Geschmack.

Während Kroeber-Riel davon ausgeht, dass 1 bis 2 % aller Informationen in den Massenmedien in unser Bewusstsein gelangen,[11] sind es Norretranders zufolge nur 0,0004 % aller Reize und Signale aus der Außenwelt. Dabei wird vermutet, dass bei Verteilung der Informationsmenge auf mehrere Sinnesorgane insgesamt mehr Informationen verarbeitet werden können.[12] Auch erhöht sich bei multisensorischer Wahrnehmung die Erinner- und Abrufbarkeit,[13] weshalb die bewusst gewählte gleichzeitige Ansprache mehrerer Sinnesorgane von zentraler Bedeutung für den Markenerfolg ist. Besondere Aufmerksamkeit erfordern dabei die verschiedenen Wirkungszusammenhänge der fünf Sinne, die im Folgenden näher betrachtet werden.

2. Zusammenhänge zwischen den fünf Sinnen

Häufig lässt sich beobachten, dass verschiedene Sinnesmodalitäten gemeinsam wirken. Man spricht in diesem Zusammenhang von der synästhetischen Wirkung einzelner Reize. Bei der recht selten vorkommenden echten Synästhesie wird durch die Reizung eines Sinnes zusätzlich ein weiterer Sinneskanal stimuliert, d. h. die Wirkung von Reizen einer anderen Modalität wird beeinflusst beziehungsweise ausgelöst, weshalb häufig auch von Doppel- oder Mitempfinden die Rede ist.[14] So haben Synästhetiker – von denen es in Deutschland rund 100.000 gibt[15] – häufig zu einem Sinnesreiz zwei oder mehr Wahr-

---

[11] Vgl. Kroeber-Riel/Weinberg 1999, S. 90

[12] Vgl. Norretrander 2001, zitiert nach Häusel 2004, S. 84

[13] Vgl. Meyer 2001, S. 92 f.

[14] Vgl. Kroeber-Riel/Weinberg 1999, S. 12, Knoblich/Scharf/Schubert 2003, S. 49 sowie Bronner 2004, S. 62

[15] Vgl. Rottscheidt 2004, o.S.

nehmungen. Sie können beispielsweise Geräusche nicht nur hören, sondern auch dazu passende Formen und/oder Farben sehen. Aus akustischer Sicht sind insbesondere akustische Geruchs- und Geschmacksassoziationen sowie akustische „Szenen" und das akustische Fühlvermögen bedeutsam. Tabelle 3 gibt einen Überblick über Kombinationen verschiedener Sinnesmodalitäten.

Tabelle 3: Reizkombinationen zweier Sinnesmodalitäten[16]

Modalität	Geruch	Geschmack	Hören	Sehen
Geschmack	Aroma			
Hören	Akustische Geruchs-assoziation	Akustische Geschmacks-assoziation		
Sehen	Duftbilder	Optische Ge-schmacks-assoziation	Akustische "Szenen"	
Tasten	Gefühlter Geruch	Mundgefühl	Akustisches Fühlvermögen	Optisch-hapti-sche Form-qualität

In ähnlicher Weise kann der Abstrahlungseffekt einer Farbempfindung andere Sinneseindrücke hervorrufen beziehungsweise stimulieren (z. B. Farbhören, Farbriechen oder Farbschmecken). Töne wiederum können zu farblichen Assoziationen führen und Düfte visuelle Eindrücke hervorrufen.[17]

Während bei der Synästhesie eine intermodale Reizübertragung stattfindet, zielt die Irradiation auf die Beurteilungsübertragung von einem Produktmerkmal auf ein anderes.[18] Die dabei stattfindende subjektive Eindrucksverknüpfung führt dazu, dass die Einschätzung einer bestimmten Eigenschaft auf die Beurteilung einer anderen Eigenschaft übertragen wird beziehungsweise auf diese einwirkt.[19] So beeinflusst beispielsweise die Farbe von Margarine den wahrgenommenen Fettgehalt.[20] In Tabelle 4 sind farbabhängige Sinnesassoziationen aufgeführt, die auch als unechte Synästhesien bezeichnet werden, da sie nur als gedankliche Verknüpfung in unserer Vorstellung entstehen.[21]

---

[16] Vgl. Münnich 2002, S. 68, zitiert nach Linxweiler 2004, S. 68
[17] Vgl. Meyer 2001, S. 41 sowie Küthe/Küthe 2002, S. 102 und S. 108
[18] Vgl. Kroeber-Riel/Weinberg 1999, S. 123 und S. 304 sowie Baumgarth 2004, S. 77
[19] Vgl. Kroeber-Riel/Weinberg 1999, S. 304 sowie Baumgarth 2004, S. 77
[20] Vgl. Linxweiler 2004, S. 68
[21] Vgl. Knoblich/Scharf/Schubert 2003, S. 50

Tabelle 4: Farbtonabhängige Sinnesassoziationen[22]

Farbe	Hören	Tasten	Temperatur	Gewicht	Geschmack
Gelb	gellend, Dur	glatt, lichthaft, weich (wenn rötlich)	warm, heiß (wenn rötlich)	leicht (heller = leichter)	sauer (wenn grünlich), süß (wenn rötlich)
Rot	laut, Trompete	fest, sehr rau (wenn dunkelrot)	warm, heiß	schwer (variiert mit Helligkeit)	süß, kräftig, würzig, knusprig, scharf
Rosa	zart, leise	zart/fein, sehr weich	Haut-temperatur	leicht	süßlich, mild
Grün	schrill (wenn satt), gedämpft (wenn stumpf)	glatt bis feucht	frisch, kühl	leicht (variiert mit Helligkeit)	sauer-saftig, bitter, salzig
Blau	fern, Flöte bis Violine	glatt bis untastbar, hart (dunkelblau), weich (hellblau)	kühl, frisch bis sehr kalt	relativ leicht (variiert mit Helligkeit)	fast neutral

Die Farbe gelb beispielsweise wird mit einem gellenden Dur-Ton assoziiert, als glatt und weich empfunden, mit Wärme in Verbindung gebracht, als leicht beurteilt und geschmacklich farbnuancenabhängig als süß oder sauer eingeschätzt.

Die Zusammenhänge zwischen den fünf Sinnen, insbesondere die angesprochenen Irradiationseffekte, bieten vielfältige Möglichkeiten, die eigene Marke begehrenswert und unverwechselbar zu gestalten und den Kunden gegenüber multisensual zu kommunizieren.

3. Möglichkeiten multisensualer Kommunikation

Während des Wahrnehmungsprozesses nehmen die räumlich voneinander getrennten Sinnesorgane Informationen zunächst über weitgehend unabhängige Sinneskanäle auf. Anschließend werden die gewonnenen Sinneseindrücke zu einem ganzheitlichen Vorstellungsbild zusammengeführt. Wer beispielsweise einen Pfirsich kaufen möchte, wird bei seiner Wahrnehmung nicht nur Farbe, Form und Größe in Betracht ziehen, sondern auch Geruch, Härte und gefühlte Oberflächenstruktur des Pfirsichs. Bedenkt man dabei, dass

---

[22] Vgl. Behrens 1982, S. 223; ähnlich Küthe/Küthe 2002, S. 86 und S. 108, Knoblich / Scharf / Schubert 2003, S. 51 und Baumgarth 2004, S. 62 sowie Linxweiler 2004, S. 282

70-80 % aller Entscheidungen aufgrund gespeicherter Reiz-Reaktionsmuster unbewusst ablaufen,[23] so wird deutlich, weshalb die gezielte Nutzung möglichst aller fünf Sinneskanäle sinnvoll erscheint.

Tabelle 5: Mögliche Gestaltungsmittel zur Ansprache der fünf Sinne[24]

Sinnes-Organ	Augen	Ohren	Nase	Haut	Mund
Modalität	visuell	auditiv	olfaktorisch	haptisch	gustatorisch
Material (Substanz)	✓	(✓)	(✓)	✓	(✓)
Form	✓				(✓)
Farbe (Licht)	✓				(✓)
Duft (Gas)	(✓)		✓	(✓)	✓
Aroma			✓		✓
Klang (Ton)	(✓)	✓		(✓)	
Bewegung	✓	(✓)		(✓)	
Temperatur	(✓)		(✓)	✓	
Räumlichkeit	✓	(✓)		✓	
Kraft				✓	
Legende: ✓ = trifft immer zu (unmittelbar wahrnehmbar) (✓) = trifft nur selten bzw. indirekt zu (mittelbar wahrnehmbar)					

Die zur gezielten Ansprache der einzelnen Sinne relevanten Gestaltungsmittel sind in Tabelle 5 wiedergegeben. Sie ermöglichen es, Design, verstanden als „die äußere – sinnlich wahrnehmbare Gestaltung der Umwelt"[25], multisensual zu gestalten.[26] Weinberg zufolge umfasst Design allgemein „die gesamte sinnlich wahrnehmbare Gestaltung durch Form und Farbe, Geruch, Geschmack und Geräusch."[27] In ähnlicher Weise beinhaltet das Produktdesign „die gesamten über die verschiedenen Sinne wahrnehmbaren Gestaltungselemente eines Produktes wie Farbe, Oberfläche, Form, Geruch, Geschmack, Geräusche"[28]. Neben der äußeren Gestaltung von Produkten und ihren Verpackungen zählen dazu im weiteren Sinne auch die Ausgestaltung von

---

[23] Vgl. Häusel 2004, S. 12 und S. 66

[24] Vgl. Meyer 2001, S. 37 ff., Linxweiler 2004, S. 49 f., S. 221 und S. 275 sowie Knoblich/Scharf/Schubert 2003, S. 301

[25] Meyer 2001, S. 5

[26] Vgl. Linxweiler 2004, S. 13

[27] Weinberg 1992, S. 7

[28] Meyer 2001, S. 5

Dienstleistungen, zum Beispiel sinnlich wahrnehmbare Verkaufsräume und in der Markenkommunikation eingesetzte Instrumente, zum Beispiel duftende oder haptisch fühlbare Printanzeigen.

Die Positionierung „Natürlichkeit" beispielsweise kann visuell durch die Farbe grün beziehungsweise das Bild einer Wiese, haptisch durch die Rauhigkeit der Produktoberfläche, akustisch durch Vogelgezwitscher und olfaktorisch durch den Duft frischer Blumen versinnbildlicht werden.[29] In ähnlicher Weise lassen sich auch die Positionierungen „Karibik" und „Frische" multisensual erlebbar machen, wie Tabelle 6 zeigt.

Tabelle 6: Multisensuale Umsetzung zweier Markenpositionierungen[30]

Modalität	Positionierung "Karibik"	Positionierung "Frische"
Bilder	Palmen, Papageien, Strand, tropische Pflanzen, Meer, dunkelhäutige, strahlende Menschen	Blumen, Frühlings-/Wasserlandschaften, junge Menschen mit erfrischender Mimik
Farben	blau-gelb, grün und rot	grün-gelb, helles blau
Worte	Karibik, Palmen, Südseeinsel, Sonne, Meeresrauschen, tropi-sches Paradies, endlose Strände	Die wilde Frische von Limonen, Aprilfrische, jugendliche Frische
Töne	hell, klar (Dur), fröhliche Melodie, Steel-Band-Musik	hell, klar (Dur), fröhliche Melodie, Rauschen eines Bergbaches
Haptik	hölzerne, fasrige Oberflächen, z. B. Kokosnuss-Schale	kühle Materialien, glatte Oberflächen, z. B. Glas, Metall oder Holz
Geruch	Südfrüchteduft, salziger Meeresduft	Zitrus-/Apfelduft, grasig-grüner Duft
Geschmack	Kokosnuss, Rum, Mango	Menthol, Pfefferminze, Zitrone

Die Positionierung „Karibik" beispielsweise lässt sich bildlich durch Palmen darstellen, farblich durch blau-grüne oder rote Farben ausdrücken, mittels heller, klarer und fröhlicher Melodie vertonen, durch hölzerne, fasrige Oberflächen fühlbar machen, mit dem Duft von Südfrüchten riechend erfahrbar machen und geschmacklich durch Rum oder Mango vermitteln.

[29] Vgl. Meyer 2001, S. 24
[30] Vgl. Kroeber-Riel/Weinberg 1999, S. 123, Bekmeier-Feuerhahn 2004, S. 893 sowie Weinberg/Diehl 2005, S. 280

3.1 Aktuelle Studienergebnisse zur Multisensualität

Von wenigen Ausnahmen abgesehen wurde bei der Markenkommunikation bis dato meist die Ansprache von drei oder vier Sinneskanälen dem Zufall überlassen.[31] Eine aktuelle Befragung von *Millward Brown* und Lindstrom jedoch zeigt, dass rund 40% der Fortune 500 Unternehmen beabsichtigen, eine multisensuale Markenstrategie in ihre Marketingpläne aufzunehmen.[32]

Ein Grund hiefür dürfte sein, wie die international durchgeführte Studie zeigt, dass sowohl die wahrgenommene Wertigkeit einer Marke als auch die Markenbindung selbst durch multisensuale Markenkommunikation erhöht werden kann. So nimmt die Anzahl der sinnlich aktivierten Erinnerungen mit jedem zusätzlich genutzten Sinneskanal weiter zu. Als Konsequenz hieraus können mehr sinnliche Erinnerungen aktiviert werden, die wiederum zu einer größeren Bindung zwischen Marke und Konsument führen.[33]

Bei den in der Studie betrachteten globalen Marken zeigte sich, dass Konsumenten, die bei der Rekapitulierung der eigenen Konsumerfahrungen mit den genannten Marken nur einen Sinneskanal als relevant ansahen, nur in 28% der Fälle auf einer 6er Skala den höchsten Wert „erste Wahl" auswählten. Demgegenüber stieg bei zwei bis drei erinnerten, als relevant eingestuften Sinnen der Wert auf 43 % und bei vier bis fünf Sinnen auf 59 %.[34] Die Studienergebnisse machen zudem deutlich, dass die Anzahl der Sinne, die durch eine Marke angesprochen werden, mit der Qualitätswahrnehmung korreliert. Die wahrgenommene Qualität wiederum nimmt Einfluss auf den Wert einer Marke und damit auf die Preisbereitschaft der Konsumenten.[35]

Zu ähnlichen Ergebnissen kommt eine aktuelle Studie von *MetaDesign* und *diffferent*. Ihnen zufolge steigt das Commitment mit jedem zusätzlich angesprochenen Sinn degressiv an: „Je stärker der Konsument in die Erlebniswelt der Marke eintauchen soll, desto mehr Sinne müssen konsistent angesprochen werden."[36] Hierauf aufbauend wurde eine so genannte „5-Sense-Branding-Box" entwickelt. Ausgangspunkt bildete die Zuordnung typischer Bilder, Töne, Materialien, Gerüche und Geschmäcker zu einem Set von 10 archetypischen Grundwerten. Als Wertekategorien wurden Lebensfreude, Macht, Sicherheit, Leistung, Freiheit, Wohlwollen, Tradition, Spannung, Ausgewogenheit und Norm herangezogen. Dem Wert Norm beispielsweise wurde in 75 % aller Fälle das Bild eines Barcodes und in 58 % der Fälle ein

---

[31] Vgl. MetaDesign/diffferent 2005, S. 1

[32] Vgl. Lindstrom 2005, S. 7

[33] Vgl. Lindstrom 2005, S. 69

[34] Vgl. Lindstrom 2005, S. 140 sowie Fösken 2006, S. 74

[35] Vgl. Lindstrom 2005, S. 70

[36] MetaDesign/diffferent 2005, S. 2

440-Hz-Ton zugeordnet.[37] In Tabelle 7 sind exemplarisch die Ergebnisse für die beiden erstgenannten Wertedimensionen Lebensfreude und Macht wiedergegeben.

Tabelle 7: Beispielhafte Zuordnung zweier Wertedimensionen[38]

Wert	„Lebensfreude"	„Macht"
sehen	bunt, satte Farben, sonnig, kindlich; z. B. spielende Kinder, Erdbeereis	dunkle, wertige Farben, distanzierte Bildsprache, solide Formen, kraftvoll; z. B. Stretch-Limousine, Richterspruch
hören	menschlich, expressiv; z. B. Laute von Kindern, Jubel	laut, durchdringend, präzise Rhythmen; z. B. Marsch, Löwe, Fanfare
fühlen	spielerisch, leicht, warm, flexibel; z. B. Kunstrasen	kalt, glatt, hart, schwer, ledrig, hochwertig; z. B. Blattgold
riechen	frisch-fruchtig, belebend; z. B. Gummibärchen	raumgreifend, schwer; z. B. Weihrauch
schmecken	süß, fruchtig; z. B. Erdbeere, Nutella	bitter, würzig, scharf; z. B. Whiskey, Muskatnuss, Bitterschokolade mit Chili

Während sich Lebensfreude den Probanden zufolge durch Selbstbelohnung, Genuss, Lust und Vergnügen charakterisieren lässt, beinhaltet die Wertedimension Macht Aspekte wie Ansehen, Einfluss und Autorität.[39] Zur multisensualen Komunikation von Lebensfreude eignen sich bunte, satte Farben, Laute von Kindern, warme und flexible Oberflächen, frisch-fruchtiger Geruch und süßer, fruchtiger Geschmack.

3.2 Ansatzpunkte multisensualer Kommunikation

Wie sich zeigt, bieten sich vielfältige Möglichkeiten, um die Wertehaltung einer Marke dem Kunden gegenüber zu vermitteln. Zu den größten Herausforderungen zählen dabei die zunehmende Überfüllung der Massenmedien, deren Effizienz und Effektivität deutlich abgenommen hat, sowie die vermehrt zu beobachtende Austauschbarkeit verwendeter Werbemotive. Dem entsprechend lässt sich in den letzten Jahren auch ein relativer Rückgang klassischer Kommunikationsmedien gegenüber den Below-the-Line-Kommunikations-

---

[37] Vgl. MetaDesign/diffferent 2005, S. 2
[38] Vgl. MetaDesign/diffferent 2006, S. 3 f.
[39] Vgl. MetaDesign/diffferent 2006, S. 2

formen feststellen. Zu letzterer Gruppe zählen unter anderem Sponsoring, Events und die Verkaufsförderung am POS. Ihnen gemeinsam ist, dass sie es ermöglichen, die eigenen Werte über mehr als zwei Sinne zu kommunizieren und auf diese Weise sowohl eine psychische als auch physische Annäherung zwischen Konsument und Marke zu erreichen. Insbesondere haptische und gustatorische Empfindungen setzen dabei eine aktive, durch den Konsumenten gewollte Wahrnehmung voraus, wohingegen olfaktorische, visuelle und akustische Wahrnehmungen meist eher passiv und somit mehr oder weniger unfreiwillig erfolgen. Abbildung 1 zeigt eine Systematisierung der fünf Sinne hinsichtlich Reichweite, Wahrnehmung und geeigneter Werbeform.

Abb. 1: Systematisierung der fünf Sinne

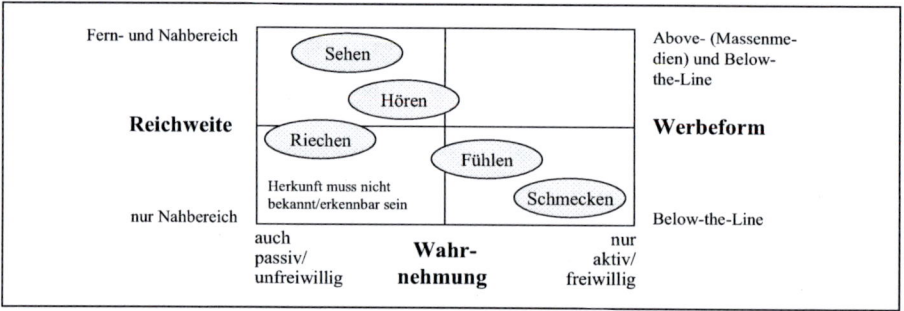

Beim Schmecken, Fühlen und Riechen handelt es sich um so genannte Nahbereichssinne. Ihre Reichweite ist beschränkt, weshalb bei der Umsetzung primär direkt mit dem Produkt oder der Dienstleistung verbundene Sinnesreize in Frage kommen, wie die folgenden zwei Beispiele deutlich machen.

3.3 Beispiele multisensualer Kommunikation

Bei *DaimlerChrysler* hat man die Bedeutung multisensualer Produktgestaltung als Basis multisensualer Markenkommunikation schon vor Jahren erkannt. CEO Dieter Zetsche betont dabei: „Differenzieren können wir uns ... nur, wenn wir außer den grauen Zellen auch die Endorphine in Wallung bringen"[40], wobei er insbesondere auf dem „Gebiet der emotionalen Kleinigkeiten"[41] noch reichlich Potenzial sieht. Im Fokus der Bemühungen von DaimlerChrysler stehen dabei „das Gefühl, ein Lenkrad in die Hand zu nehmen, der Klang einer schließenden Tür, das Einrasten eines Schalters oder der Geruch von Leder."[42] Zu diesem Zweck hat der Premiumhersteller im Jahr 2002 in Berlin ein

---

[40] Hillebrand/Schneider 2006, S. 43
[41] Hillebrand/Schneider 2006, S. 43
[42] Hillebrand/Schneider 2006, S. 43

eigenes Customer Research Center (CRC) mit 17 Psychologen und Informatikern eingerichtet, in dem jährlich das Gefühlsleben von mehr als 1.000 Autofahrern erforscht wird. Unter anderem werden systematisch die Sinneseindrücke der Kunden anhand von Pupillenbewegungen und Hautspannungsmessungen erfasst und ausgewertet. Auf Basis der gewonnenen Erkenntnisse werden anschließend neue Bedien- und Anzeigesysteme konzipiert. Mit Hilfe von Haptiktests wiederum werden Leder-, Lack- und Metallflächen durch systematische Veränderungen optimiert und im Akustiklabor werden Geräusche – vom Motorbrummen über den Fahrtwind bis zum Schalterklicken – von den Testpersonen bewertet.[43] Die Ergebnisse fließen direkt in die Fahrzeugentwicklung ein. Auf diese Weise stellt DaimlerChrysler sicher, dass die eigenen Fahrzeuge die Marke *Mercedes-Benz* mit allen Sinnen erlebbar machen.

Bei TUI wiederum hat man die Markenkommunikation einen Schritt weitergedacht und in Berlin als Pilotprojekt das erste „Reise-Erlebnis-Center" eröffnet. Die Reiseangebote werden dort anhand kurzer Filme, mittels landestypischer Musik und durch szenenadäquate Beduftung präsentiert. Ergänzend können an der hauseigenen Bar länderspezifische Getränke und Snacks zur Einstimmung auf den Urlaub konsumiert werden.[44] Auf diese Weise wird der Kaufakt selbst zum Erlebnis, das den Konsumenten multisensual auf das erworbene Markenerlebnis einstimmt und die Leistung bereits vorab mit allen Sinnen erfahrbar macht.

4. Multisensualer Kommunikation gehört die Zukunft

Multisensuale Markenkommunikation wird nicht zuletzt aufgrund des weiter steigenden Differenzierungsdrucks verstärkt die Aufmerksamkeit von Markenherstellern auf sich ziehen. Menschen nehmen ihre Umgebung zu jeder Zeit und an jedem Ort mit allen fünf Sinnen wahr und treffen ihre Entscheidungen auf Basis ihrer multisenualen Eindrücke, egal ob bewusst oder unbewusst. In jedem Fall und zu jeder Zeit lösen die verschiedenen Sinneseindrücke unterschiedliche Assoziationen aus und sprechen unterschiedliche Werte an, die Kauf auslösend und Wahl entscheidend sein können.

Zu den zukünftigen Hauptaufgaben von Markenverantwortlichen gehört es deshalb, die Identität der eigenen Marke(n) sowohl im Hinblick auf die gelebte Identität im Verhalten der Mitarbeiter als auch hinsichtlich der Markenkommunikation multisensual zu erweitern und schrittweise zu verfeinern. Nur so können das Mitarbeiterverhalten und die mediale Markenkommunikation in optimaler Weise gemäß der unternehmensintern gewollten Identität über alle Sinneskanäle gesteuert werden (vgl. hierzu den zweiten Artikel von K. Kilian).

---

[43] Vgl. Maillart 2005, S. 45 f.
[44] Vgl. Schubert/Hehn 2004, S. 1259

Richtig umgesetzt ermöglichen multisensuales Markendesign und die daraus resultierende multisensuale Markenkommunikation, dass die Produkte oder Dienstleistungen eines Unternehmens einzigartig wahrgenommen und dauerhaft präferiert werden. Hinzu kommt, dass die Markenelemente aufgrund der Komplexität ihrer Implementierung einerseits und der markenrechtlichen Schutzfähigkeit andererseits nicht oder nur unter unverhältnismäßig hohem Aufwand vom Wettbewerb imitiert werden können. Durch miteinander verwobene multisensuale Markeneindrücke bieten sich somit viel versprechende Möglichkeiten, Konsumenten bei höherer Zahlungsbereitschaft und stetiger Nachfrage langfristig mit allen Sinnen an eine Marke zu binden.

Literatur

Baumgarth C.: Markenpolitik, 2. Auflage. Wiesbaden: Gabler 2004

Behrens G.: Das Wahrnehmungsverhalten der Konsumenten. Frankfurt: Harri Deutsch 1982

Braem H. Die Macht der Farben, 6. Auflage. München: Langen Müller/Herbig 2004

Bronner K.: Audio-Branding. Akustische Markenkommunikation als Strategie der Markenführung? Diplomarbeit, Fachhochschule Stuttgart: 2004

Engeser M.: Kick im Kopf. In: Wirtschaftswoche, Nr. 7, 09.02., S. 81-83: 2006

Fösken S.: Im Reich der Sinne. In: Absatzwirtschaft Marken, S. 72-76: 2006

Häusel H.-G.: Brain Script. Freiburg im Breisgau: Haufe 2004

Hillebrand W., Schneider M. C.: Politur vom Chef. In: Capital, Nr. 18, S. 42-43: 2006

Knoblich H., Scharf A., Schubert B.: Marketing mit Duft, 4. Auflage. München: Oldenbourg 2003

Kroeber-Riel W., Weinberg P.: Konsumentenverhalten, 7. Auflage. München: Vahlen 1999

Küthe E., Küthe F.: Marketing mit Farben. Wiesbaden: Gabler 2002

Lindstrom M.: Brand Sense. New York: Free Press 2005

Linxweiler R.: Marken-Design, 2. Auflage. Wiesbaden: Gabler 2004

Maillart M.: Wie es Euch gefällt. In: Mercedesmagazin, Nr. 3, S. 44-48: 2005

MetaDesign: Klingende, schmeckende, riechende Marken: http://www.metadesign.de/html/de/1875_p.html (31.01.2006)

MetaDesign, diffferent: 5-Sense-Branding-Box. Unveröffentlichte empirische Studienergebnisse: 2005

MetaDesign, diffferent: 5-Sense-Branding – Multisensorische Markenführung mit der 5-Sense-Branding-Box. Unternehmensbroschüre: März 2006

Meyer S.: Produkthaptik. Wiesbaden: Gabler 2001

Rottscheidt I.: Ich rieche was, was du nicht siehst: http://www.dw-world.de/dw/article/0,2144,1415283,00.html 2004

Saal M.: Deutsche schätzen edle Hüllen. In: Horizont, Nr. 13, 30.03., S. 23: 2006

Schubert B., Hehn P.: Markengestaltung mit Duft. In: Bruhn M. (Hg.): Handbuch Markenführung, 2. Auflage, S. 1243-1267. Wiesbaden: Gabler 2004

Weinberg P.: Erlebnismarketing. München: Vahlen 1992

Weinberg P., Diehl S.: Erlebniswelten für Marken. In: Esch F.-R. (Hg.): Moderne Markenführung, 4. Auflage, S. 263-286. Wiesbaden: Gabler 2005

Synästhetische Aspekte der Geräuschgestaltung im Automobilbau

Michael Haverkamp

Ford-Werke GmbH Köln

1. Motivation

Im Automobilbau spielen gestalterische Aspekte eine bedeutende Rolle zur Gewinnung von Kundenakzeptanz und Markenidentität. Während das visuelle Design bislang traditionell im Vordergrund stand, so werden inzwischen alle Sinnesbereiche mit in den Entwicklungsprozess einbezogen. Seit etwa zwei Jahrzehnten stellt insbesondere die Geräuschgestaltung einen wesentlichen Faktor des Produktdesigns dar.

Zur Optimierung der komplexen Produkterscheinung eines Automobils muss dazu neben dem Gesamtgeräusch auch das Geräuschverhalten aller Komponenten in den Entwicklungsprozess eingebunden werden. Im Hinblick auf die Integration des Fahrers in das komplexe Mensch-Maschine-System (Abb. 1) gilt es, Information tragende Signale klanglich zu optimieren und eine präzise Rückmeldung der gewünschten Funktion einzelner Aggregate an den Fahrer sicherzustellen (operational noise). Geräusche ohne jeden Informationsgehalt müssen dagegen minimiert oder ganz unterdrückt werden.

Die funktionsgerechte Gestaltung aller Geräusche erfordert zunächst eine Prognose der vom Schallvorgang ausgelösten Wahrnehmung – auf Grundlage elementarer Eigenschaften des Gehörs. Dies leistet die Psycho-Akustik, mit deren Hilfe eine Beurteilung der Eigenschaften der ausgelösten auditiven Wahrnehmungsereignisse möglich ist. Für die Interpretation eines Geräusches vor einem komplexen Wahrnehmungshintergrund ist jedoch nicht allein das auditiv Erfasste maßgeblich. Identifikation der Geräuschquelle (ikonisch) und Bestimmung von Aspekten der Bedeutung (semantisch) kommen intuitiv hinzu und ermöglichen die Interpretation der zugrunde liegenden Vorgänge.

Abb. 1: Die komplexe Fahrerumgebung verlangt präzise multi-sensuelle Gestaltung – FORD Focus ST.

Dies ist nur möglich durch Einbezug des bereits gespeicherten Wissens über die multi-sensuelle Natur der wahrgenommenen physikalischen Objekte. Dieses Wissen ist in Form multi-sensueller Wahrnehmungsobjekte repräsentiert. Das Wahrnehmungsobjekt „Blinkerhebel" ist zum Beispiel durch taktile (Empfindung bei Berührung), propriozeptive (Armkraft und -bewegung), visuelle (Stellung des Hebels) und auditive Eigenschaften („Klacken" bei Betätigung) definiert. Erst aus dem Zusammenspiel aller beteiligten Sinne erschließt sich dem Fahrer die Verlässlichkeit der ausgeführten Betätigung. Eine genaue Abstimmung aller Sinnesreize der Fahrerumgebung aufeinander ist daher nicht Ergebnis gestalterischer Kür, sondern mit zwingender Notwendigkeit gefordert.

2. Synästhesie - Synästhetik

Es genügt nicht, eine Optimierung der wahrnehmungsrelevanten Eigenschaften in jedem Sinnesbereich getrennt durchzuführen. Vielmehr müssen der Gestaltung Erkenntnisse über systematische Verbindungen der Sinnesbereiche zu Grunde gelegt werden. Die Quellen systematischer Konzepte stehen jedoch noch am Beginn ihrer Erschließung. So werden erst seit etwa 15 Jahren wieder synästhetische Wahrnehmungsphänomene untersucht.[1] Es handelt sich dabei um Wahrnehmungen, die bei Reizung eines Sinnensbereiches in einem anderen Sinnesbereich auftreten.

Abb. 2: Strategien des Wahrnehmungssystems zur inter-modalen Verknüpfung am Beispiel auditiv-visueller Koppelung. Die Möglichkeit bewusst-kognitiver Konstruktion ist hier als „mathematisch-physikalische Verknüpfung" mit berücksichtigt.

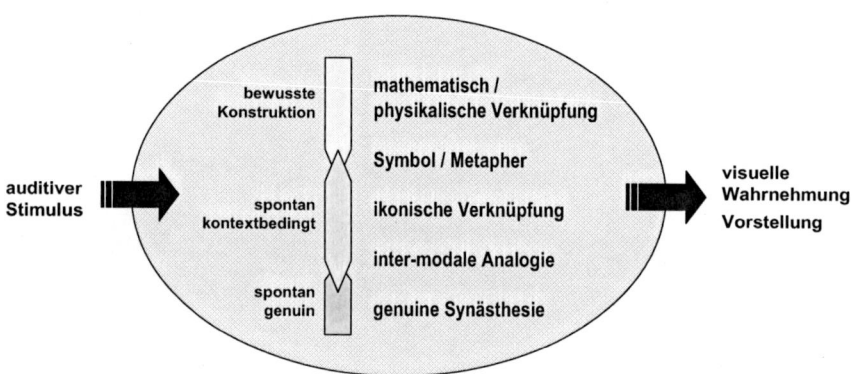

So kann ein Geräusch auch zur Empfindung einer Farbe führen. Dies ist zwar nur bei wenigen Menschen der Fall – die Erforschung solcher auch als genuine Synästhesie bezeichneter Wahrnehmungsformen stellt jedoch eine wichtige Quelle der Erkenntnis multi-sensueller Verbindungen dar. Alle Menschen sind in der Lage, intuitiv Verbindungen zwischen den Sinnen herzustellen. Auf diese allgemein verbreiteten Mechanismen muss sich das synästhetische Design stützen. In Abgrenzung zu dem individuellen, seltenen Phänomen der genuinen Synästhesie soll hier die Synästhetik als Methodik der multi-sensuellen Gestaltung betrachtet werden.[2] Sie umfasst wiederum verschiedene Strategien der Verbindung zwischen den Sinnesbereichen (Modi), die als inter-modale Verknüpfungen zunächst der Definition bedürfen.

---

[1] Nach 50-jähriger Zwangspause, während der die Analyse subjektiver Erscheinungen und innerer Bilder im Rahmen „behavioristischer" Paradigmen als unwissenschaftlich galt.

[2] In Anlehnung an Filk et al. (Hg.) 2004

3. Strategien inter-modaler Koppelung

Es lassen sich fünf Strategien der inter-modalen Verknüpfung von Wahrnehmungsinhalten unterscheiden, die in Abb. 2 schematisch dargestellt sind.[3] Hier wird vom Fall visueller Wahrnehmung in Folge auditiver Reizung ausgegangen. Die verschiedenen Ebenen sollen zunächst kurz charakterisiert werden:

3.1 Genuine Synästhesie

Als ein ausgeprägt individuelles Phänomen ist genuine Synästhesie nur bei relativ wenigen Personen ausgeprägt.[4] Gerade deshalb stößt es bei Wahrnehmungspsychologen und Gehirnforschern auf großes Interesse.[5] Es ist jedoch fraglich, in welchem Maße die Synästhesieforschung Erkenntnisse gewinnt, die allgemeine Gültigkeit aufweisen und damit für das multisensuelle Design bedeutsam sind. Ein charakteristisches Merkmal sind offenbar elementare Grundformen von Wahrnehmungsobjekten, die synästhetisch miteinander verknüpft sind.

So kann ein einfaches Geräusch (Impuls, Rauschen, harmonischer Klang) die Wahrnehmung visueller Grundformen auslösen (z. B. Kreis, Quadrat, Linienschar). Unter der Annahme, dass jeder Wahrnehmungsvorgang die Verknüpfung einfacher Muster beinhaltet, können Beschreibungen synästhetischer Wahrnehmung dazu dienen, für jeden Sinnesbereich Sätze elementarer Formen als Grundlage synästhetischen Designs zusammenzustellen. Abbildung 3 demonstriert die Gültigkeit elementarer Grundformen für das multisensuelle Design anhand eines Gemäldes des Futuristen Giacomo Balla.

---

[3] Dieses Klassifizierungs-Schema habe ich an anderer Stelle ausführlicher diskutiert, so in Haverkamp 2002, 2006a.

[4] Siehe z. B. bei Cytowic 2002

[5] Siehe z. B. Robertson, Sagiv (ed.) 2005

Abb. 3: Giacomo Balla: Geschwindigkeit eines Autos + Licht + Ton, 1913; verglichen mit Designmerkmalen moderner Pkw.

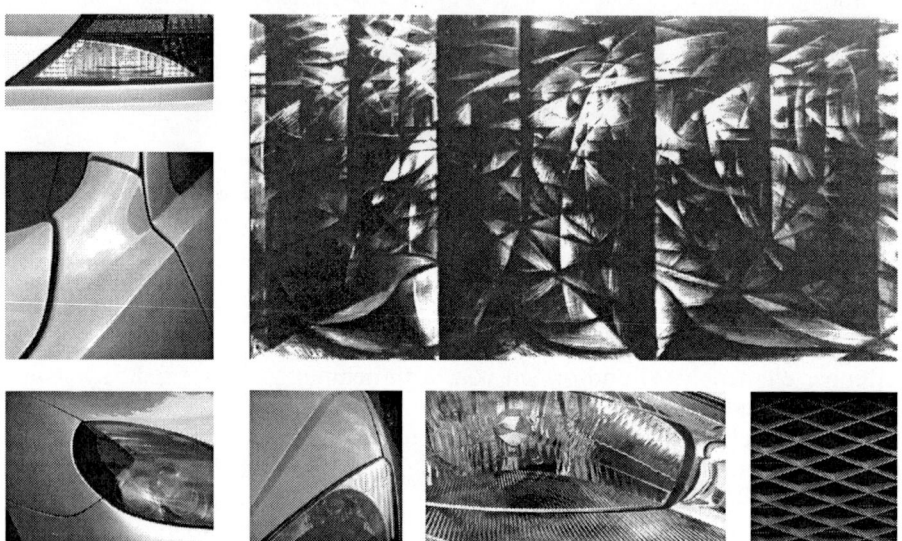

3.2 Inter-modale Analogie

Im Gegensatz zu den im Individuum fest angelegten, genuinen Synästhesien sind inter-modale Analogien vom Kontext beeinflussbar und können so situationsabhängig variieren. Über Analogien werden einzelne Eigenschaften einer Sinneswahrnehmung mit Eigenschaften eines anderen Sinnesbereiches verknüpft. Im Unterschied zu genuiner Synästhesie sind alle Menschen in der Lage, Analogien zu bilden, und tun dies intuitiv im Rahmen des Wahrnehmungsprozesses. Die inter-personale Varianz ist deutlich geringer als bei synästhetischer Wahrnehmung, und es existieren Analogien, die der überwiegenden Zahl von Personen als besonders nahe liegend oder passend erscheinen. Diese bevorzugten Lösungen spielen daher eine besondere Rolle im multi-sensuellen Design, das auf die Erwartungen großer Personengruppen abzielt.

3.3 Ikonische Verknüpfung (konkrete Assoziation)

Der Begriff *ikonische Verknüpfung* bezeichnet Verbindungen, die aufgrund einer Identifikation von Objekten entstehen.[6] Im Rahmen der ikonischen Verknüpfung wird zum Beispiel das Fahrgeräusch eines Automobils mit dessen visueller Erscheinung assoziiert, sofern beides bekannt ist. Es ist also vorausgesetzt, dass die Zuordnung früher gelernt wurde – in der Regel bei gleichzeitig vorhandener auditiver und visueller Wahrnehmung – und im aktuellen Fall erinnert wird. Bei Klingeltönen von tragbaren Telefonen sind zur Abgrenzung von künstlichen Geräuschen neuerdings die Bezeichnungen true sound oder real sound gebräuchlich. Beim Geräuschdesign im Fahrzeug liegt eine ikonische Verknüpfung dann vor, wenn auf bereits gewohnte Geräusche zurückgegriffen wird: z. B. wenn das bekannte Geräusch der Metallzungen des Blinkerrelais elektronisch nachgebildet wird.

3.4 Symbol und Metapher

Inter-modale Verknüpfungen können auch unter Bezug auf den symbolischen Gehalt von Wahrnehmungsereignissen gebildet werden. So können z. B. verschiedene auditive und visuelle Alarmsignale einander zugeordnet werden, auch wenn diese bisher nicht zusammen wahrgenommen wurden. Symbolik ist auch die Grundlage der Verbalisierung von Geräuschvorgängen, die umgangssprachlich, aber auch in psycho-physikalischen Versuchen bedeutsam ist (semantisches Differential). Im Gegensatz zum assoziativen Erkennen eines Geräusches bzw. einer Geräuschquelle setzt das Erfassen eines symbolischen Gehaltes die Kenntnis seiner Bedeutung voraus.

Dies kann im Gestaltungsprozess nur ausgenutzt werden, wenn die Kenntnis der Symbolik beim Kunden eindeutig und fest verankert ist. Da allgemein verstandene Symbole Umwertungen unterworfen sein können, birgt dies bei der Produktdefinition auch Risiken. Der Einsatz des aus Passagierflugzeugen bekannten, glockenartigen Signals bei einem Fahrer-Informationssystem wäre z. B. ein Rückgriff auf bekannte Geräuschsymbolik.

Die ikonische und symbolische Ebene sind eng miteinander verkoppelt. Dies verdeutlicht ein Vergleich gesprochener Sprache im Fall einer dem Hörer unbekannten Sprache mit dem Fall vorhandenen Sprachverständnisses. Im ersten Fall ist eine Identifikation der Quelle möglich (ikonische Repräsentation), jedoch ohne Entschlüsselung der Sprachbedeutung, im zweiten Fall kommt der dechiffrierte semantische Gehalt hinzu (Symbolebene).

---

[6] In früheren Publikationen habe ich die Bezeichnung *konkrete Assoziation* gewählt, um auf das konkret-dingliche dieser Verknüpfung *hinzuweisen* – s. a. *konkrete Poesie, musique concrete.*

3.5 Bewusste Verknüpfung

Es besteht natürlich die Möglichkeit, inter-modale Verbindungen durch Anwendung bewusst konstruierter Konzepte herzustellen, insbesondere auf Basis mathematisch-physikalischer Zusammenhänge. So wurde oft versucht, physikalische Eigenschaften des sichtbaren Lichts mit denen von hörbarem Schall in Beziehung zu setzen.[7] In der multi-medialen Kunst geschieht dies häufig durch Anwendung komplexer Algorithmen, aber auch für den Alltags-gebrauch am PC haben sich audio-visuelle Interfaces – wie der *windows media player* und viele andere – inzwischen durchgesetzt. Die Anwendung formaler Konzepte bei der Gestaltung führt jedoch nicht automatisch zu Ergebnissen, die der Wahrnehmung unmittelbar zugänglich sind. Im Gestaltungsprozess muss daher die intuitive Wirkung der Verknüpfung auf den Rezipienten geprüft werden, die in der Regel auf Analogien sowie ikonischen und symbolischen Verknüpfungen beruht.

4. Parallelverarbeitung

Für ein eingehendes Verständnis der Verknüpfung verschiedener Sinnes-attribute ist insbesondere die Berücksichtigung der Parallelverarbeitung wesentlich. Parallelverarbeitung ist das beherrschende Prinzip der Signal-verarbeitung im Wahrnehmungssystem. Dies gilt offenbar auf dem niedrigsten, neuronalen Niveau ebenso wie für die Bereiche der kognitiven und emotionalen Verarbeitung.[8] Für das hier vorgestellte Modell inter-modaler Koppelungen bedeutet dies, dass Verknüpfungen auf mehreren Ebenen zeit-gleich erfolgen können. Die Ergebnisse der Verknüpfung sind zunächst voneinander unabhängig. Dies entspricht auch der täglichen Erfahrung, bei der z. B. ein musikalisches Motiv die Assoziation „Blitz" auslöst, ein zur Klang-farbe korrelierter Helligkeitswert zugeordnet wird und es gleichzeitig möglich ist, die musikalische Struktur analytisch zu betrachten.

Die multi-sensuelle Optimierung von Geräuschen im Gestaltungsprozess kann auf Verknüpfungen jeder Ebene aufbauen. Nicht jede Strategie ist jedoch zur Schaffung allgemeingültiger Design-Lösungen geeignet, die ein breites Kundenspektrum ansprechen. Allgemein nachvollziehbare Gestaltungen müssen sinnvolle Analogien sowie die ikonische und symbolische Ebene einbeziehen. Die symbolische Ebene erfordert den längsten Lernprozess, führt jedoch zu den stabilsten Verbindungen. Die Veränderung symbolischer Ver-knüpfungen (z. B. durch Werbung) erfordert allerdings auch den größten Aufwand. Die ikonische Ebene setzt die Erfahrung gleichzeitig in verschie-

---

[7] Eine ausführliche Darstellung der historischen Entwicklung zum sogenannten *Farbe-Ton-Problem* bis zum Ende des 19ten Jahrhunderts findet sich bei Jewanski 2006.

[8] U. a. diskutiert bei Damasio 2004

denen Sinnesbereichen dargebotener Reize voraus, zum Beispiel das Sehen und Hören einer Glocke. Analogien werden auch bei der Gestaltbildung unbekannter Sinnesreize gebildet – daher können auf diesem Wege bislang unbekannte Objekte miteinander verbunden werden. Bei der Gestaltung eines Produkt-Designs kann auf symbolische Verbindungen zurückgegriffen werden, sofern sicher ist, dass alle potentiellen Kunden diese durch Lernen bereits verinnerlicht haben: z. B. das typische Motorengeräusch eines klassischen Rennwagens, das zu dem Emblem oder der Silhouette eines sportlichen Fahrzeugs passt. Eine „eingefahrene" Symbolik kann jedoch dadurch modifiziert werden, dass an ikonische Repräsentationen appelliert wird, die – vielleicht aus anderen Lebensbereichen – ebenfalls im Wahrnehmungssystem verankert sind: z. B. charakteristische Klangeigenschaften eines Düsentriebwerks, die mit schnell bewegten Objekten assoziiert werden.

Stehen noch keine symbolischen oder ikonischen Repräsentationen zur Verfügung, so können inter-modale Analogien zur deren Erzeugung beitragen: z. B. kann ein als „bewegt" oder „kraftvoll" empfundenes Geräusch eines Fahrzeugs mit innovativer Formgebung sich schließlich ikonisch mit der Form verbinden und so ein neues, stabil verankertes Wahrnehmungsobjekt bilden. Es findet sich also eine Hierarchie der Ebenen von Symbolik, ikonischer Verknüpfung und Analogie, die zur Modifikation und Festigung von Verbindungen genutzt werden können. Die stabilste Gestaltung ergibt sich, wenn Aspekte dieser drei Ebenen gleichzeitig wirksam werden.

5. Wahrnehmungsobjekte – multi-sensuelle Figuren

Als Ergebnis der Auffassung der Reize eines physikalischen Objektes entsteht im wahrnehmenden Subjekt eine Repräsentation der Wahrnehmungsinhalte in Form eines Wahrnehmungsobjektes. Dies vereint die dem Objekt zugeordneten Eigenschaften aller Sinnesbereiche zu einer in sich geschlossenen Darstellung. Aktuell fehlende Wahrnehmungen werden durch Informationen ergänzt, die aus dem Gedächtnis abgerufen werden. Für die Erfassung der Objekteigenschaften ist daher sowohl aktuell aufgenommenes, als auch im vorhinein erworbenes Wissen maßgeblich.

Daher wird die Auffassung eines Produktes durch die Vorgeschichte der Wahrnehmung des Kunden wesentlich mitbestimmt. Werden Sinnesreize nur über einen einzigen Sinneskanal dargeboten, so ergänzen Gedächtnisinhalte die fehlenden Aspekte der anderen Sinne. Abbildung 4 zeigt das Verhältnis des physikalischen Objekts zum multi-sensuellen Wahrnehmungsobjekt in Anlehnung an ein Kommunikationsmodell.

Abb. 4: Die von einem physikalischen Objekt ausgehenden Reize werden über die Sinnesorgane aufgenommen und generieren ein multi-sensuelles Wahrnehmungs-objekt, das im Gedächtnis gespeichert wird. Gespeicherte Objekte können auch über Reizung nur <u>eines</u> Sinneskanals aktiviert und ins Bewusstsein gerufen werden.

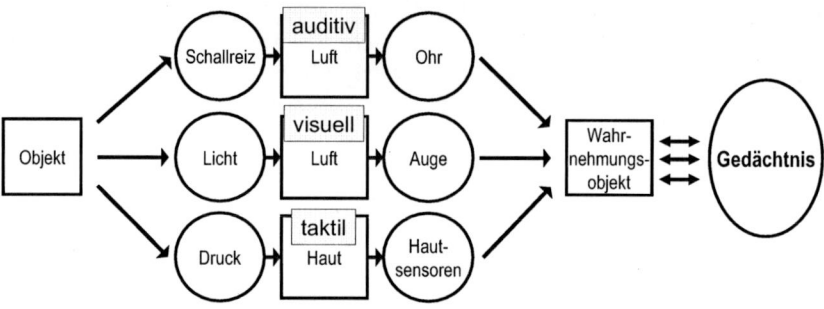

6. Inter-modale Integration

Vor dem Hintergrund einer generell lückenhaften Reizaufnahme über die Sinnesorgane ist das wahrnehmende System bestrebt, möglichst eindeutige und widerspruchsfreie Wahrnehmungsobjekte zu erzeugen. Dahinter steht die Grundannahme, dass die wahrnehmbaren physikalischen Objekte selbst in sich vollständig und widerspruchsfrei sind.

Da entsprechend Abbildung 2 verschiedene Strategien inter-modaler Verknüpfung parallel wirksam sein können, kommt der Zusammenfassung der Verknüpfungsergebnisse entscheidende Bedeutung zu. Diese können im Sinne eines Kompromisses verschmolzen werden. Dies ist zum Beispiel beim McGurk-Effekt als Kompromiss aus wahrgenommener Lippenbewegung („ga") und gehörtem Laut („ba") der Fall, wenn beides im Experiment voneinander abweicht („da" wird wahrgenommen).[9] Es ist auch möglich, dass sich eine bestimmte Strategie durchsetzt, andere dagegen unterdrückt werden (Dominanz). Ein typisches Beispiel ist der Ventriloquismus- oder Bauch-redner-Effekt, bei dem die visuelle Information (Mundbewegung der Puppe) die auditive Lokalisation dominiert (Schallquelle ist der Mund des Spielers). Im Hinblick auf ein „taktiles Design" ist die visuell-haptische Täuschung bedeutsam, bei der die taktile Wahrnehmung einer Oberfläche vom visuellen Eindruck bestimmt wird. Weichen die Sinnesreize zu stark voneinander ab, so kommt es zu einem Wahrnehmungskonflikt, der ins Bewusstsein dringen oder körperliche Reaktionen auslösen kann.

---

[9]   McGurk, MacDonald 1976

So wird heute auch versucht, die Seekrankheit als Folge eines Wahrnehmungskonflikts zwischen dem Sehen und der Gleichgewichtsempfindung zu verstehen. Für das Markendesign ist die Kenntnis der Grenzen entscheidend, bis zu denen Abweichungen der Sinnesinformation ohne negative emotionale Bewertung toleriert werden.

7. Multi-sensuelle Landschaften

Um die Vielzahl der von einem komplexen Produkt – wie dem Automobil – ausgelösten Wahrnehmungsobjekte in eine systematische Hierarchie zu bringen, muss zwischen Bedeutung tragenden Signalen, die Aufmerksamkeit verlangen, unterschieden werden und solchen, die die Aufmerksamkeit nicht ablenken, jedoch atmosphärische Information vermitteln. Hier muss eine präzise Auswahl im Sinne der Markenstrategie getroffen werden. Schafer hat auf eine entsprechende Abstufung von Figur und Hintergrund bei der Wahrnehmung von Geräuschen der akustischen Umwelt hingewiesen[10] (☞ vgl. Artikel K. Bronner). Auch dort treten Bedeutung tragende Signale (sound-marks = Orientierungslaute) vor der Geräuschkulisse des Hintergrunds in Erscheinung.

Abb. 5: Mangelnde Differenzierung von Einzelfiguren zum Hintergrund wird als Analogie zu Lärm empfunden. Giacomo Balla: Forme Rumore („Geräusch-formen", wohl auch „lärmende Formen"), 1917.

---

[10] Schafer 1977

Das akustische Umfeld ähnelt einer Landschaft und wird daher in Analogie zur land-scape als sound-scape bezeichnet.[11] Betrachtet man die Umgebung des Fahrers, so ist die hierarchische Abstufung der Sinnesreize unabdingbar, um die Bedienbarkeit des komplexen technischen Systems zu sichern. Ohne diese Hierarchisierung entsteht der Eindruck von Konfusion verbunden mit der Gefahr von Fehlbedienungen. Im auditiven Bereich wird dies als Lärm empfunden (Abb. 5). Im Gegensatz dazu sollen die zur Bedienung des Fahrzeugs notwendigen Wahrnehmungsobjekte durch gezieltes Absetzen der physikalischen Eigenschaften vom Hintergrund besonders hervorgehoben werden. Dies gilt sowohl für die visuelle Wahrnehmung, als auch für den auditiven und taktilen (haptischen) Sinnesbereich. In allen Bereichen entstehen Landschaften, die in ihren Reizabstufungen zu optimieren sind und einen gezielten multi-sensuellen Abgleich erfordern. Auch so gewinnt das Markenimage an Profil.

8. Atmosphäre – der multi-sensuelle Hintergrund

Obwohl das mit dem Fahrbetrieb verbundene Hintergrundgeräusch im Normalfall nicht die Aufmerksamkeit des Fahrers binden soll, trägt es doch wesentlich zum Fahreindruck bei. Dazu wird es vom Wahrnehmungssystem jedoch in seiner Ganzheit intuitiv aufgenommen. In gleicher Weise tragen auch die Gesamtheit der unspezifischen visuellen Eindrücke sowie Geruchssinn, Tastsinn und Temperaturempfinden bei. Daraus entsteht ein Empfinden der aus allen Sinnesreizen gebildeten Atmosphäre, die eine intuitive Wertung des gesamten Umfeldes beinhaltet.[12] Auch hier gilt, dass die Gesamtbewertung nicht über einfache kausale Zusammenhänge aus den im Augenblick messbaren Sinnesreizen ableitbar ist. Zur Erzeugung einer Atmosphäre, die dem Markenimage entspricht, sind Designmerkmale geeignet, die eine emotionale Grundstimmung anregen, ohne im Einzelnen in den Vordergrund zu treten und den Fahrer von wichtigen Bedienaufgaben abzulenken. Dazu können Lichtelemente ebenso eingesetzt werden (ambient lighting) wie eine sorgsam gestaltete Geräuschumgebung (ambient sound-scape).

9. Funktionale Analogie

Die Aufgabe der Gestaltung funktionaler Elemente besteht darin, eine eindeutige Funktion mit eindeutiger Symbolik und eindeutigen visuellen, auditiven und taktilen Objekteigenschaften zu verknüpfen. Abb. 6 verdeutlicht dies anhand eines Schalters einer elektrischen Parkbremse, dessen präzise Funktion neben klarer visueller Anmutung und Symbolik insbesondere auch im Klick-Geräusch der Betätigung eindeutig und robust repräsentiert sein

---

[11] Siehe auch Haverkamp 2004
[12] Zum Begriff der *Atmosphäre* siehe Böhme 2003

muss, um ein Gefühl der Sicherheit zu vermitteln. Auch das Motorgeräusch kann im Sinne funktionaler Analogie beurteilt werden. So wird die „Sportlichkeit" des Motorverhaltens vom Kunden – neben der Klangfarbe – auch über den Grad der Erhöhung des Geräuschpegels bei Betätigung des Gaspedals beurteilt.[13] Ikonische Verknüpfungen zu vertrauten Geräuschen können den klassischen Eindruck untermauern, während neue Klänge den innovativen Aspekt stützen. Das Motorgeräusch ist traditionell ein wesentlicher Träger der Markenerscheinung im Automobilbau. Daneben tragen jedoch alle wahrnehmbaren funktionalen Vorgänge zur Qualitätsanmutung des Produktes bei.

Abb. 6: Schalter einer elektrischen Parkbremse (EPB): Die Gestaltung des Schalters mit klar umrissenem Objektcharakter korrespondiert mit der ausgelösten, klar definierten und eindeutigen technischen Funktion. Der Objektcharakter des zugeordneten visuellen Symbols muss dem ebenso entsprechen wie das Betätigungsgeräusch.

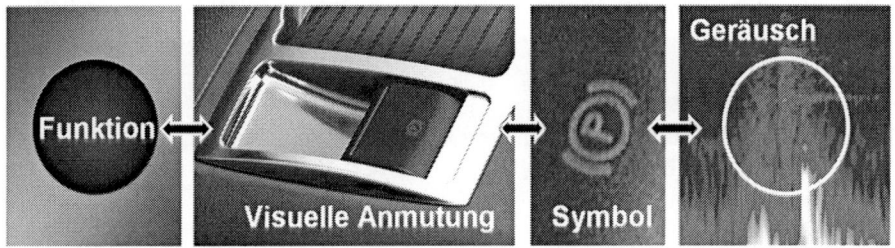

Zur Optimierung der funktionalen Rückmeldung eines Betätigungsvorgangs über verschiedene Sinnesbereiche müssen die wahrgenommenen Eigenschaften über inter-modale Analogien miteinander korrelieren. Bei manueller Betätigung eines Bedienelements muss der ausgelöste Bewegungsverlauf mit der in Hand und Arm empfundenen Bewegung übereinstimmen (Propriozeption). Eine visuell als gleichmäßig beurteilte Bewegung muss mit gleichmäßiger Kraftrückmeldung und – falls ein Geräusch zugeordnet ist – auch mit gleichmäßigen auditiven Vorgängen verbunden sein.

Am Beispiel einer mechanischen, handbetätigten Parkbremse wird dies deutlich: Das Aufbringen einer Betätigungskraft bewirkt eine visuell wahrnehmbare Bewegung des Hebels nach oben. Gleichzeitig nimmt die mit der Bremskraft korrelierte Gegenkraft des Bremssystems zu. Der Fahrer erhält so unmittelbar die Information über die zunehmende Haltekraft des Bremssystems. Gleichzeitig bewegt sich die Sperr-Klinke über die Zähne der Raste, die ein unbeabsichtigtes Lösen der Handbremse nach Ende des Betätigungsvorgangs verhindert. Dies ist mit hörbarem Klicken und spürbaren Impulsen

---

[13] Siehe z. B. Zeitler & Zeller 2006

verbunden. So erhält der Fahrer die Gewissheit, dass sich die Bremse bei der eingestellten Haltekraft verriegeln wird. Erst die Verbindung analoger Vorgänge im visuellen, auditiven, taktilen und propriozeptiven Sinnesgebiet ermöglicht so die Rückmeldung der sicheren Funktion.

Beim Übergang von rein mechanischen Parkbrems-Systemen zur elektrischen Betätigung erfolgt die Auslösung allein über einen elektrischen Schalter. Die oben genannten, multi-sensuellen Rückmeldungen fallen damit weg. Nun kommt dem Geräuschdesign für die elektrische (oder elektro-hydraulische) Betätigungseinheit besondere Bedeutung zu, gilt es doch, die Information über die sichere Funktion allein akustisch zu vermitteln. Der Geräuschvorgang muss so verlaufen, dass eine Assoziation des "Greifens" der Bremsbeläge dem Fahrer Sicherheit über die robuste Ausführung der Funktion vermittelt. Die Kunst der Gestaltung besteht insbesondere darin, das Anziehen der Bremse im Geräusch ebenso eindeutig darzustellen wie das Lösen. Es besteht zwar die Möglichkeit, die Fahrerinformation durch visuelle Signale zu unterstützen – auch dies muss jedoch in genauer Analogie zur Funktion erfolgen.

10. Taktiles Design

Der visuelle Eindruck der Innenausstattung von Fahrzeugen muss mit deren taktilen Eigenschaften in Einklang stehen, d. h. Materialien müssen sich so anfühlen, wie es aufgrund der optischen Parameter erwartet wird. Die vom Fahrer mit Händen und Füßen betätigten Elemente (Lenkrad, Blinkerhebel, Schalthebel, Pedale, elektrische Schalter etc.) lassen sich nur bedienen, wenn über die daran beteiligten Sensoren der Muskulatur eine Rückmeldung der korrekten Funktion erfolgen kann (Propriozeption). Versuche mit den ersten Prototypen der Lenkhilfe (Servo-Lenkung) haben gezeigt, dass es nahezu unmöglich ist, ein Fahrzeug sicher zu steuern, wenn die Auslenkung des Lenkrades nicht zu einer proportionalen Gegenkraft führt, die eine intuitive Beurteilung der aktuellen Position des Lenkrades und damit der Stellung der Rä-der erlaubt. Auch dabei gilt für ein optimales, multi-sensuelles Design, dass die Wahrnehmung in jedem Sinnesbereich eindeutig und widerspruchsfrei sein sollte und somit eine Objektqualität aufweist, die der erwarteten Funktion genau entspricht. Dies ist insbesondere für die erstrebte Sicherheitsanmutung wichtig.

Es ist selbstverständlich, dass Bedienelemente griffig ausgeführt sein müssen, um ein Abrutschen oder unbeabsichtigtes Gleiten der Hände und Fuß-sohlen zu verhindern. Dazu gehört auch die taktile Wahrnehmung der Griffigkeit, d. h. die Oberfläche muss sich griffig anfühlen. Zusätzlich wichtig sind die Kontrollierbarkeit der ausgelösten Bewegung (z. B. eines Hebels) und die taktile Rückmeldung bei Erreichen der gewünschten Einstellposition, etwa durch Rückmeldung einer Vibration („Einrasten"). Die Sicherheitsanmutung soll jedoch bereits bei visueller Erfassung des Designs entstehen, noch bevor die Bediensicherheit vom Kunden erprobt wird. Sind mit der Bedienung akustische Signale verbunden, so ergibt sich folgender synästhetischer Zusammenhang: visuelle Griffigkeit ⇔ gefühlte Griffigkeit der Oberfläche ⇔ Kontrollierbarkeit der Bewegung ⇔ Ausführung der gewünschten Bewegung ⇔ Erreichen der gewünschten Position ⇔ akustische Rückmeldung für Bewegung und Position des Bedienelements ⇔ Auslösung der gewünschten Funktion ⇔ akustische Rückmeldung der Funktion.

Abb. 7: Taktiles Design eines Scheibenwischer-Schalters mit griffiger Oberfläche und genopptem Einstellring für den Intervallschalter. Es genügt nicht, einen griffigen Schalter zu entwickeln, die Bediensicherheit muss vielmehr auch visuell hervorgehoben werden.

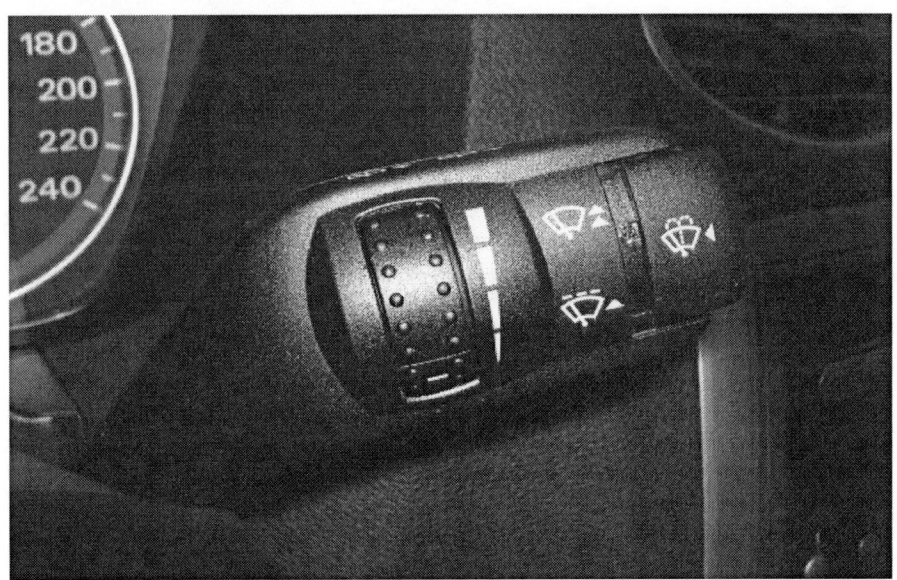

11. *kinetic design*

Wie bereits angedeutet, lässt sich die Dynamik von Vorgängen auch anhand optischer und akustischer Grundformen ausdrücken. Im Sinne eines synästhetischen Designs ist es daher wichtig, die Fahreigenschaften als wesentlichen funktionalen Aspekt des Automobils auch in der visuellen und auditiven Anmutung erlebbar zu gestalten. Das Fahrzeug soll so aussehen und klingen, wie es sich fährt. So wird die Fahrdynamik auch bei Konstantfahrt oder im Stand nach außen kommuniziert – potentielle Kunden erhalten bereits vor der Probefahrt einen Eindruck der dynamischen Eigenschaften des Produkts. Das Ziel des *kinetic design* ist es daher, durch die visuelle Anmutung Emotionen auszulösen, die den während der Fahrt erlebten Gefühlen

nahe kommen. In diesem Sinne müssen die gewählten visuellen Design-
attribute sowohl den Fahreigenschaften entsprechen, als auch dem Geräuschverhalten während der Fahrt. Das kinetic design muss die äußere Gestaltung
(Abb. 8) ebenso umfassen wie die unmittelbare Fahrerumgebung. Optisch ist
die Gestaltung durch hervortretende Kanten mit „dramatischem" Verlauf, die
Kombination gerader und gekrümmter Linien sowie durch spitze Winkel
charakterisiert. Durch Schattierungen und Farbgebung entstehen zusätzliche
Kontraste, unterstützt von der Oberflächenstruktur. Ebenso kontrastreich muss
das Geräuschverhalten ausgelegt werden. Es soll die schnelle und ent-
schiedene Reaktion aller Aggregate auf die Fahreraktion zum Ausdruck
bringen. Ikonische Verknüpfungen zu ausgeprägt technischen Geräuschen verstärken die dynamische Anmutung und fördern den Eindruck innovativen
Designs – insbesondere mit Geräuschen, die nicht dem Automobilbau ent-
stammen, sondern z. B. als Turbinengeräusch mit Hochtechnologie des Flug-
zeugbaus assoziiert werden. Auch Zukunftsklänge beeinflussen das Markenimage in dieser Richtung, etwa als Signale von Fahrer-Informationssystemen.

Abb. 8: kinetic design: FORD Iosis Konzeptstudie, vorgestellt auf der IAA
Frankfurt 2005.

12. Ausblick

Es ist inzwischen erkannt worden, dass Aufbau und Festigung eines Marken-images nur unter Einbezug aller bei der Wahrnehmung des Produktes beteiligter Sinnesbereiche gelingt. Mit dem Anspruch einer differenzierten, aussagekräftigen Gestaltung nach außen und der Optimierung eines hoch-komplexen Mensch-Maschine-Systems nach innen stellt der Automobilbau sehr hohe Anforderungen. Die Geräuschgestaltung erhält dabei eine Schlüssel-rolle, da sie sowohl Informationen über die vielfältigen Funktionen und deren gewünschte Ausführung transportiert, als auch emotionale Aspekte vermittelt, die intuitiv und unmittelbar die Identifikation mit dem Produkt und letztlich die Kaufentscheidung beeinflussen.

Für die Zukunft stehen verbesserte technische Möglichkeiten der Fahr-zeugakustik bereit. So ist es inzwischen möglich, vorhandene Geräusche durch aktive Unterdrückung des Schallfeldes auszublenden (ANC: active noise cancellation) und durch synthetische Klänge zu ersetzen. Damit liegt es auch nahe, alle funktionalen Geräusche und Signale ebenso wie Radiosignal und Navigationsansagen über ein zentrales System zu koordinieren, das vom Kunden nach Wunsch modifizierbar ist. Vor dem Hintergrund vielfältiger technischer Möglichkeiten ist der systematische Einbezug von Verbindungen zwischen den Sinnesbereichen im Rahmen des synästhetischen Designs elementare Voraussetzung dafür, dem Kunden ein Produkt zu präsentieren, das seinen Wünschen widerspruchsfrei entspricht.

Literatur

Böhme G.: Atmosphären. Essays zur neuen Ästhetik. Berlin: Suhrkamp 2003

Cytowic R. E.: Synesthesia, A Union of the Senses. Massachusetts: MIT 2002

Damasio A. R.: Descartes' Irrtum. Fühlen, Denken und das menschliche Gehirn. Berlin: Ullstein 2004. Originalausgabe: Descartes' Error. Emotion, Reason and the Human Brain. New York: G.P. Putnam's Son 1994

Filk C., Lommel M., Sandbothe M. (Hg.): Media Synaesthetics. Konturen einer physiologischen Medienästhetik. Köln: Herbert von Halem 2004

Haverkamp M.: Synästhetische Wahrnehmung und Geräuschdesign. In: Becker K. (Hg.): Subjektive Fahreindrücke sichtbar machen II, S. 114-142. Renningen-Malmsheim: expert-Verlag 2002

Haverkamp M.: Audio-Visual Coupling and Perception of Sound-Scapes. In: Proceedings of the Joint Congress CFA/DAGA'0, S. 365-366. Deutsche Gesell-schaft für Akustik DEGA: Oldenburg 2004

Haverkamp M.: Auditiv-visuelle Verknüpfungen im Wahrnehmungssystem und die Eingrenzung synästhetischer Phänomene. In: Sidler N., Jewanski J. (Hg.): Farbe-Licht-Musik. Synästhesie und Farblichtmusik, S. 31-74. Bern: Peter Lang 2006a

Haverkamp M.: Beurteilung und Gestaltung von Geräuschen auf Basis inter-modaler Analogien. In: Becker K. (Hg.) Subjektive Fahreindrücke sichtbar machen III, S. 182-204. Renningen: expert-Verlag 2006b

Jewanski J.: Von der Farbe-Ton-Beziehung zur Farblichtmusik. In: Sidler N., Jewanski J. (Hg.): Farbe-Licht-Musik. Synästhesie und Farblichtmusik, S. 131-211. Bern: Peter Lang 2006

Luckner P.: Multisensuelles Design. Eine Anthologie. Hochschule für Kunst und Design, Halle: 2002

McGurk H., MacDonald J.: Hearing lips and seeing voices. Nature 264, S. 746-748: 1976

Robertson L. C., Sagiv N. (ed.): Synesthesia. Perspectives from cognitive Neuro-science. Oxford: Oxford University Press 2005

Quang-Hue V. (Hg.): Soundengineering. Kundenbezogene Akustikentwicklung in der Fahrzeugtechnik. Renningen-Malmsheim: expert-Verlag 1994

Schafer M.: The tuning of the world. Toronto: McCelland and Steward 1977

Zeitler A., Zeller P.: Psychoacoustic modelling of sound attributes. SAE technical paper 2006-01-0098: 2006

G. Wie es sich gehört:
Anwendungen und Fallbeispiele

Der Markenklangprozess

Rainer Hirt

Anemono Kommunikation / Leitung www.audio-branding.de, Konstanz

1. Einleitung

Wenn man sich mit der Entwicklung einer akustischen Markenidentität be-schäftigt, sollte man sich auch im Vorfeld mit der Planung, Durchführung und Steuerung dieser teilweise sehr komplexen Aufgabe auseinander setzen, um maßgeschneiderte Lösungen gestalten zu können.

Dieser Artikel soll einen Einblick verschaffen, wie eine Markenklang-Entwicklung gesteuert werden kann und welcher Werkzeuge in Form von Methoden und Verfahren es bedarf, um sich dem Thema „Markenidentität und Klang" zu nähern.

Auf Basis der Diplomarbeit „Der Markenklang-Prozess. Methodik und Strukturverlauf einer akustischen Markenprofil-Entwicklung"[1] sowie den praktischen Erfahrungen des Autors basiert dieser als Prozess-Leitfaden kon-zipierte Artikel.

Er soll den auditiv wie auch visuell schaffenden Kreativen helfen, sich dem abstrakt wirkenden Thema zu nähern, den Entscheidern einen Einblick in das Konzept einer erfolgreichen Markenklang-Entwicklung verschaffen, sowie den Experten auf dem Gebiet Inspiration für die Weiterentwicklung eigener Verfahren und Methoden geben.

2. Prozess-Theorie

Den definierten Ablauf von Zuständen eines Systems bezeichnet man als *Prozess*, aus dem lateinischen *procedere,* was voranschreiten bedeutet.

Im Sinne der [ISO 12207] ist ein Prozess ein Satz von in Wechselbe-ziehungen stehenden Mitteln und Tätigkeiten, die Eingaben in Ergebnisse umgestalten. Prozesse werden häufig auch in Teilprozesse zerlegt.

---

[1] Diplomarbeit, HTWG Konstanz, Kommunikationsdesign, 2006

2.1 Prozess-Modelle

Betrachtet und analysiert wurden Prozess-Modelle der Markenbildung sowie den hinlänglich verwendeten Marketingplänen. Nützliche Grundlagen fanden sich auch in den stabilen Prozess-Modellen der Software- oder Automotiventwicklung.

Bei der Beschäftigung mit Prozess-Definitionen und Modellen trifft man auf folgende Ansätze: Es gibt die Zustands-Definitionen wie *determinierte Prozesse,* bei denen jeder Zustand aus dem ihm vorangegangenen Zustand hervorgeht, und *stochastische Prozesse,* bei denen nur mit einer gewissen Wahrscheinlichkeit die Zustände eines Systems aus den ihnen vorangegangenen Zuständen erfolgt. Zeitliche Definitionen finden sich in den sogenannten *kontinuierlichen* (z. B. Stromerzeugung) und *diskontinuierlichen Prozessen* (z. B. Landwirtschaft). *Materiell (*körperliche Vorgänge an physischen Objekten) *sowie informationell* (Austausch bzw. die Verarbeitung von Informationen) definieren die objektbezogenen Prozesse.

Die *Dienstleistungsprozesse* können z. B. materiell als auch informationell geartet sein. Als *Managementprozesse,* werden jene Prozesse beschrieben, welche die Planung und Kontrolle von Zielen und Maßnahmen, die die Mitarbeiterführung und Gestaltung der Organisationsstrukturen beinhalten.

Operative Prozesse, stellen Leistungserstellungen dar, bei welchen das Ergebnis materieller als auch informeller Art sein kann. Aus der Betriebswirtschaftslehre stammt die Begrifflichkeit *Kernprozess* (Ableitung aus Kernkompetenz) oder *Primärprozess,* welcher sich aus der Verknüpfung von Aktivitäten, Entscheidungen, Informationen und Materialflüssen bildet, die zusammen den Wettbewerbsvorteil eines Unternehmens ausmachen. *Unterstützungsprozesse* hingegen sind Prozesse, welche den Kernprozess unterstützen.

2.2 Prozess-Design

Das Grundraster eines Markenklang-Prozesses setzt sich aus den folgenden Phasen zusammen:

Zielsetzung > Planung > Entscheidung > Ausführung > Kontrolle

Aus dieser Grundstruktur (Abb.1) leitet sich im Folgenden das Design des Markenklang-Prozesses ab.

Kernprozess:
1. Ortung
2. Orientierung
3. Produktion
4. Implementierung
5. Überprüfung

Unterstützungsprozesse:
1. Projektmanagement (PM)
2. Qualitätsmanagement (QM)

Abb.1: Grundstruktur Markenklang-Prozess

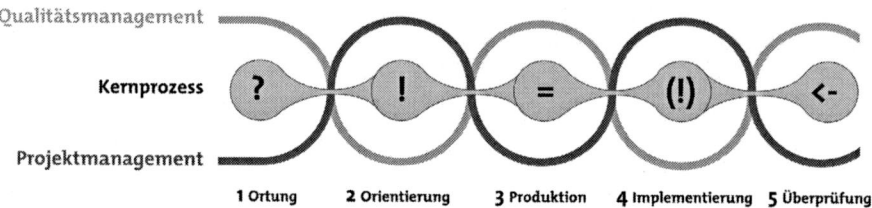

2.3 Markenklang-Techniken

Auf Basis des Markenidentität-Verständnisses empfiehlt es sich, individuell angepasste Techniken zu entwickeln.

Markenklang-Programme

1. *Modulares Programm*
   Aufeinander aufbauendes Klangsystem. Interessant für Unternehmen und Marken mit Produktangeboten, bei welchen Markenklang-Elemente implementiert werden können. Als Beispiel wäre an dieser Stelle der *Avira*-Markenklang zu nennen (🕮 vgl. Artikel K. Bronner).

2. *Modifikations-Programm*
   Entwicklung auf Basis eines bestehenden Klangraumes. Meist in Form eines Markensongs oder Audio-Logos anzutreffen. Beispiel: *O2*, hierbei dient ein Song der Gruppe Leftfield[2] als Klangraum, welcher über die Zeit immer konstant aber auch leicht modifiziert eingesetzt wird.

3. *Attribut-Fokussiertes Programm*
   Ein einzelnes Musik- bzw. Klangattribut wird fokussiert und lässt so auch motiv-thematische Variationen und Ausweichungen zu.
   Beispiel *UPS*: Tango als Attribut. *Red Bull*: Stimme als Attribut.

---

[2] Leftfield, Release The Pressure (Hard Hands / Columbia / Sony Music Entertainment Inc., 1996)

3. Inhalt Kernprozess

Zum Markenklang-Kernprozess zählen die Phasen, welche unmittelbar mit der Entwicklung der akustischen Markenidentität zusammenhängen.

3.1 Kernprozess-Phase 1: Die Marken- und Klang-Ortung

In der ersten Phase gilt es, den Ist-Zustand der Marke festzustellen. Dazu gehören Markt- und Wettbewerbssituation, Unternehmensstruktur (Mitarbeiter, Geschäftsstellen usw.), Angebot, Unternehmensgeschichte- und -philosophie. Weiterhin ist eine Selbstbild-Fremdbild-Analyse anzufertigen, welche einen objektiven Einblick in das Unternehmen verschafft.

Akustische Konkurrenz
Als *akustische Konkurrenz* betrachtet man die Klangereignisse im sensorisch wahrnehmbaren Umfeld der Anwendungsbereiche.
Zum Beispiel ist es im Rahmen der Markenklang-Entwicklung für einen Softwarehersteller wichtig, die akustischen Signale einer Rechner-Umgebung zu analysieren und auszuwerten.

3.2 Kernprozess-Phase 2: Die Marken und der Klang – Erste Orientierung

3.2.1 Verbale Sensibilisierung Teil 1 – Der Orientierungs-Workshop

Wie bringt man in Kürze die Beteiligten mit dem abstrakten Thema „Klangdefinition" in Berührung, ohne sie abzuschrecken oder mit zu wissenschaftlich anmutenden Instrumenten zu überfordern und somit die Lust am Thema zu verderben? Man versucht, sie zu sensibilisieren.

Dabei sollte zuerst einmal geklärt werden, auf welchem „Klang-Stand" sich die Beteiligten eines Orientierungs-Workshops befinden. Im Gegensatz zum visuellen Markenbewusstsein, befindet sich das des Klanges sehr oft in einem eher rudimentären Zustand. Durch Gespräche, Beschreibungs- und Querdenk-Methoden, sowie Diskussionsrunden über Klang lässt sich jedoch das Verständnis für Klang und Musik auf eine gute Basis bringen. Im Nachfolgenden werden Methoden zur ersten Klang-Sensibilisierung beschrieben:

Klangadjektiv-Auswahl
Die Workshop-Beteiligten werden gebeten, in einem vorgegebenen Zeitraum (zwischen 5 und 10 Minuten) alle Assoziationen, Ideen, Einsatzgebiete etc. zu notieren, welche ihnen zur Markenpersönlichkeit und Klang einfallen. Dieses Brainstorming wird im nachfolgenden gemeinsam ausgewertet und dokumentiert.

Querdenk-Methode
Mit dieser allgemein bekannten Kreativ-Technik wird das Abstraktions-
vermögen der Beteiligten stimuliert. Zudem gilt es als gutes „Training" für die
nachfolgenden Workshop-Teile.

Objekt-Klang-Beschreibung[3]
Zwei beliebige Gegenstände sollen aufgrund der Optik auf ihre Klangan-
mutung hin beschrieben werden.

Klangspiel: „Ich höre was, was Du nicht hörst"
Es werden zwei Gruppen gebildet, welche gegeneinander im Klangspiel antre-
ten dürfen.

Ablauf des Spiels: Jeweils ein Gruppenmitglied hört über Kopfhörer ein
bekanntes Klangbeispiel (z. B. ein Regentropfen) und soll der eigenen Gruppe
den Klang beschreiben, ohne konkret zu werden, bzw. Assoziationen auslösende Beschreibungen zu verwenden.

Reflektions-Runde:
Im nachfolgenden Gespräch wird schnell die Problematik deutlich, welche
durch die subjektiven Erfahrungen und Vorstellungen entsteht. Durch die Beschäftigung mit Klang im Allgemeinen, seiner Wirkung auf Individuen und
dem „Sich-bewusst-Werden" der unterschwelligen Beeinflussungskraft schafft
man eine Basis, auf welcher nun die akustischen Methoden der Sensibilisie-
rung aufbauen.

3.2.2 Marke und Klang-Sensibilisierung (Teil 2) – Der Orientierungs-Workshop

Im zweiten Teil werden markenspezifische Parameter wie Markenkern, Markenwerte, Ziele, Visionen etc. abgeklopft.
Hier sind z. B. Brainstorm-Techniken (Mindmapping etc.) sehr hilfreich, um
ein gemeinsames Marken-Verständnis zu schaffen.

Akustische Sensibilisierung
Über Klang zu sprechen ist ein geeignetes Mittel, um ihn dann auch über das
Hören im Markenkontext be- und auswerten zu können.
Mittels quantitativer wie auch qualitativer Auswertungsmethoden in Form von
Polaritätsprofilen, können Markenklang-Präferenzen ermittelt werden, welche
in der nächsten Phase zum relevanten Anforderungskatalog führen.

---

[3] Barbara Flückiger entwickelte ein modulares Beschreibungssystem, nach welchem sich ein Klang nach physischem Objekt, dessen Bewegung, Materialität,
Anmutung sowie der Örtlichkeit beschreiben lässt.

Orientierungs-Fazit
Die Praxis hat bisher gezeigt, dass die einzelnen Klang-Abfrage-Module spezifisch und jeweils dem Projekt angepasst, bzw. meist neu gestaltet werden müssen, um der breiten Masse an Klängen Herr zu werden.

3.2.3 Markenklang-Stimmungen

Nachdem die Marken- sowie Klangspezifikationen in einem Anforderungs-katalog[4] geordnet und dokumentiert wurden, können nun Komponisten bzw. Klanggestalter gebrieft werden.
Die Klangstimmungen sind als Anmutungen des Markenklanges zu verstehen. Sämtliche Markenklang-Elemente sollten davon abgeleitet werden können. Sie bilden sozusagen das Markenklang-Fundament (⎘ vgl. Artikel K. Bronner). Im engen Dialog mit den ausführenden Klanggestaltern (Sound-designer) werden die Klangstimmungen entworfen, welche in die unterschiedlichen Darstellungsformen eingebettet werden können.

Klangstimmungen und deren Darstellungsformen:

Stimmungs-Strecke (Moodtrack):
Eine 10-30 Sekunden lange Klangspur. Geeignet für: Präsentationszwecke (Auswahlverfahren).

Stimmungs-Film (Moodtrailer):
Eine Audio-visuelle Inszenierung der einzelnen Stimmungen.
Geeignet für: Präsentationszwecke (Auswahlverfahren) und für AV-relevante Markenklang-Programme.

Stimmungs-Architektur (Sound-Moodarchitecture):
Kernzellen-Modell, welches u. a auch in der finalen Prozessphase verwendet wird. Geeignet für Präsentationszwecke (Auswahlverfahren).

Stimmungs-Alphabet (Sound-Moodset):
Stützmodell für Herleitungen in Präsentationen in Form einer aufeinander aufbauenden Musikstrecke (Klangelement A > Klangelement A + B > Klangelement A + B + C usw.). Geeignet für Präsentationszwecke (Auswahlverfahren).

---

[4] Im Anforderungskatalog wird ebenfalls die zur Markenidentität passende Markenklang-Technik definiert.

Stimmungs-Fazit
Je nach Kunde und Projekt eignet sich die eine oder andere Darstellungsform
unterschiedlich gut. Beispielsweise ist für einen Weisswaren-Konzern, bei
welchem ein integriertes Programm entwickelt wird, eine Darstellungsform
sinnvoll, welche die Bandbreite der Klangelemente erkennen lässt, während
ein Entertainment-Unternehmen mehr auf die Klangqualität und Wirkung der
Strecke (Klangdauer) achten wird.

Es ist gerade bei diesen Darstellungs-Werkzeugen von Nöten, sich in den
Kunden hineinzuversetzen, um ihn an der Stelle abzuholen, an welcher er sich
unsicher fühlt und Hilfe benötigt. Mit Sicherheit werden zukünftig weitere
Darstellungsformen erforderlich sein, um auch den kommenden Medien etc.
gerecht zu werden (📖 vgl. Artikel L. Bernays).

3.2.4 Auswahl der geeigneten Stimmung

Die Auswahl der idealen Klangstimmung sollte in Zusammenarbeit mit den
Entscheidern getroffen werden. Dabei ist wichtig, ein nachvollziehbares Aus-
wertungs- und Auswahlverfahren zu verwenden. Diesbezüglich haben bisher
folgende Verfahren gute Ergebnisse erbracht:

Anforderungskatalog
Auf den Orientierungs-Ergebnissen basierender Anforderungskatalog, welcher
bei einem weiteren Workshop angewendet wird. Geeignet für: komplexe
Stimmungsschichten und Entscheider mit wenig Affinität zum Klang.

Abfragematrix
Im gemeinsamen Dialog wird je nach Darstellungsart die präferierte Stimmung ausgewählt. Geeignet für: motiv-themenlastige Stimmungen.

Szenarien-Bewertung
Aufbau einer typischen Klanganwendungs-Umgebung zur qualitativen Bewertung. Hierbei wird eine Alltagssituation simuliert und die Klangereignisse auf
deren Funktion, Markenpassung und Wirkung bewertet. Geeignet für Umge-
bungsbezogene Markenklang-Konzeptionen (Museen, Ausstellungen etc.).

3.3 Kernprozess-Phase 3: Die Produktion der Elemente

Auf Basis der ausgewählten Markenklang-Stimmung, können nun die gesamten Elemente ausgearbeitet werden. Es empfiehlt sich hier eine weitere Test-
runde einzulegen, um auch der Betriebstaubheit der Klanggestalter entgegen
zu wirken.

3.4 Kernprozess-Phase 4: Die Implementierung

Markenklang-Entwicklungen entstehen im Zuge bevorstehender Werbe-Kampagnen, Markteinführungen, Redesigns, Markendehnungen oder auch eines Personalwechsels...

Hierbei sollte man als Verantwortlicher einer akustischen Markenführung darauf achten, im engen Kontakt mit den Ausführenden zu stehen, um schnell agieren zu können, wenn es zu technischen Problemen oder Unklarheiten kommen sollte.

Ein Sound-Styleguide hilft dabei, den Klang als integrierten Bestandteil der Markenkommunikation zu steuern. In diesem sind Klangparameter, Partituren, Anwendungsrichtlinien sowie technische Beschreibungen und Anleitungen enthalten.

3.5 Kernprozess-Phase 5: Die Überprüfung

Da sich die Stilistikpräferenzen der Zielgruppen, als auch dessen Wahrnehmung variieren und sich ändern können, ist es notwendig, den Markenklang stets zu prüfen und gegebenenfalls anzupassen.

Es gibt keine Regeln, in welchen Abständen die Überprüfung stattfinden sollte. Es bietet sich jedoch an, auf gesellschaftliche Ereignisse oder Musikpräferenzen zu reagieren. [5]

3.6 Unterstützungsprozess: Das Projektmanagement

Ein wesentlicher Bestandteil erfolgreicher Markenklang-Entwicklung ist das Projektmanagement. Es stellt die Schnittstelle der verschiedenen Bereiche dar und ist ein elementarer Baustein der Markenklang-Entwicklung.

3.7 Unterstützungsprozess: Das Qualitätsmanagement

Für eine erfolgreiche Weiterentwicklung bestehender Modelle und Verfahren, bedarf es auch eines funktionierenden Qualitätsmanagements. Es sollte den Markenklangschaffenden ebenfalls bewusst sein, dass sie sich in einer ethischen Verantwortung gegenüber der Umwelt befinden. Stichwort: Klangökologie. (☝ vgl. Artikel H. Schulze).

---

[5] Die Deutsche Telekom reagiert auf aktuelle Ereignisse beispielsweise mit Variationen des Audio-Logo (Pfeifen, Tröten).

Fazit

Verantwortliches Handeln gegenüber dem Kunden und den Kreativen bildet den Kern der akustischen Markenprofilierung.

Leider scheint Markenklang derzeit auch eine Goldgräber-Stimmung auszulösen, in welcher nur zu oft das schnelle Geld für ein paar Töne gewittert wird. Dementsprechend werden Ergebnisse hervorgebracht, welche der Marke eher schaden als unterstützend wirken.

Mit Hilfe eines Planes, vorausgesetzt er wird auch befolgt und nicht nur als Marketingmaßnahme und „Alleinstellungsmerkmal" zweckentfremdet, trennt sich die Spreu vom Weizen. Mein Plädoyer für den verantwortlichen Umgang mit Markenklang im gesellschaftlichen Kontext: Nicht alles, was klanglich unterstützt werden kann, muss auch...

Verantwortung bedeutet manchmal auch: Mut zur Stille!

Literatur

Becker J. (Hg.): Process Management. Berlin: Springer Verlag 2002

Esch F.-R.: Strategie und Technik der Markenführung. München: Vahlen 2005

Fichter J., Kunz R.: New Genus and Species of Chirotheroid Tracks in the Detfurth-Formation (Middle Bunter, Lower Triassic) of Central Germany. – Ichnos, 11: 183-193, 13 Abb.; Philadelphia: 2004

Flückiger B.: Sounddesign. Die virtuelle Klangwelt des Films: 2001

Helbig R.: Prozessorientierte Unternehmensführung. Heidelberg: Physica Verlag

Hieronimus F.: Persönlichkeitsorientiertes Markenmanagement. Eine empirische Untersuchung zur Messung, Wahrnehmung und Wirkung der Markenpersönlichkeit. Frankfurt am Main: 2003

Kaplan R. B., Murdock L.: Core Process Redesign. In: The McKinsey Quarterly 2, S. 27-43: 1991

Osterloh M., Jetta F.: Prozessmanagement als Kernkompetenz. Zürich: Gabler Verlag 2003

Schmelzer, Sesselmann: Geschäftsprozessmanagement in der Praxis. München, Wien: Hanser Verlag 2003

The Samsung Global Sound Project: Cross-culture Innovation

Aaron Day

Receive-Transmit, Berlin

1. Introduction

In this world, the eyeball is king. We have huge vocabularies dedicated to the description of information we receive via the visual channel. Not so with sound. It is difficult to talk about sound with individuals who are unfamiliar with, or in some cases, scared of the subject. It is too often the case that decision makers consider sound as either A. Music and music only or B. That annoying part of the project that you do after everything else is done.

Baldly stated: all music contains sound but not all sound is music (John Cage et al. not withstanding). Understanding this distinction by the client is vital for any AUI (audio user interface) or sound branding project to develop successfully.

Now, consider this issue compounded by working across a significantly different culture (than one's own) and language. This brief case study will illuminate some of these issues and provide some insights into how they were navigated in the context of a six month strategy, design and research project.

The Global Sound Project (GSP) represented Samsung's first major attempt to develop a sound design and brand strategy for North America and Europe. By the end of the project we delivered a strategy for the creation and use of audio user interface (AUI) elements as well as branded audio elements for typical mobile products: mobile phones, PDAs, digital video cameras and hybrids of these devices.

Being competitive requires innovation. Innovation requires change and risk – two things that do not come easy in corporations. Before we could complete our two main goals: creation of a strategy and tools for innovation, we had to bridge the gap between East and West. It took some work and the first steps were a little shaky, however in this case study I will discuss how we satisfied the contracted assignment of creating a global sound strategy and, at the same time, created tools to spark innovation.

Rather than follow a strict chronological discussion of the GSP this case study will alternate between narration, which is vital to understanding the project context, and some brief examinations of process and design concepts. No process is perfect and no project is without missteps, the GSP was no exception. Recognition of our shortcomings early on in the process and responding to client feedback was critical, and examples of such are provided in this article. I hope this approach will provide the reader with some insights into what turned out to be a complex but successful project.

2. Culture, Shock

2.1 Better Aikido than Boxing or, Saying "Yes" when you Mean "No"

A note about working with Korean companies – Samsung in particular. Samsung has employed some of the best and brightest educated people in both Korea and the West. This means that many of the individuals that we worked with spoke English freely and were well acquainted with Western ways. Many were not however.

In Korea Samsung is a well respected corporation. Doing business with them can be, from the Korean point of view, a great honor. From a Western point of view this could be perceived arrogance, but it shouldn't be taken as such. Furthermore, do not confuse the politeness and hospitality of Korean culture with a lack of business acumen. They are experienced and ferocious negotiators.

Unlike most business relations in the West, contracts can be viewed as the beginning of negotiation rather than the end. This is not the rule, but it can happen. Such departures or requests for extra work can range from the trivial to the absurd. Even if the client is clearly out of bounds, waving around a stack of paper in their face isn't going to change their mind. Unless you are *IBM*, *Bechtel* or *Sony* it's safe to say that Samsung is bigger than you and has more lawyers than you. For small requests that don't impact the project schedule or resources (too much) it can make sense to just say "yes" and do the extra work.

Who knows, maybe their request is well founded and will open up some new ideas? For requests that are clearly out of the project scope or are in some other way unreasonable; be diplomatic. We were able to avoid some tight spots by agreeing that request xyz was a great idea but that it might seriously compromise other parts of the project and that we would be happy to perform request xyz at a later date etc.

This constant process of give and take is as much a part of Korean business as the: propose, review, refine, narrow, repeat process that most agencies in the West follow. What does all this boil down to? Keep some design resources in reserve, be flexible and above all never, ever, lose your cool.

2.2 Meetings in Seoul

Although we had worked for Samsung's US offices on other projects, this was the first time we would be dealing directly with the headquarters in Seoul. I hope our experience of dealing with Samsung, specifically native Korean Samsung employees, will help the reader understand the cultural issues we were faced with and which played a decisive role in the way the project was conducted.

Our kick-off meetings were rather informal and were attended by user interface designers, middle-managers, and so on. No engineers or industrial designers were present and this made us a little nervous as we had requested the attendance (and interviews) with both. These meetings took place over the first few days in different departments that had a stake in our project. We met with one of several mobile groups, the global business group, a UI (User Interface) group and so on. We sat through many Powerpoint presentations – some informative, some not so. As we moved from meeting to meeting it was clear that the different departments who had a stake in the project all had different views on what it should be. The next day we visited a manufacturing facility to get a closer look at the products we would be designing for. A meeting with the head of one of the digital-imaging groups had been arranged that would turn out to be one of the most fruitful meetings of the entire project.

2.3 Trip to Suwon

After a breakfast of fish soup and Korean pickles we met up with the head of the sound design group and made for the train station. A short train-ride from Seoul brought us to Suwon, one of Samsung's factory cities. The predominant architecture in Suwon is neat rows of small, city council-style flats with building numbers and Samsung logos painted on the sides 10 meters high. The people that live in these flats, for the most part, all work for Samsung. Nearby is the facility: a sprawling complex of laboratories, fabrication facilities, a product museum and who knows what else. It is huge. At lunch time 30,000+ people all sit down to eat.

Before entering the facility we had to wait in a rather dingy mobile-home/pre-fab style area filled with Samsung employees, a few shabby couches and a water cooler. Behind a scratched counter, and somewhat out of place, stood two immaculately groomed, smiling young women that welcomed us and took our passports. Some words were exchanged with our host who turned to us and said "OK, we wait." What we were waiting for was unclear, however after 45 minutes and several cups of tea another super-clean, uniformed employee motioned to us that it was time to leave and led us to the main entrance of the facility.

I never went through Checkpoint Charlie when the wall divided Germany nor have I ever taken a tour of the U.S. Treasury, but I will never forget clearing security to enter the Suwon complex. Steel gates, bullet-proof glass, grim-faced guards – it was all there. Scanned, searched and secured – they taped our laptops shut with adhesives so strong I never managed to get the sticky-blotches off of my Ti-Book. Walking into the complex I was reminded no less that five times not to take any photographs or video.

Walking around the facility we saw that many of the buildings had huge banners affixed to their sides. The text on the banners was often a mix of English and Korean with phrases like "Microprocessor Group B Leads the Way!" Our host explained that different divisions were often in competition with each other and that slogans, along with boosting morale, were used to identify different projects and teams. I seldom give our projects catchy names but it seemed to be something that was encouraged here. Later we took a cue from the naming concept and applied it to the strategy we created.

What made the trip to Suwon so important was our meeting with the digital video camera group. Many of our prior meetings tended to be uneventful and left us with more questions than answers. Not so with the man we were about to meet. Our host led us into what I later described as the "Mini Digital Video Camera War Room". The walls were covered with blueprints and design diagrams for Digital Video Cameras (DVCs). The tables were piled with torn apart DVCs, electronic components and so on. A man entered the room with two assistants. We were introduced and we exchanged cards. Not waiting for us to be seated he spoke to the translator in rapid fire Korean, after which the translator turned to us and said: "Mr. (xxxx) wants you to design a better shutter sound for our cameras, it should reflect Samsung's current design positioning and differentiate us from our competitors. What information do you need from us to complete this task?"

Wham! After days of talking in circles this came as a shock. I replied by saying we needed some examples of their cameras, the schematic for the camera's audio-components and whatever research they had done on the competition. She translated this information to the manager, he nodded, jammed his finger down on the phone in front of him and let out another burst of Korean. Two minutes later an engineer hurried into the room and gave us everything we had requested. As we were getting ready to leave our guide turned to us and said "Please make sure that you explain your process to Mr. (xxxx) when you deliver the sound. Oh, and keep in mind he speaks no English."

I cannot emphasize enough the importance of these two events. The first, being given a clear directive, and the second, the requirement that we communicate our work efficiently to someone who understood no English. Section 3 of this document will discuss how we initially ignored the communication requirement and nearly scuttled the project. By the end of the GSP however, the work we did for the DVC department was some of the best of the project.

3. Process, Methods and Deliverables

Our process was simple. Each deliverable supported the others in their phase and each project phase built a platform for the next, culminating in a unifying strategy document and AUI guideline tool. In addition, most of the deliverables could be used as "stand-alone" documents. The GSP was a collection of many different tasks including:

- Brand and positioning review
- Market research
- Trend research
- Competitive analysis and benchmarking
- User research
- Device testing
- Sound design
- Sound branding
- Tool building
- Guideline creation
- Strategy development

4. Communicate with images

Following the meetings in Korea we set to work on the first set of project deliverables – the Findings Documents. These were two of the most comprehensive documents we have ever assembled. They were masterpieces. 100+ pages packed with findings, competitive analysis, sound branding opportunities, cultural highlights, trend research and intelligent achievable next steps and, as far as the client was concerned, failures that could have cost us the project.

What went wrong? Too much text and not enough pictures. We had written relevant and insightful documents that, unfortunately, did not capture the imagination of our client. Why? We asked them to walk uphill. That is, we answered all of their initial questions and fulfilled the responsibilities outlined in the proposal-plan but in such a way that the information was a. difficult for non-native speakers to process and b. far too dense and too lengthy; it did not engage, excite and inspire the reader.

Valuable information or no, after this experience we moved from text-heavy and static to image weighted and dynamic documentation and presenters. Bright, colorful, interesting documents that were able to operate in a stand-alone fashion as well as integrating within a system. When dealing with Samsung less text and more graphics build communication and trust while reducing concerns and questions. It took this mistake to realize that fact. Although the presentation was flawed the two findings documents set the foundation for the entire project and accomplished the following:

– Outlined Samsung's positioning relative to its competitors in particular a clear mapping of attributes of competitors sound image and sound identity.

– Interpreted Samsung's initial core values in ways that we could attach sonic properties to. This would be used later when we created a design template and strategy for AUI and branded sound elements.

– Showed how the European market differed from the US market, e.g. the relationships between handset manufacturers and carriers.

– Showed that there is no real first mover in audio content – yet.

– Recommended that strategies for sound should be proactive and long-term.

– Showed that emulating competitors would keep Samsung from seeing real opportunities and being a first-mover.

– Introduced the concept-slogan "audio-active". This served as a rally cry for almost all the documents that followed.

– Showed the difference between sounds of Korean and Western origin.

– Introduced the concept of wide regional and cultural variation within the United States. Specifically, the growing population of Hispanic-Americans and their music/audio tastes which varied considerably from most test groups Samsung had previously observed.

– Most importantly, showed opportunity for innovation.

5. User Testing. Device Testing. Making Presenters

5.1 User Testing

Our user testing consisted of a series of focus groups conducted in Germany, Italy, England and the United States. A screener was written based on documentation from Samsung and information gathered from the first project phase that segmented test subjects into 3 different groups. Although it could be argued that many of the issues discussed were universal, it was critical to client acceptance of the data that only the targeted users were tested. The screener was given to recruiting agencies in the respective countries and subjects were then reviewed and selected. For each focus group that took place we used a third-party moderator and supplied a technician to run a playback device for the sounds to be tested.

In general we were dissatisfied with the companies that conducted the focus groups. We got usable data but the companies and moderators were not used to talking about sound and it took considerable effort to bring them around to our side – even though we were the client. In general one on one interviews yield more in-depth results. I completed another user experience (UE) project recently and conducted many in-home interviews that proved insightful.

These issues aside, the focus groups produced a huge body of data that we used to drive the rest of the project. Based on our research in the Discovery Phase we knew that there was a disconnect between Samsung's desired user perception and actual perception. Statements from the test subjects confirmed this as well as providing additional information about their perceptions about what are appropriate AUI elements and branded sounds.

The focus groups lasted approximately 1.5 hours and were attended by 11-13 test subjects per session. We tested acceptability of AUI elements, brand sounds and ringtones of Western and Korean (this included sounds by Samsung's competitor, *LG*) origin. Users were asked to rate the sounds they heard on a scale of 1-5 as "better" or "worse" than they had at the time. In addition to the better/worse comparison, test subjects were asked to bring whatever mobile devices they had with them and to tell us what they liked and disliked about the devices.

These data were presented to the client with comment and interpretation by us. We wanted to show not just what sounds were unacceptable but why. Examples were given in the documentation so that the client could click and hear specific sounds along with an explanation about what was or wasn't successful. The users gave us many descriptors that we used later as keywords for creating the strategy documents. A few things the users told us:

- Sounds of Korean origin were unanimously unacceptable for all the groups tested.

- Many users associate good sound with ease of use.

- Short, soft or clear sounds are preferred to sharp, high-pitched or distorted sounds.

- Start-up sounds that were more "song" than "indicator of status" were unacceptable. Such sounds were almost universally rejected by the focus group participants. Some participants asked the moderator how to turn off the start-up sound.

5.2 Device testing

Out of respect for our client I am afraid this section will have to be rather short. Some of our work for device testing consisted of:

- testing a range of Samsung mobile devices,

- showing opportunities for the use of sounds that competitors hadn't used,

- translating these opportunities into specific recommendations in our final strategy document,

- explaining the differences between different types of audio playback systems in mobile devices i.e. hardware vs. software engines, different speaker types, cavity resonance of different materials etc.

5.3 Developing a better presentation style

Although delivery wasn't scheduled until the end of the project we finished the sounds requested by the forthright DVC-department manager. We built a narrative presenter in Flash that was 90 % image and 10 % text. We showed our process with still images, some motion and a lot of sound. The text was minimal and, if removed would not affect the intelligibility of the document at all. Early delivery of this presentation style was perhaps the smartest thing we did during the entire project. The response from Samsung was a wholehearted "yes!" This time we listened and made this presentation style a standard for many of the other documents we delivered. Of course for some documents such as strategy or the AUI guideline discussed next, a 90/10 graphic-image split was impossible but we did make sure to keep our documents engaging and clearer than the first two false-starts.

6. Design for Innovation: The AUI Guideline Tool

6.1 The state of things

From what we saw during our visits and based on the documents we were given, sound design at Samsung was a mess. Samsung's AUI and branded sound development was reactionary to, and derivative of, their competitors and in no way driven by user needs. The existing sound branding strategy consisted of generalized studies for Europe, Asia and North America. Sounds tended to be mapped to features instead of being worked into an information architecture. There was little standardization of AUI elements or their usage. The elements that did exist were often copies of Microsoft sounds and various preset MIDI sounds from commercially available synthesizers and samplers. Many of the Korean AUI and branded elements sounded a lot like Korean popular music: chimes, bells, high pitched string instruments. To Western ears these sounds often sound quite shrill. Furthermore, there wasn't much attention paid to sound playback quality – only the apparent volume that the device produced. Harsh criticism for sure but considering Samsung's stellar performance in semiconductor, design, miniaturization, TFT, etc. the sound design and branding should have been better. What was the problem?

6.2 The problem in general of developing and using AUI elements in devices

Sound designers, project managers, user interface (UI) designers, industrial designers, electrical engineers have three things in common:

1. they all have the opportunity to affect the way sound in used in a device,
2. they are seldom in the same place at the same time to talk about the use of sound in a device,
3. they are unlikely to have a common terminology to address sound related issues.

Without an effective communication about sound in UI/UE context there is a high probability that something will go wrong with the implementation of sound in a device. I have found this to be true in projects prior to the GSP and very much the case during the GSP. We took up this issue as a challenge and one of the best opportunities to spark innovation at Samsung.

7. Presentation: The Good, the Bad & the Mental

Since the delivery process would be almost a week long, we decided to arrive in Seoul two days before our first meeting. In the interest of keeping the budget in order we made the mistake of saving € 50 per room and ended up at an absolutely dismal hotel, albeit in an interesting neighborhood. Myself and Robert Connelly the other partner at *Receive-Transmit* made matters worse by choosing a room listed as "traditional style" on the hotel's website. Why we thought that sleeping on the floor would enhance our experience still escapes me. Lesson learned: when you fly across the planet to deliver a huge project to a multinational corporation don't radically change what you sleep on the night before you meet the client. Delivery was a multi-step process. Our project was funded by different departments within Samsung and we were obliged to present to these groups and answer their questions. Furthermore we found out that we had to sell the project again as there would be people attending our presentations that hadn't been involved at project launch.

We knew of this before we travelled and had prepared accordingly. Like the banners in Suwon I mentioned earlier in this article, it was typical for project presentations to be promoted internally. We were told that bringing in decision makers from departments external to the ones we were already dealing with was vital to our project gaining traction after delivery. To do this we created a small internal advertising campaign that the employees inside Samsung's UI department could implement before our arrival. Our minicampaign included: a microsite sent to Samsung employees that featured a flash-based DJ/VJ game and meeting announcement, 2 different sets of postcards that referenced the project (these were given away at the meetings as well), and a set of photoshop assets that were used to create announcement posters etc. that were translated to Korean. Such efforts might seem a bit odd but they helped immensely.

When we did finally make our presentations people approached us and told us that they had heard beforehand of the presentation and had taken it upon themselves to find out more about the project and, most importantly, about sound in mobile devices. There were many smaller meetings during the week but our main presentations took place in three separate sessions. The first was frustrated by a host of technical problems the worst of which affected the legibility of our text as it was projected in the conference room. Exacerbating this problem I talked too fast during the introduction and referenced far too many details without giving the attendees time to absorb a subject that was being presented to them for, perhaps, the first time in their lives. Long pauses during meetings in Korea aren't a bad thing – they usually mean that people are considering what had just been said. I forgot all this and let my (very American) tendency to get nervous (if there is no immediate response) take control. I talked even faster and confused everyone. Crash and burn.

After the first debacle we had time to figure out what went wrong before our next presentation. Not only had I confused people during the first session I was told that I had actually offended some who had attended. It seems that banging your fist on the table to emphasize a point is unacceptable in Korean business culture. So is placing both your fists on the table and leaning forward, to quote my Australian comrade, "like a bleedin' ape". As funny as this sounds, these actions were affecting the business that we were conducting and things had to change – fast.

So, we fixed the video issues and tested the system twice before the presentation started. As far as the verbal component of the presentation was concerned I wrote myself a script (containing the note to myself: HANDS IN LAP) and followed it as closely as I could. I presented the main points of the project ONLY – "just the hits" you might say. Furthermore I reduced my pace by (silently) counting to five between every sentence. As a result the final presentations were successes.

8. End Thoughts

An AUI or branded element that might appropriate for one culture might not be for another. In North America and Europe the descending minor third interval is often used to denote a failure or error sound – "uh oh!" in devices. Trying to develop universal sounds or universal branded sounds without considering the way users experience them can be a recipe for at worst disaster or at best, mediocrity. Consider that the timbral qualities of music and language endemic to any given culture will necessarily inform the perception of AUI and branded elements perceived by users native to that culture. For example Chinese language is sensitive to pitched intervals much more so than in the west.

In short: there are no magic sounds; only magic user experiences. The GSP project created a new set of strategic directions and priorities for Samsung's sound design that built on Samsung's strengths and sparked innovation in its sound design department. Our final report was a platform for strategic sound development – one that met Samsung's goals and enhanced their existing brand identity. This is where I stop but not where the story ends. We just finished another project for Samsung that was built upon the work from the GSP.

The Sound of Vattenfall
Ein Markenversprechen wird vertont

Stefan Nerpin, Vattenfall AB, Stockholm

Richard Veit, Interbrand Zintzmeyer & Lux GmbH, Hamburg

Milo Heller, Komponist, Hastings Music GmbH, Hamburg

Vattenfall klingt. Das schwedische Energieunternehmen mit starkem Standbein in Nord- und Mitteleuropa hat sich eine neue akustische Identität zugelegt. Seit Sommer 2006 tritt das Unternehmen international mit einem Sound-Logo und mit Sound-Themen auf. Harfentöne mit gezupften Violinen und Celli vermitteln die Vattenfall Markenwerte: einfühlsam, partnerschaftlich, fortschrittlich, unkompliziert und zuverlässig. Die Akteure: Vattenfall, Interbrand Zintzmeyer & Lux in Kooperation mit der Stockholmer Partneragentur „Essen" und dem Komponisten Milo Heller.

Die schwedische Vattenfall Gruppe ist das viertgrößte Energieunternehmen in Europa. 32 000 Beschäftigte erlösten zuletzt 13,7 Milliarden Euro Umsatz. Vattenfall hat die Vision, ein führender Energiekonzern in Europa zu werden. Die Muttergesellschaft Vattenfall AB ist zu 100 Prozent im Besitz des schwedischen Staates.

Abb. 1: Logo Vattenfall

Mit der Öffnung der nordischen Energiemärkte in den neunziger Jahren expandierte das Unternehmen außerhalb Schwedens. Vattenfall erwarb die Mehrheit an den Unternehmen Laubag, VEAG, Bewag sowie HEW, übernahm in Polen EW und GZE und zuletzt Elsam in Dänemark. Heute ist Vattenfall in Schweden, Finnland, Dänemark, Deutschland und Polen aktiv. Mit den ersten Schritten ins Ausland und dem Bekenntnis zur weiteren Expansion begann Vattenfall, in seine Corporate Identity zu investieren. Die Übernahme mehrerer Energieunternehmen als Folge der Deregulierung der jeweiligen Energiemärkte beschleunigte das Wachstum dramatisch. An der Entwicklung eines tragfähigen internationalen Markenprofils und der Einführung einer monolithischen Markenstrategie führte damit kein Weg vorbei. Vattenfall integrierte nach und nach alle Marken und tritt mittlerweile international einheitlich auf. Vor diesem Hintergrund ist die Entwicklung des Unternehmens von einem lokalen Anbieter zur internationalen Marke innerhalb weniger Jahre eine Erfolgsgeschichte.

1. Eine Marke für viele Zielgruppen und Märkte

Es war nicht nur das Tempo der internationalen Expansion, das die Anforderungen an die Markenführung von Vattenfall steigen ließ. Eine zentrale Aufgabe lag auch darin, für den bislang als national geführten Konzern eine gemeinsame Identität zu entwickeln und ihn für ein breites Spektrum unterschiedlicher Zielgruppen unverwechselbar, relevant und glaubwürdig zu machen. Gefragt war dabei eine Strategie, die sowohl für das internationale Parkett der Finanzmärkte und Regulationsbehörden taugt und im Dialog mit Industrie- und Privatkunden sowie der Öffentlichkeit funktioniert.

Vattenfall befand sich besonders in Deutschland in einer von hartem Wettbewerb geprägten Situation. Eine Reihe von Energiemarken warben um die frisch in den deregulierten Markt entlassenen Kunden. Nach der Übernahme von Energieunternehmen mit jeweils gefestigten Traditionen und starker lokaler Verbundenheit, insbesondere der Hamburger HEW und der Berliner Bewag, sah man sich vor große Herausforderungen bei der Schaffung einer einheitlichen europäischen Marke gestellt.

Seit Anfang 2004 betreut Interbrand Zintzmeyer & Lux gemeinsam mit der Stockholmer Branding-Agentur Essen die Kommunikations- und Marketingspezialisten von Vattenfall bei der internationalen Entwicklung der Marke. Die Aufgaben reichen von der strategischen Beratung über die Gestaltung des Corporate Designs bis hin zur Begleitung der Umsetzung auf allen Kommunikationsebenen.

2. Ziel: Markenidentität erlebbar machen

Ergebnis der Arbeit für Vattenfall ist eine prägnante, visuell und akustisch erlebbare Markenidentität mit einem klar definierten Profil. Im Mittelpunkt steht eine authentische Markenpersönlichkeit. In einem Umfeld von Wettbewerbern mit kühlen oder distanziert wirkenden Persönlichkeitsmerkmalen positioniert sich Vattenfall heute als einfühlsamer und fortschrittlicher Partner, der verlässlich und unkompliziert ist und sich der Schaffung von Lebensqualität verpflichtet hat. Wir haben es mit einer Marke zu tun, die sich zu ihrem Geschäft „mit Herz und Verstand" bekennt.

Sinn und Ziel jeder integrierten Markenkommunikation ist es, die Identität der Marke in allen Berührungspunkten und Interaktionen erlebbar zu machen, ohne den roten Faden der Unverwechselbarkeit zu verlieren. Die akustische Wahrnehmung und Wiedererkennbarkeit der Marke bildet einen weiteren Baustein in der Schaffung eines unverwechselbaren Markenerlebnisses und bietet zudem die Möglichkeit einer emotionalen Ansprache aller Zielgruppen über den Hörsinn.

Stefan Nerpin, Leiter Stabsstelle Vattenfall Group Marketing Communication

Da unser Kernprodukt – Elektrizität – unsichtbar ist und meistens erst über diverse Haushaltsprodukte erfahrbar wird, müssen wir unsere Marke über alle nur möglichen Dimensionen erlebbar machen. Daher nutzt Vattenfall in der Kommunikation eine Vielzahl von Berührungspunkten mit den Zielgruppen. Unsere Marke kann über fast alle Sinne wahrgenommen werden: beheiz- und beleuchtbare Bushaltestellen in Polen, Kundencenter in Deutschland, Elektrizitätsmessgeräte in Schweden, Kommunikationsdienstleistungen in Finnland und gruppenübergreifende Umweltschutzmaßnahmen, wie z. B. eine Initiative zur Bekämpfung des Klimawandels oder der Bau des weltweit ersten CO_2-freien Kohlekraftwerkes. Alle wesentlichen Berührungspunkte mit der Marke wurden bedacht. Bis auf einen. Wir wollten die Schnittstelle zur Öffentlichkeit vergrößern und daher die emotionale Stärke des Hörsinnes nutzen. Diese Überlegungen führten uns dann letztendlich dazu, eine akustische Identität zu entwickeln. Ein weiterer Effekt, den wir uns von der Nutzung von akustischen Signalen erhoffen, ist, die Investitionen in unsere kommunikativen Maßnahmen noch effizienter zu machen und so die Wiedererkennbarkeit der Markenidentität zu verbessern.

3. Markenwelten mit allen Sinnen erleben

Vattenfall hat für sich erkannt, dass es in einer von Reizüberflutung geprägten Zeit zunehmend wichtiger wird, Bilder sinnvoll zu verarbeiten. Zumal das zentrale Vattenfall Produkt Strom nicht direkt wahrnehmbar ist. Die Zielgruppen sind gezwungen, sich nicht über das Produkt, sondern über andere Kommunikationsmaßnahmen zu orientieren. Typische akustische Signale sollen zusätzlich helfen, Zusammenhänge herzustellen und Vertrautes wiederzuerkennen.

3.1 Klänge verstärken Markenwelten

Über eine zielgerichtete und kontinuierliche Kommunikationsarbeit hat es Vattenfall in den letzten Jahre zunehmend besser geschafft, authentische, positive Erlebnisse und klare Botschaften über alle Medien zu vermitteln. Die Ansprache des Gehörsinns und die bewusste Klanggestaltung sollen zur Verfeinerung und zur Ausdehnung dieser Markenwelt beitragen. Sie sollen helfen, Inhalte und Visuelles mit akustischen Signalen zu verbinden. Dies wird zukünftig über zwei zentrale Elemente erfolgen:

- über das Sound-Logo, das häufiger in Verbindung mit visuellen Medien eingesetzt wird (z. B. TV-Werbung) und
- über Sound-Themen oder Soundscapes, die die Marke auch in visuell nicht erschließbare Bereiche (z. B. Telefon-Warteschleifen oder Klingeltöne) oder in Bereiche, in denen eine spezifische Atmosphäre geschaffen werden soll (z. B. bei Events oder in Kundenzentren), trägt.

3.2 Einheitliche Wahrnehmung schafft Prägnanz

Zentrales Element des Vattenfall Corporate Sound ist das Sound Logo, das, ebenso wie sein grafisches Gegenstück, die Marke in ihrer Persönlichkeit und ihrem Leistungsversprechen repräsentiert. Rund um das Sound Logo baut sich die Klangwelt des Corporate Sounds auf, die eine Vielzahl von technischen Anforderungen erfüllen muss.

Corporate Sound muss in allen relevanten Medien, von der Kinowerbung bis zum Screensaver, reproduzierbar sein. Dieser unerlässliche Qualitätsfaktor muss bereits in den ersten Phasen der Kreation berücksichtigt werden. Die folgende Abbildung zeigt eine Auswahl an relevanten akustischen Berührungspunkten mit den Mitarbeitern, den Kunden oder der Öffentlichkeit. Der Vattenfall Corporate Sound soll ein einheitlich prägnantes Erlebnis von der Service Hotline über Sponsoring-Maßnahmen bis hin zu interner Kommunikation vermitteln.

Abb. 2: Sound-Erlebniskette Vattenfall

4. Der Vattenfall Corporate Sound entsteht

4.1 Die akustische Dimension fehlt

Nachdem die Positionierung der Marke Vattenfall definiert und die Entwicklung des Corporate Designs abgeschlossen war, wurde die bislang geschaffene Erlebniskette auf ihre Vollständigkeit und Übereinstimmung mit allen Aspekten der Markenpersönlichkeit überprüft.

Vattenfall hatte zu diesem Zeitpunkt die modernisierte Corporate Identity in Schweden und Finnland eingeführt. Die Umwandlung der Marken HEW, Bewag, EW und GZE zur neuen Marke Vattenfall war in Vorbereitung. Kunden- und Mitarbeiterzahl unter dem Dach der Marke Vattenfall sollten deutlich steigen. Die Kommunikationsmaßnahmen sahen unter anderem Radio-, TV- und Kinowerbung vor. Damit wollte man die emotionale Dimension des Auftritts stärken. Events sollten die Erlebniskette der Marke erweitern. Die an die Mitarbeiter gerichteten Maßnahmen hatten zum Ziel, die neue gemeinsame Identität zu stärken. Zur konsequenten Umsetzung dieser Kommunikationsziele fehlte noch die akustische Dimension des Markenauftritts.

Ende 2004 führte die schwedische Konzernkommunikation mit der Hilfe von Interbrand Zintzmeyer & Lux eine Vorauswahl infrage kommender Anbieter durch. Aus drei Finalisten wurde die Agentur Hastings Audio Network ausgewählt und der Komponist Milo Heller mit der Kreation betraut. Maßgeblich für diesen Zuschlag waren unter anderem Hellers bisherige Arbeiten für renommierte internationale Marken und sein vielseitiges Oeuvre.

4.2 Inspiration am Stammsitz

Die Aufgabe bestand darin, für Vattenfall einen umfassenden Corporate Sound aus Sound-Logo (inkl. Variationen) und Sound-Themen in unterschiedlichen Längen zu entwickeln. Für das Projekt wurde ein Expertenteam aufgestellt, bestehend aus dem Leiter der Konzernkommunikation Vattenfall AB, den Marketingmanagern der verschiedenen Märkte und Vertretern der Werbeagentur Lowe Brindfors. Komplettiert wurde das Team durch Interbrand Zintzmeyer & Lux und der Stockholmer Branding-Agentur ESSEN, die für die Markenberatung und Projektsteuerung verantwortlich waren.

Abb. 3: Organisation Projektteam

Für das erste Treffen des Teams wurde der Vattenfall Hauptsitz in Stockholm gewählt, um allen Beteiligten ein besseres Gespür für die Marke Vattenfall zu vermitteln. Die inhaltlichen und visuellen Grundlagen der Marke Vattenfall wurden vorgestellt. Darüber hinaus wurden Inspirationsquellen zur Kreation aufgezeigt: die Markenattribute und das Markenversprechen, Anatomie und Farben des Vattenfall Corporate Logos und Designs, Bedeutung des Namens Vattenfall, branchenspezifische Assoziationen, nordischer Ursprung der Marke etc. Es wurde festgelegt, dass eine zukünftige Sonic Identity vor allem die Markenattribute „fortschrittlich" und „einfühlsam" verkörpern sollte, da Untersuchungen gezeigt haben, dass sie ein starkes Differenzierungspotenzial gegenüber dem Wettbewerb besitzen. Zudem sollte auch die neue akustische Welt das Markenversprechen, sich mit Herz und Verstand für die Lebensqualität des Kunden einzusetzen, erfüllen. So würde sich der Corporate Sound nahtlos – im Sinne einer integrierten Kommunikation – in den Strauß aller kommunikativen Maßnahmen der Marke einfügen.

Komponist Milo Heller

Beim ersten Kick-off-Meeting in Stockholm gab ich eine allgemeine Einführung in das Thema Corporate Sound und Sound-Logo. Es ging mir darum, eine gemeinsame Grundlage für die weitere Zusammenarbeit zu legen. Es ist nicht einfach, über Musik zu reden. Alle Teilnehmer sollten sich zunächst über den Prozess zum Corporate Sound bewusst werden, gemeinsame Sprachregelungen finden und Bewertungskriterien festlegen. Es ist eine Herausforderung, so extrem kurze Tonfolgen zu bewerten.

Der persönliche Geschmack übrigens spielt sicher eine Rolle, sollte das Urteil aber nicht zu sehr beeinflussen.

In diesem ersten Treffen war es für mich außerdem wichtig, ein Gefühl für die Marke zu gewinnen, das Unternehmen, das Gebäude, die Mitarbeiter wahrzunehmen. Nachdem ich eine kurze Übersicht über die Musiknutzung der Wettbewerber gab, wollte ich das Umfeld von Vattenfall kennenlernen: Welche nationalen und internationalen Kampagnen sind geplant, will man lokal unterschiedlich agieren und gibt es Unternehmensbereiche mit unabhängigen Marketingabteilungen?

4.3 Kreativ-Workshop: Wie könnte Vattenfall klingen?

Der Kreativ-Workshop fand im Sound-Studio der Firma Hastings in Hamburg statt. Milo Heller stellte etwa 30 Beispiele mit unterschiedlichen Rhythmen, Melodien, Harmonien und Instrumenten vor. Wichtig – die Sounds wurden nicht isoliert vorgespielt, sondern im Kontext: Sie alle erklangen am Ende eines Imagefilmes über das Unternehmen, sodass der Bezug im Kopf hergestellt werden konnte. Sinn und Zweck war es, das kreative Spielfeld für den weiteren Gestaltungsprozess einzugrenzen. Zunächst aber ging es in die Breite: Weil die Teilnehmer (Mitglieder der Konzernkommunikation und Marketingmanager aller Vattenfall Märkte) hier ihren Assoziationen freien Lauf lassen konnten, Wünsche und Vorlieben äußerten, entwickelte Milo Heller aus den 30 Vorschlägen etwa 100 verschiedene Varianten.

Beim Feedback sollten sich die Teilnehmer Zeit lassen, sie antworteten erst nach ein paar Tagen. Dabei wurden vorher bestimmte Parameter zur

Bewertung herangezogen: Brand fit (Übereinstimmung mit den Attributen „fortschrittlich" und „einfühlsam", Einhalten des Markenversprechens), Memory-Faktor (Prägnanz), Uniqueness (Unterscheidung zum Wettbewerb und anderen Beispielen), allgemeiner Eindruck.

Interessant war, in dieser Phase die unterschiedlichen Inspirationsquellen zu testen, z. B. den norwegischen Komponisten Edvard Grieg zu zitieren, oder der Versuch, typisch skandinavische Instrumente zu integrieren. Diese Phase der Kreation war wichtig, um eine Idee dafür zu entwickeln, was zur Marke Vattenfall passt.

Am Ende der kreativen Phase stand eine Auswahl von zehn Favoriten (Shortlist). Es stellte sich schnell heraus, dass das Attribut „einfühlsam" besonders über Streichinstrumente vermittelt werden kann. Weitere Favoriten beinhalteten etwa die Klarinette (ebenfalls „einfühlsam") oder eine schnelle Abfolge von elektronischen Tönen, die pulsierenden Strom charakterisieren. Zudem gab es auch experimentelle Beispiele, die mit Naturtönen, Wind-, Wasser- oder Vogelgeräuschen spielten. Versuche, die zum Ziel hatten, umweltfreundliche Assoziationen zu wecken.

Zu diesem Zeitpunkt galt es, einen größeren Kreis in den aktuellen Stand des Projektes mit einzubeziehen. Vertreter der relevanten Kommunikationsabteilungen, wie z. B. Marketing, interne Kommunikation, öffentliche Angelegenheiten, Öffentlichkeitsarbeit, sowie des Vorstandes wurden aktiv in die Entwicklungen mit eingebunden. Als Ergebnis dieses Abstimmungsprozesses wurden vier Favoriten ausgewählt, die in der Marktforschung getestet werden sollten.

Dieses Einbeziehen wichtiger Entscheidungsträger war ein kritischer und wesentlicher Faktor für den Projekterfolg. Damit wurde ein Grundstein gelegt, um eine breite Zustimmung für das künftige Sound-Design zu bekommen.

Um die vier Sound-Logos in den Ländern Schweden, Finnland, Deutschland und Polen an verschiedenen Zielgruppen – sowohl BtoB als auch BtoC – testen zu können, wurde ein qualitativer Ansatz gewählt: In Telefoninterviews wurden 120 Probanden pro Land (jeweils 60 Geschäfts- und Privatkunden) befragt. Ziel war die Überprüfung der Sound-Logos auf Kommunikationsleistung, Qualität und Akzeptanz.

Nach der Marktforschung (Mafo) wurde entschieden: Das heutige Sound-Logo von Vattenfall mit dem Arbeitstitel „Grieg" hatte in der Mafo nur die zweitbeste Bewertung erhalten, machte aber trotzdem das Rennen. Aus Sicht des Experten-Teams hat es die stärkere kommunikative Kraft. Im Gegensatz zum Mafo-Sieger endet das Logo in einer aufsteigenden Tonfolge, die den Zuhörer animiert, die Melodie von selber zu vollenden. Neben der Stärke am Punkt „einfühlsam" war dies das ausschlaggebende Moment.

Komponist Milo Heller

Bei allem Respekt für Marktforschung als Absicherungsinstrument ist es aus künstlerischer Sicht wünschenswert, wenn sich Kreativität häufiger ungehemmt entwickelt.

Im Meinungsbildungsprozess für ein Audiologo kann es durchaus sinnvoll sein, Mafo-Ergebnisse als Entscheidungshilfe hinzuzuziehen, die Entscheidung sollte aber nicht unbedingt davon abhängen, denn

- *unbeteiligte Marktforschungsteilnehmer entscheiden eher impulsiv. Ihre Beurteilung beruht immer nur auf spontanen Eindrücken.*
- *Audiologos mit ihrer extrem kurzen Spieldauer benötigen die Bereitschaft, sich differenzierend mit ihnen auseinanderzusetzen.*
- *Die wahren „Markenversteher" sind die engagierten Mitarbeiter des Unternehmens. Sie haben über lange Zeit ein Gefühl für die Marke entwickelt und fühlen sich ihr verbunden.*

Im Übrigen sollte ein Audiologo als Markenbestandteil im besten Fall langfristigen Marktprozessen standhalten und nicht nur auf die momentane Marktsituation maßgeschneidert sein.

4.4 „Grieg" sorgt für eine akustische Alleinstellung

Das neue Vattenfall Sound-Logo „Grieg" besteht aus einer akustischen Sequenz aus vier Noten. Es sind gezupfte Harfentöne mit gezupften Streichinstrumenten (Pizzicati). Das neue Sound-Logo hat einen zeitlosen, klassischen und sehr modernen Klang, der besonders das Markenattribut „einfühlsam" betont. Mit diesem Klangstück ist Vattenfall eine Alleinstellung gelungen.

Milo Heller entwickelte auf Basis der Grundversion mehrere Variationen. So wurde beispielsweise der Gedanke aus der Kreationsphase, Naturtöne zu integrieren, übernommen. Zudem wurde darüber nachgedacht, ein Voice-Over – eine Stimme, die den Markennamen „Vattenfall" ausspricht – an das Sound-Logo zu hängen. Letztendlich wurde diese Entscheidung den Märkten außerhalb Schwedens überlassen. Dort besteht unter Umständen ein Bedürfnis, auch den Unternehmens-Namen zu kommunizieren.

Es entstanden außerdem zwei Sound-Themen. Dabei handelt es sich um zwei- bis dreiminütige Kompositionen, die Melodie, Harmonie, Rhythmus und Instrumente des Sound-Logos immer wieder zitieren. Da die Möglichkeiten der Gestaltung durch das Musiktempo des ausgewählten Sound-Logos begrenzt waren, hat sich Milo Heller für folgende Arrangements entschieden:

– „Theme Splendid" sollte vor allem in reinen Hörsituationen funktionieren. Es sollte unaufdringlichen, entspannten Hörgenuss bieten und damit vor allem den Nutzungsvarianten Telefon/Hotline und POS dienen.

– „Theme Deep" sollte für audiovisuelle Applikationen geeignet sein und den Vattenfall Spezifikationen wie Unternehmensgröße, internationale Ausrichtung etc. gerecht werden.

5. Verbindung von Klang und Animation des Corporate-Logos

Der Einsatz des Sound-Logos in Verbindung mit dem Corporate-Logo findet meist im Kontext bewegter Bilder statt. Um die Wirkung dieses Zusammenspiels zu verstärken, empfiehlt es sich, das Corporate-Logo in einer Computeranimation mit dem Sound-Logo zu synchronisieren.

Abb. 4: Dokumentation Klang und Animation

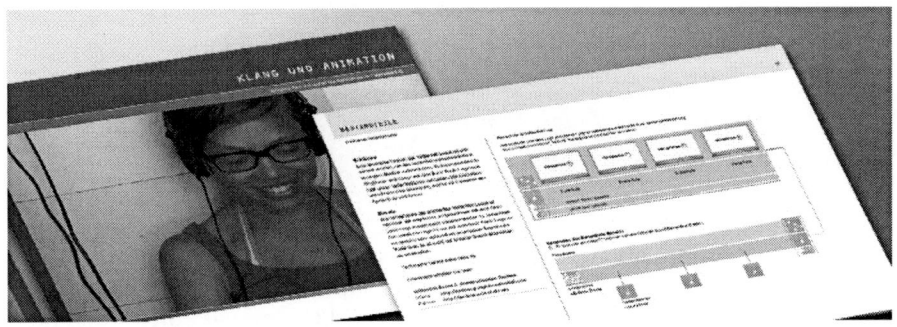

Um den akustischen Gestaltungsprozess nicht zu beeinträchtigen, wurde die Animation des Vattenfall Corporate-Logos bewusst erst nach der Fertigstellung des Sonic-Logos vorgenommen. Kreation und technische Produktion lieferte Interbrand Zintzmeyer & Lux. Das Ergebnis ist eine Animation der grafischen Logoelemente, die in Rhythmus und Länge mit dem Sound-Logo korrespondiert. Sie ist mit einer Tonspur des Sound-Logos versehen, ist in allen audio-visuellen Medien einsetzbar und wird nie als stumme Version gezeigt.

6. Dokumentation im Markenhandbuch

Vattenfalls Identität und Design ist im Markenhandbuch dokumentiert, das fester Bestandteil des konzernweiten Management-Systems ist. Das Markenhandbuch wird ergänzt um Anhänge und Best Practice Beispiele. Zusammen mit der „Brand & Communication Toolbox" im Extranet bilden sie ein verbindliches Instrument für die tägliche Arbeit, das laufend aktualisiert und erweitert wird.

Abb. 5: Dokumentation Toolbox (Extranet)

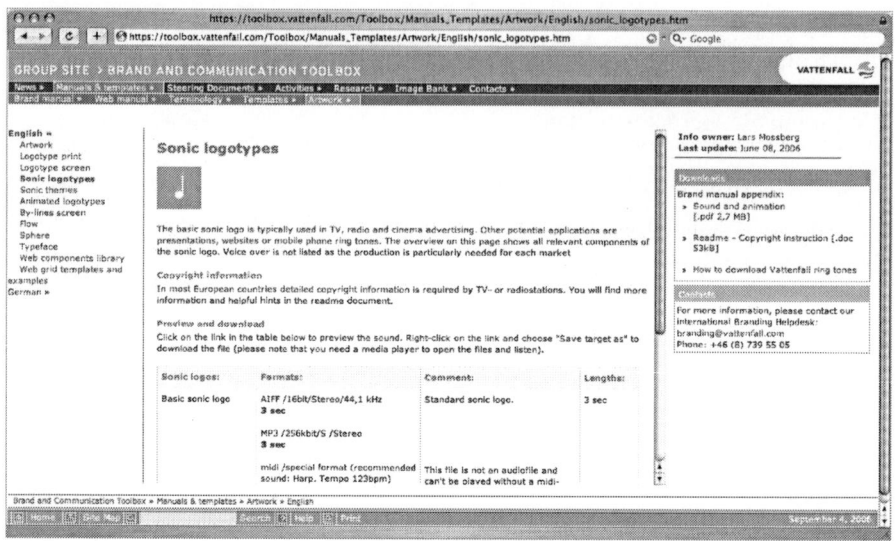

Nach Produktionsabschluss wurden alle Elemente, Formate, Anwendungs-prinzipien und technischen Daten des Vattenfall Corporate Sound ein-schließlich des animierten Logos systematisch beschrieben und als Anhang zum Markenhandbuch mit dem Titel „Klang und Animation" in die Toolbox integriert. Die Ton- und Bilddateien können direkt aus der Toolbox herunter-geladen werden. Zudem enthält sie auch eine Beschreibung der Rolle akusti-scher Identitätsträger im Kontext der Vattenfall Erlebniskette. Die Informa-tionen in der Toolbox sind für alle Mitarbeiter und ausgewählte Zulieferer zugänglich.

7. Rechtliche Aspekte

Vattenfall wird das Sound-Logo und die Sound-Themen zeitlich unbegrenzt und medien-unabhängig in allen heute und in Zukunft wichtigen Märkten einsetzen können. Aus diesem Grunde wurden die Nutzungsrechte von Milo Heller abgekauft. Eine schriftliche Vereinbarung mit dem Komponisten bestätigt das Recht der Nutzung für Vattenfall. Das Urheberrecht verbleibt jedoch bei Milo Heller. Vattenfall hat sich zudem das Sound-Logo als Marke eintragen lassen und kann so verstärkt gegen Nachahmer vorgehen.

Komponist Milo Heller

Es empfiehlt sich aus meiner Sicht, ein Sound-Logo möglichst umfassend rechtlich schützen zu lassen. So melde ich jedes von mir entwickelte Logo bei der GEMA (= deutsche Urheberrechtsgesellschaft) an. Damit ist es als kompositorisches Werk registriert und urheberrechtlich geschützt. So ist sichergestellt, dass Plagiate zumindest im Rahmen der gesetzlichen Möglichkeiten ausgeschlossen werden können. Dieser Schutz zielt erstrangig auf die Tonfolge ab und reicht bei sehr kurzen Logos möglicherweise nicht aus.
Zusätzlich kann das betreffende Unternehmen ein Sound Logo als deutsche bzw. internationale Hörmarke beim Patentamt anmelden, damit lässt sich dieser Schutz auch auf den Parameter Klangfarbe ausdehnen.[1]

8. Zusammenfassung und Learnings

Bei einem Corporate Sound handelt es sich um eine Erweiterung der Grundelemente des Markenauftrittes. Das Sound-Logo ist eine in Töne umgeformte Markendarstellung.

Der Entwicklungs- und Entscheidungsprozess für den Corporate Sound sowie für das animierte Logo dauerte bei Vattenfall insgesamt neun Monate. Diese Zeit muss realistischerweise für eine erfolgreiche Arbeit kalkuliert werden. Die organisationsinternen Abstimmungsprozesse dürfen bei dieser Form der Projektarbeit nicht unterschätzt werden. Insgesamt lassen sich folgende Punkte festhalten, die für eine erfolgreiche Entwicklung der neuen Vattenfall Sound-Welt ausschlaggebend waren:

Ein starker Wille. Vattenfall hat den Wert der akustischen Marken-Dimension erkannt und einen klaren Willen formuliert, sich auch hier zu profilieren.

Marke erleben. Die Markenidentität ist zentraler Ausgangspunkt zur Entwicklung des Corporate Sounds. Sie ist wichtigster Orientierungspunkt und steuert den Entscheidungsprozess.

Breite Grundlage. Das Expertenteam setzte sich aus Marketingvertretern des Mutterkonzerns und der Tochterunternehmen in den Ländern zusammen. Diese Konstellation ermöglichte breite Zustimmung und Akzeptanz. Das Team wurde von professionellen Markenkennern/Sound Identity-Experten unterstützt, die den Blick von außen – aber auch aus Perspektive der Marke – in den Findungsprozess einbrachten.

---

[1] vgl. auch Artikel M. Loeber

Augen und Ohren offen halten. Was macht der Wettbewerb und wo sind die ausgetretenen Pfade? Ein Blick auf den Markt ist wichtig, um sich vom Wettbewerb zu differenzieren. Die Zielgrupppen von Vattenfall sind jedoch auch außerhalb der Energiebranche kommunikativen Einflüssen ausgesetzt. Sie sind zu berücksichtigen, um sich auch hier abzuheben. Von erfolgreichen Trends sollte abgesehen werden, um nicht als Nachahmer unterzugehen.

Mit Ratio das Bauchgefühl steuern. Am Anfang der Entwicklung sollten klare Entscheidungskriterien entwickelt werden, die sich an der vorgegebenen Markenidentität orientieren. In der Kreationsphase sollten die Sound-Designs an diesen gemessen werden.

Das Spielfeld eingrenzen. Wichtig ist, sich am Anfang des kreativen Prozesses nicht festzulegen. Viel zu hören, unterschiedliche Rhythmen, Harmonien, Melodien und Instrumente wahrzunehmen, hilft, ein Gefühl für die Sound-Welt und den zukünftigen Corporate Sound der Marke zu entwickeln. Im Laufe des Prozesses werden somit das Spielfeld enger und die Entscheidungsmöglichkeiten geringer.

Einbindung Top-Management. Die frühzeitige Einbindung des Top-Managements ist ein Erfolgsfaktor. Wenn sich das Gespür für die charakteristische Sound-Welt entwickelt hat, sollte das Management ein Blick in die Sound-Küche werfen. Bei Vattenfall wurde so sichergestellt, dass am Ende des Prozesses kein böses Erwachen erfolgte.

Trends setzen. Ein Test der Favoriten im Markt und bei den relevanten Zielgruppen ist wichtig. Jedoch sollte nicht blind dem Markturteil gefolgt werden. Es geht um die zukünftige akustische Identität. Für die Probanden ist es schwierig, Neues einzuschätzen. Wenn aus Sicht des Expertenteams ein anderes Sound-Design als der Testsieger mehr kommunikatives Potenzial hat und besser zur Marke passt, dann sollte diesem Gefühl vertraut werden.

Das Recht sichern. Das entwickelte Sound-Logo als neuer Bestandteil der Grundelemente des Markauftrittes, sollte markenrechtlich geschützt werden. So wird die Exklusivität der Sound-Welt auch in Zukunft gesichert sein.

(◄))www) Klangbeispiele zu diesem Artikel auf **www.audio-branding.info**

Audio-Branding – ein neuer Begriff in der Welt des Klangs. Probleme und technische Aspekte bei der Klanggestaltung medialer Produkte.

Peter K. Burkowitz, Hannover

1. Vorwort

Mit der technischen Evolution hat sich in allen Medien und damit auch in der Werbung der akustische Beitrag zu einer wichtigen Komponente entwickelt. Die emotionale Wirkung eines gekonnten Klangdesigns kann sogar für den Erfolg eines ganzen Projekts entscheidend werden. Dabei spielen sowohl die "kreativen" als auch die "handwerklichen" Qualitäten des Tonanteils eine wesentliche Rolle. Darüber hinaus treten Klangstrukturen immer häufiger als Markenzeichen (engl.: brand) in Erscheinung. Eines der erfolgreichen Beispiele: Die fünf Tonwahl-Signale der *Deutschen Telekom.* Manager und Ausführende in Marketing, Werbung und anderen einschlägigen Berufen, die über den Umgang mit dem Ton nicht genügend informiert sind und deshalb Fehler machen, setzen damit den Erfolg ihrer Arbeit aufs Spiel. Deshalb wird diesem Thema hier ein eigener Artikel gewidmet.

2. Grundlegendes

Die Eigenschaften des Schalls sind nicht von den Zielen abhängig, für die er verwendet wird. Wohl aber hängt seine Wirkung auf den Hörer davon ab, ob dieser den Schall erwartet oder nicht; ob er zu dessen gegenwärtiger Stimmung passt oder nicht; ob er zu laut ist oder nicht; und ob er überhaupt nach dessen Geschmack klingt oder nicht. Beim Hören von Schall muss man auf alle Reaktionen gefasst sein, von frenetischem Jubel bis zu brüsker Ablehnung.

    Das gilt vor allem dann, wenn der Hörer, anders als bei seinen eigenen Tonträgern, sich das "Schallereignis" nicht selbst ausgesucht hat. Außerdem ist keinesfalls sicher, dass eine Vertonung, die dem Kreativen und dem Auftraggeber gefällt, auch den Hörer entzückt. Für jeden, der Schall als Träger oder Begleiter einer Botschaft verwendet, ist es daher von Nutzen, die komplexen Beziehungen zwischen Schall-Einsatz und Schall-Wahrnehmung zu kennen.

Neben diesem Grundsachverhalt, der in diesem Buch auch an anderer Stelle unter verschiedenen Blickwinkeln beleuchtet wird, gibt es viele Detailaspekte wie z. B. die Fragen, welche Mittel und welcher Aufwand für das jeweilige Ziel optimal sind, wo grenzwertige Probleme auftauchen, woran man Irrwege erkennen kann, usw. Ganz besonders aber lohnt es sich zu wissen, welche verborgenen Schätze im kreativ-intelligenten Umgang mit dem Ton stecken! Wie es sich auch lohnt, auf die trivialen Fehler des Tontechnik-Handwerks zu achten, die von vielen "Tausendsassas" täglich en masse produziert werden und die so manchen an sich guten Spot von schade-drum bis total verhunzen können. In den folgenden Kapiteln werden solche Detailaspekte behandelt.

3. Die Klang-Komponenten des Spots

Wenn Schallsignale z. B. in Werbespots eingesetzt werden, geschieht das ja zu dem Zweck, die Aufmerksamkeit für eine sachinhaltliche Botschaft durch eine begleitende Schallstruktur zu erhöhen. Betrachten wir als Beispiel die häufigste Variante: Die gesprochene Botschaft mit unterlegten Musik- oder/und Geräuschanteilen. Damit dieses Modell unangestrengt "in den Hörer eindringt" müssen folgende Mindest-Kriterien erfüllt sein:

3.1 Die Stimme

Die Sprechstimme muss klar und differenziert artikulieren. Das ist wichtiger als ein spezifisches Stimm-Kolorit. Es sei denn, die Stimme hat nicht primär die Aufgabe, eine Sachbotschaft zu vermitteln. Die Auftraggeber müssen auch berücksichtigen, dass der Prozentsatz gut hörfähiger Menschen immer mehr abnimmt. Das Hauptdefizit entsteht dadurch, dass höhere Tonlagen, vor allem Konsonanten und S-Laute, nicht mehr deutlich genug wahrgenommen werden. Aber gerade die sind für das Sprachverständnis ausschlaggebend.

Häufige Fehler: Schlechter "Stimmschluss" (Stimmbildungsmangel, evtl. auch Fehlstellung der Stimmbänder), Lispeln, Muffeln, Verschlucken von Endungen, falsche Betonungen. Diese unangenehmen Klangfärbungen stören den natürlichen Artikulationsfluss ungemein und können sogar bis zur Textverstümmelung führen, wenn sie auch noch mit Gehäuseresonanzen von Kleinlautsprechern zusammentreffen (auf gleiche Weise kommen die Dröhn-Resonanzen tieferer Vokale in den üblicherweise falsch dimensionierten Lautsprechern zustande). Mit zeitgemäßer Studioausrüstung kann man diese Fehler mittels Echtzeit-Spektrum-Darstellung gut erkennen und in vielen Fällen durch selektive Entzerrung mildern.

Zum Thema "Artikulationsqualität" noch die folgenden zwei Anmerkungen: Bis in die 50er Jahre hinein gehörte eine "Sprechschule" zur Ausbildung für alle, die ihre Stimme auf der Bühne oder im Rundfunk beruflich einsetzen wollten. Diese Gepflogenheit basierte auf der eigentlich lapidaren Tatsache, dass für diese Berufe die Stimme kein Element humanistischer Wertung ist, sondern ganz einfach ein Werkzeug, so wie für den Maurer die Kelle und für den ausübenden Musiker das Musikinstrument. Nach 1945 entwickelte sich jedoch im Zuge der allgemeinen Umorientierung gesellschaftlicher Maßstäbe auch in Bezug auf die physischen Persönlichkeitsmerkmale eine mehr an der Individualität orientierte Sicht. Die vormalige Ausrichtung der Auswahl nach "handwerklich", sachlichen Kriterien verlor ihr Primat. Es wurde "unkorrekt", jemanden wegen bestimmter physischer Merkmale beruflich zu bevorzugen.

Da jedoch solche Paradigmenwechsel meist schleichend und wenig differenziert ablaufen, wurde auch in diesem Fall "das Kind mit dem Bade ausgeschüttet"; welchem Umstand wir es zu "verdanken" haben, dass inzwischen in allen Sparten, vom Theater über das Fernsehen und den Rundfunk bis hin zum Werbespot nuschelnde, näselnde und lispelnde „Stimmband-Profis" auftreten, die an der guten alten Sprechschule nicht mal die Aufnahmeprüfung bestanden hätten. Man kann nur hoffen, dass sich dieses Missverständnis irgendwann einmal wieder ausbalanciert.

Ein ähnliches Schicksal hat die alte Preisfrage erlitten, wie "Sprechen im Raum" aufnahmeseits zu erfassen sei. Alte Hasen aus der elektroakustischen Antike von Funk und Film wussten schon zu ihrer Zeit, dass man an Sprechstimmen immer ziemlich nahe ran gehen muss, auch wenn die Kamera eine Totale erfasst. In den großen US-Ateliers ist das noch heute eiserne Regel. Deshalb versteht man in deren Produkten auch jedes Wort. In Europa hingegen, speziell hierzulande im Fernsehen, hat sich die Vorstellung festgesetzt, der akustische Eindruck wäre dann richtig, wenn soviel Raum mitklingt, wie man im Bild sieht. Der fundamentale Irrtum besteht dabei darin, dass der optische Raum etwas völlig anderes ist als der akustische Raum. Denn in nicht akustisch behandelten Räumen wird das klangliche Äquivalent zum *ganzen* optischen Raum oft schon mit einem Mikrophonabstand (Nierenmikrophon) von etwa 40 cm erreicht! Wenn dann die Sprechstimmen auch noch "die Zähne nicht auseinander kriegen", ist die Folge meist statt Text ein undefinierbarer Brei aus Vokalmulm und Kurzzeit-Resonanzen.

3.2 Die Begleitung

Begleitende akustische Strukturen müssen so auf die Artikulation der Stimme "komponiert" sein, dass die für das Verständnis wichtigen verbalen Elemente nicht maskiert werden. Im kreativen Kontext ausgedrückt:

Die Klang- und Geräuschkomponenten sollen in einer sensorisch und logisch natürlichen Beziehung zum optischen Content laufen.

Oder, um eine ganz handfeste Parallele zur eigentlichen Heimat des Klangs zu ziehen, nämlich zur Musikdarbietung an sich: Das Klingende sollte wie in einer musikalischen Bühnenspielhandlung auf das Geschehen komponiert sein. Stellen wir uns den Werbespot als Ballett vor: Der Content (die Sachaussage) entspricht der Choreographie und die Vertonung der Ballettmusik. So ist das gemeint. Und nur so macht es auch Sinn, denn man stelle sich mal vor, da tanzt ein Ballett und aus dem Orchestergraben quäkt ein Lautsprecher irgendwelche beliebig zusammengeschluderten Billigloops, die mit dem Geschehen auf der Bühne nichts gemein haben außer der zurechtgefummelten Spieldauer.

Man wagt es kaum, das hier in einer seriösen Fachpublikation auszusprechen, aber das Letztere scheint leider die Bread-and-Butter-Realität in der heutigen Medienlandschaft zu sein (besonders dort, wo die mediale Evolution die Kulturrampe ungebremst abwärts schlittert)! Man braucht nur ein paar Minuten lang den Fernseher anzustellen, um zu erkennen, wo der vielzitierte Hase im Pfeffer liegt. Eine Liste der wenigen guten und vielen schlecht gelungenen Beispiele pro Zeiteinheit wäre mit Leichtigkeit zu erstellen, jeden Tag aufs Neue. Jedoch soll hier darauf verzichtet werden, weil es sinnvoller sein dürfte, sich auf das Verinnerlichen der Hintergründe zu konzentrieren, die hier aufgezeigt werden. Wer sie beachtet, erzeugt ein gutes Produkt.

Und dann: Wenn schon fertige Klangvorlagen verwendet werden, sollte deren Strukturverlauf vorher sorgfältig auf Eignung in dieser Hinsicht überprüft werden. In der Regel wird eine individuelle Komposition immer besser klingen und besser passen als Fertigware.

Häufige Fehler: Das Klangspektrum der Sprechstimmen ist deutlich matter als das der unterlegten Klänge und Geräusche. Wichtige Artikulationselemente der Sprecher werden von unterlegten Klangelementen maskiert; Disharmonie zwischen dem zeitlichen Verlauf der Sprech-Dynamik und dem zeitlichen Verlauf der Vertonungs-Dynamik. Wenn der Vertonung eine eigenständige, kreative Aussage zukommen soll, wird oft versäumt, Text, Textgestaltung und Vertonung von Anfang an zusammen zu entwickeln, damit sie eine optimale Wirkung erlangen!

4. Elementare Grundregeln für das Aufnehmen

Die elementaren Grundregeln der Schallaufnahme gelten unabhängig vom Genre. Im Klartext: Auch für die Tonaufnahme außerhalb des reinen Musikgenres ist nicht irgendein Mikrophon und irgendeine akustische Umgebung gut genug, sondern es muss mit der gleichen Sorgfalt vorgegangen werden wie bei einer hochwertigen Musikaufnahme. Der Werbe-Spot zum Beispiel soll doch verkaufen helfen! Ziel muss daher immer sein, durch passende Wahl von Raum und Positionierung, von Stimme und Mikrophon das Optimum an klarer Artikulation herauszuholen.

Doch Achtung! Besondere Vorsicht ist bei Ansteck-Mikrophonen (Lavalier) geboten, weil deren Einsprache die "Artikulationsquelle", den Mund, nicht direkt "sieht" und damit alle Konsonanten und S-Laute nur "um die

Ecke", also nur indirekt erfassen kann. Außerdem werden diese Mikrophone in der Regel dicht am Oberkörper anliegend getragen und "hören" daher überproportional viel von den Brustkorbresonanzen. Diese Mikrophone sind deshalb nur bei glasklar artikulierenden Sprechstimmen brauchbar. Und das auch nur dann, wenn sie mit integrierter, *wirksamer* Entzerrung zur Kompensation des überhöhten Vokaltrakt-Dröhnens und des mangelhaften Diskantempfangs ausgestattet sind. Aber selbst wenn diese Kompensation einigermaßen funktioniert, bleibt immer der erheblich größere Entfernungseindruck von Konsonanten und S-Lauten (verringerte "Präsenz") im Vergleich zu vollwertigen Mikrophonen mit frontaler Einsprache, bei denen man lediglich auf Unterdrückung von Explosivlauten und eventuell auf zu starke Tiefen achten muss.

Häufige Fehler: Die vorstehenden Grundregeln werden für unwichtig gehalten. Besonders schlimm, wenn vordergründige Sprechstimmen dann auch noch ohne physiologische Tiefenabsenkung aufgenommen werden (was leider auch in Rundfunk- und Fernsehprogrammen üblich ist). Im Ergebnis hört man schlecht verständliches Gemuffel und dumpf dröhnenden Vokalmulm. Der Ton hilft nicht mehr. Er "nervt" nur noch. Die Meinung: "Ist ja auch nicht so wichtig" scheint verbreiteter als den Veranstaltern gut tut. Wer so denkt, verkennt die Wirkung seines Tuns. An solchen Spots hört der Hörer vorbei. Der Auftraggeber hätte sich das Honorar für diese Agentur sparen können.

4.1 Aufzeichnungstechnik

Hier gibt es sogar noch strengere, weil physikalisch bedingte Regeln. So hat jedes Aufzeichnungsmedium, gleich ob analog oder digital, nur einen begrenzten Spielraum zwischen Laut und Leise. Innerhalb dieser Grenzen muss alles untergebracht werden. Wird die Grenze nach oben missachtet, fängt es an zu scheppern und zu klirren. Erlaubt man zu viel Leises, geht es im Umweltlärm unter. Hier ein gut ausbalanciertes Optimum zu erreichen, ist nicht nur die Aufgabe des Aufnehmenden, sondern ganz wesentlich auch eine des kreativen Gestalters. Eine intim gehauchte Botschaft zum Beispiel klingt albern, wenn sie in Vollaussteuerung daherkommt.

Andererseits soll sie aber auch verstanden werden. Das alles muss der sachkundige Kreative schon vor der Aufnahme bedenken, denn oft kommen Konzepte vors Mikrophon, die auch der beste Sound-Designer nicht mehr retten kann. Die Patent-Lösung: Den Sound-Designer (oder den Aufnahme-Operator wenn es nur um Technisches geht) von Beginn des Projekts an mit einbinden! Um diese Beschränkungen des Aufnahmespielraums zu meistern, versucht die gängige Praxis ihr Heil im Einsatz von Kompressoren und Limitern.

Dazu hier eine kurze Erläuterung: Kompressoren wandeln zunehmende Stärke (fachsprachlich "Pegel") des eingegebenen Tonsignals in allmählich immer weniger zunehmende Stärke des Ausgangssignals um. Dadurch werden untere bis mittlere Pegel relativ angehoben. Limiter (Begrenzer) machen im Prinzip ähnliches, nur ändert sich die Beziehung von Eingangspegel zu Ausgangspegel nicht allmählich, sondern von einem einstellbaren Wert aus ziemlich abrupt, sozusagen mit einem Knick.

Kompressoren verwendet man zur Verringerung der Programmdynamik, Limiter (Begrenzer) eigentlich nur zur Verhinderung von Übersteuerungen (wenn man z. B. nur "lahme" Pegelanzeiger hat, die den Aufnehmenden über den tatsächlichen Spitzenpegel im Unklaren lassen). Mit Kompressoren wird der gesamte Dynamikbereich "zusammengestaucht". Moderne Geräte erlauben dabei fast beliebige "Ratio" (Grad der Kompression), so dass im Grenzfall der Aussteuerungsmesser fast auf der Stelle steht. Das klangliche Ergebnis ist allerdings in den meisten Fällen schlecht. Ganz besonders dann, wenn Schallquellen sehr unterschiedlicher Klangentwicklung gemeinsam komprimiert werden. Dann bestimmt immer der lauteste Anteil den Kompressionsgrad, was dadurch zustande kommt, dass der Kompressor ja seinen Verstärkungsgrad automatisch nach dem jeweils lautesten Element einstellt und die anderen gleichzeitig vorhandenen Klangelemente dabei entsprechend mitregelt. Ein elendes "Pumpen" und "Atmen" ist die Folge.

Vorausgesetzt es gibt nicht schon vor den Mikrophonen starkes akustisches "Übersprechen", lassen sich diese Negativeffekte nur verringern, wenn jedes Klangelement seinen eigenen Kompressor erhält und Summen-Kompression tunlichst vermieden wird. Kenner arbeiten deshalb mit sparsamer, individueller Kompression in jedem Mikrophonkanal und (allenfalls) einem sorgfältig eingepegelten Limiter in der Summe. Das alles richtig zu machen, setzt bei den Ausführenden Erfahrung, Sensibilität, eine zulängliche Ausrüstung und vor allem gute Ohren (!) voraus.

Häufige Fehler: Die oben genannten Bedingungen werden missachtet. In der irrigen Annahme, die Ohren der potentiellen Kunden mit machtvollem Sound gewinnen zu können, wird bis zum geht-nicht-mehr komprimiert. Was dann am Ohr des Kunden ankommt, ist aber nicht mehr der erhoffte, Kauflust erregende Power-Sound, sondern nervender, zum Abschalten reizender, gellend röhrender Brei.

4.2 Laut & Co.

Weil sie zum gleichen Thema gehört und überall eine Rolle spielt, wo aufgenommen und abgehört wird, muss hier etwas eingehender auf eine pikante Besonderheit der "kommerziellen Lautheitswahrnehmung" eingegangen werden. Es handelt sich um die ambivalente Beziehung zwischen "laut" → "lauter" im Verhältnis zu "gut" → "besser". Wer wie der Autor genügend lange im hochkarätigen Aufnahmebetrieb praktiziert hat, wird die Erfahrung (nicht nur einmal) gemacht haben: Man hat gerade einen frischen "Take" im Kasten (man hat eine Aufnahme gemacht) und die Künstler kommen zum Abhören. Sie finden es "eigentlich sehr gut", aber wollen es "zur

Sicherheit" doch lieber noch einmal machen. Danach kommen sie wieder in die Regie. Man führt ihnen versuchsweise das Gleiche von vorhin vor, nur mit einer Stufe höherer Abhör-Lautstärke. Alle sind begeistert: "Ja! Das ist es!"

Jetzt dürfen Sie mal raten, was der seriöse Experte nun macht? Wird er zu einer fachkundlichen Belehrung seiner Künstler schreiten? Oder wird er einfach den abgehörten Take nehmen, denn die Ausübenden waren ja begeistert? Oder wird er etwa gestehen, dass er nur ein bisschen lauter gestellt hat??? Manche finden die Tonmeisterei ja gerade deswegen so schön, weil bei ihr 1 + 2 eben nicht immer = 3 ist!

Ein alter Kollege des Autors, Studio-Chef bei einem hochbeleumundeten Label in LA, ist dem Problem vor Jahrzehnten mit seinem "Wunder-Mischpult" auf ganz andere Weise zu Leibe gerückt, nämlich mittels eines knallroten Drehreglers und geheimnisvoller Skala, plus der (für Insider) vielsagenden Beschriftung *"Excitement"*. Der Respekt vor der genialen Konstruktion dieses Kollegen verbietet es dem Autor allerdings, Einzelheiten über die Funktionsweise preiszugeben. Fest steht nur, dass dieser Knopf bei fast allen Aufnahmen mit durchschlagendem Erfolg zum Einsatz kam, und dass auch die höchstdekorierten Ingenieure der Konkurrenz (die ja in diesem Gewerbe bekanntermaßen nur mit friedlich-fairen Mitteln kundschaften), seit jeher vergeblich nach einer physikalisch plausiblen Antwort auf das Phänomen suchen.

An dieser Stelle sollte noch ein anderer wichtiger Umstand erwähnt werden, der eine direkte Folge der "Deckelung" des aufnehmbaren Pegels ist. Beim natürlichen Hören gibt es ja eine solche Deckelung, also Pegelbegrenzung nicht. Ein 60-Mann Shanty-Chor in 30m-Abstand klingt lauter als drei Solisten vom gleichen Ort. Weil das ganz natürlich ist, macht sich auch niemand Gedanken darüber, warum das so ist. Mehr ist lauter. Logo.

Beim Aufnehmen, also gleicher Spitzenaussteuerung für alles, ist das ganz anders. Es ist sogar nicht nur anders, sondern genau andersherum: Die drei Solisten klingen voll ausgesteuert lauter als der ebenso voll ausgesteuerte Chor! Verkehrte Welt? Durchaus nicht. Die Deckelung macht's möglich. Dem Aufnahmemenschen ist der Effekt vertraut. Er erlebt ihn tagtäglich bei der Arbeit. Nicht so der Außenstehende. Der kommt mit seiner Normal-Erfahrung ins Studio und wundert sich. Was man ihm auch nicht verübeln kann, denn der Zusammenhang, so trivial er scheinen mag, bedarf gründlichen Hineindenkens in die Hintergründe, um ihn zu verstehen. Zum gründlichen Hineindenken haben die meisten Menschen aber heute immer weniger Zeit. Und Freischaffende am allerwenigsten. Ton-Designer mit Durchblick werden das Wissen nutzen und nur wenige markante Tonquellen verwenden, wenn es richtig laut sein soll. Wenn alles andere versagt, bleibt immer noch wie oben erwähnt der "Rote Knopf". Übrigens wird der Leser dieses Abschnitts nach bestem Wissen des Autors diese Zusammenhänge und Folgerungen – so gesehen und erklärt – noch in keinem Lehrbuch finden!

Das Problem "laut" zieht sich wie ein roter Faden durch das ganze produzierende Ton-Gewerbe. Wer Ton herstellt, kann ihn lauter einfach besser verkaufen; bis zur Schmerzgrenze, die aber sehr unterschiedlich hoch liegt. Deshalb folgen mehr oder weniger auch alle Medien-Tontätigen (und nicht nur die, denn andere wollen daran ja auch verdienen) geradezu zwanghaft einem Lautheitstrieb, der doch nichts anderes bewirkt, als dass das abgelieferte Tonprodukt technisch bis zum Überlaufen voll ist.

Womit aber nun noch lange nicht gesagt ist, dass das beim Verbraucher zu Hause auch mit vollem "Saft" ankommt! Da ist nämlich erst noch mal der verbreitende Verteiler in Gestalt von Fernseh- und Rundfunkanstalten etc. davor. Die haben ihre eigene Tontechnik und ihre mehr oder weniger offiziellen Pegelpläne und Normen. Erst auf die folgt dann schließlich der ausstrahlende Sender, egal ob mit Antenne alter Art oder übers Internet oder sonst wie. Jeder Verbreiter muss sich dazu technischer Vorrichtungen bedienen, die ihrerseits wieder genau so zwingende, physikalisch bedingte Grenzwerte für laut und leise haben. In deren "Schablone" muss das angelieferte Sendeprodukt hineinpassen. Außerdem muss es auch bei dieser Instanz noch eine Endkontrolle durchlaufen, die dafür zu sorgen hat, dass die genau spezifizierten Eingangswerte der Endstation der Kette – also des Senders – eingehalten werden. Genau die gleichen Regeln und Beschränkungen gelten übrigens auch für die gesamte Tonträgerindustrie!

Es wäre nun ideal, wenn an allen Überwachungspunkten ein hörbegabter Mensch mit dem Auftrag säße, das durchfließende Programmmaterial bezüglich Lautheit (subjektivem Pegel) und Klangbalance (Höhen/Tiefen) so zu regeln, dass ein Durchschnittshörer nicht ständig zu seinen Stellknöpfen greifen muss, um die (für ihn) vorsintflutlichen Unterschiede zwischen den verschiedenen Programmgattungen auszugleichen – was ja seit Erfindung der Tonübertragung bis heute traurige Notwendigkeit ist. Noch in den ersten Nachkriegsjahren der Rundfunktechnik saß wenigstens ein des Ablesens des Aussteuerungsmessers mächtiger Homo Sapiens an der Sender-Endkontrolle. Er hatte aber nur die Aufgabe, Übersteuerungen des Senders zu verhüten. Wenigstens etwas, wenn ihm auch untersagt war, Klangänderungen auszuführen. Wozu er übrigens auch gar nicht in der Lage gewesen wäre, denn die klassisch stringente Rundfunktechnik "alter Schule" funktionierte mit Fernmelde-Mentalität, wonach ein Ton-Bediensteter in den schöpferischen Schwingungsweihen des Signalflusses nichts zu suchen hat. Folglich hatte er dafür auch gar keine Stellhebel.

In dieser traurigen Wirklichkeit (die aber genau besehen eher unüberwindlich als traurig ist, wie wir noch sehen werden) sitzt nun heutzutage aus vorgeschobenen Kostengründen nicht mal mehr ein Mensch, sondern die Pegelkontrollfunktion vollzieht heute eine Maschine, ein "intelligenter" Kompressor/Limiter. Der ist aber nur insoweit intelligent, als er im Unterschied zu seinen ersten Urahnen so ein bisschen "voraushorchen" kann, was da an Ton-

programm im Anmarsch ist, um sich seine Durchlassquote schon richtig ein-
gestellt zu haben, wenn die Töne dann tatsächlich durchs Tor schreiten (er
macht das automatisch). Dieses Einstellen dauert nämlich eine gewisse Zeit,
was bei den Urahnen immer zu einem ungut hörbaren Verschlucker führte;
weshalb diese Apparate bis vor wenigen Jahren, wenigstens bei den Grals-
hütern des Qualitätsrundfunks, verpönt waren. Den automatisch vorausschau-
enden Kompressor gibt es mit der erforderlichen Funktionssicherheit allerdings noch nicht so lange, weil die sehr kritischen Speichermodule erst mit
neueren Bauelementen zu verwirklichen waren.

Dieser elektronische Wächter kann nun schon eine ganze Menge von der
früher menschlich besetzten Pflichtübung. Was er jedoch immer noch nicht
kann und wohl niemals können wird, ist, zu unterscheiden zwischen den
verschiedenen Arten von Medien, also Nachrichtensprache, Gedichtvortrag,
Beethoven Trio, Rap, Techno, Fußball, Werbung, etc. Und Werbung besteht ja
nun auch nicht immer nur aus Sprache. Dieses Unterscheidungsvermögen ist
der Punktus Knacktus. Er wird seit jeher für so gewichtig gehalten, dass die
zuständigen Organe nicht einmal gewagt haben, das hörgerechte Kontrollieren
von einem eigens hierfür ausgebildeten Fachmann, z. B. einem Tonmeister,
ausführen zu lassen.

Denn, was müsste der tun? Er müsste die Original-Lautheitsspannweite
maßstäblich auf die technisch verfügbare Übertragungsspannweite übersetzen.
In diesen Maßstab hätte sich jede "Quelle" einzufügen. Voll ausgesteuert
werden könnte dann nur, was auch im Original schon maximal laut ist. Zum
Beispiel Mussorksky/Ravels "Das Tor zu Kiew" oder der letzte Satz aus
Prokoffjevs 5ter oder eine Werbung für das ultimative Feuerwerk. Das Gute-
Nacht Liedchen an der Wiege würde da schon im Klingelton des älteren
Bruders untergehen. Die übliche Werbung wäre irgendwo dazwischen. Eine
Utopie. Und geht da nicht sogar die Fama, die Werbetreibenden würden die
Anlieferung ihrer Produkte (von denen ja speziell die Privaten leben) an die
Bedingung knüpfen, dass die Spots mit der maximal verfügbaren Spitzenleis-
tung ausgesendet werden?

Man muss wohl klar erkennen, dass hier Argumente miteinander ringen,
für die es keinen schulmäßig sauberen Ausgleich gibt. Und Senderkanäle, die
nur einen Bruchteil ihrer Sendezeit mit einem noch kleineren Bruchteil ihres
Leistungsvermögens füllen, kann sich in einer Epoche von Budget und Ertrag
sowieso niemand vorstellen; außer vielleicht Onkel Emil zu Hause mit seiner
Fernbedienung, die er dann kaum noch zu betätigen hätte.

Soweit hier diese Kernfragen. Aber dieser Beitrag soll ja nicht nur Tontechnik behandeln, deshalb sei Interessenten die reichlich vorhandene Spezial-
literatur (siehe Anhang) empfohlen.

5. Kostenphilosophie

Spätestens an dieser Stelle wird der Leser dem Autor dieses Beitrags das Kostenargument entgegenhalten. Das ist sicher auch in solchen Fällen berechtigt, wo es angesichts des zu bewerbenden Gegenstands (scheinbar) nichts zu komponieren gibt. Das "scheinbar" in den Klammern soll aber schon darauf aufmerksam machen, dass die Möglichkeiten oft verkannt werden. So kann beispielsweise im neuartigen Geschmack eines ansonsten wenig spektakulären Soßenwürfels unter Umständen ein Millionengeschäft stecken.

Gängig ist z. B. auch in der Werbung das Argument, ein Spot geht so schnell vorüber, da kommt es auf "Feinheiten" nicht an. Genau das Gegenteil ist richtig. Gerade bei kurzen Spots muss die "Pointe" sitzen.

Es dürfte sich also lohnen, wenigstens einen Gedanken darauf zu verschwenden, ob man nicht schon für das Sprechen der Texte statt Billignuschlern Stimmen mit glasklarer und suggestiv-sympathischer Artikulation auswählt und für das Klangdesign schon gleich zu Anfang einen Könner mit ins Boot holt, der dann auch dafür sorgt, dass wenigstens das Handwerk für den Sound stimmt. Die Chancen, dass ein klanglich gut gemachter Spot mehr Nutzeraufmerksamkeit auf sich zieht, sind unabhängig vom Preis des beworbenen Produkts ungleich höher einzuschätzen als der Mehraufwand für seine hochwertige Herstellung.

6. Ernüchterndes

Leider ist die Wirklichkeit von all dem aber Lichtjahre entfernt. Die Masse der Produktionen, die tagtäglich über die Schirme flimmern, ist auf einem kunsthandwerklich beklagenswerten Niveau. Klare Konsonanten haben Seltenheitswert, Vokale mulmen, stümperhafte Mischungsverhältnisse zerdröhnen auch noch den letzten Rest von eh schon miserabler Sprachverständlichkeit. Falsch eingesetzte Kompressoren "pumpen" zwischen Sprache und Geräuschen, und, und, und. Der übelste aller Fehler: Laut-muss-es-sein! (s. oben). Großer Irrtum! Nicht "laut" muss es sein, sondern vor allem *"suggestiv"*. Auf die gewinnend, witzig intelligente, optisch akustisch kombinierte Idee kommt es an, nicht auf den lärmend fetzenden Jahrmarktholzhammer. Wer kennt etwa nicht den genialen *Clausthaler* Spot mit dem Hund? Da war nichts laut. Aber jedermann erinnert sich noch heute daran! Nicht zuletzt, weil auch hörgeschwächte Rentner noch genau verstehen konnten, was der Mann mit dem Hund sagte! Der Spruch "Nicht immer, aber immer öfter" hat sich bis heute als Marken-Assoziation festgesetzt.

7. Ursache & Wirkung

Die Zuständigkeit für das erreichbare Ergebnis liegt allerdings immer beim "Boss". Und nach dem alten Sprichwort "Wer bezahlt, bestimmt die Musik" ist der Boss letzten Endes nicht die Agentur (wenngleich auch die sich um

Minimierung ihrer Kosten bemühen wird), es ist auch nicht der Sound-Designer, sondern Boss ist der Auftraggeber, der die Gesamtrechnung bezahlt. Wenn der nicht mehr ausgeben will, als was gerade mal für einen Billig-Nuschler, ein mieses Knopflochmikrophon und den nächstbesten Cassettenloop reicht, dann kann man in der Tat nur versuchen, ihm den Unterschied anhand schlechter und guter Beispiele vor Augen und Ohren zu führen. Wenn das auch nichts hilft und man seinen Guten Ruf als Auftragnehmer hochhalten möchte, sollte man sich in einem solchen Fall trauen, "Nein" zu sagen. Produktqualität ist für jeden Mediengestalter ein Markenwert, den zu pflegen sich ebenso lohnt wie in anderen Wirtschaftszweigen.

8. Empfehlungen

Wie kann man es besser machen? Nun, am besten (und im kreativen Gesamtinteresse am gescheitesten) wenn man sich an altbewährte Rezepte hält, die z. B. in der Filmindustrie seit Anbeginn hervorragend funktionieren: Da arbeiten die Kreativen beider Sparten, also die Visualisten und die Auralisten, von vornherein gemeinsam. So wie das auch bei den erfolgreichen Musicals heute noch die Regel ist. Selbst in einem so entfernten Beispiel wie dem Autorennsport sieht man, was dabei herauskommt, wenn Fahrzeugkonstrukteure und Reifenhersteller nicht Hand-in-Hand arbeiten.

In der Werbebranche jedoch scheint man davon auszugehen, dass der Ton so eine Art Anhängsel, also etwas Zweitrangiges ist. Eben nur ein notwendiges Übel. Leider zu häufig kommt es auch vor, dass man sich erst wenn alles fertig ist daran erinnert, dass ja noch der Ton drauf muss. Ja, wo kriegt man den jetzt auf die Schnelle her?

Jede Agentur hat da so ihre Adressen: Die Schnellen. Und die Guten. Und sogar schnelle Gute. Die gibt es wirklich. Die arbeiten Tag und Nacht, haben keine Gewerkschaft und liefern sogar noch erste Qualität. Aber das können sie nicht immer. Nämlich dann nicht, wenn im Spot-Konzept von Anfang an kein Gedanke an den Klanganteil "verschwendet" wurde. Dann bleibt nur das Erbasteln einer Improvisation. Man kann schon zufrieden sein, wenn die dann wenigstens handwerklich gut wird. Aber viel billiger kann es auf diese Weise auch nicht werden, denn Basteln dauert oft länger als planvolles Konstruieren (s. Hobby-Werkstatt)!

Und noch aus einem anderen, praktisch noch schwerwiegenderem Grund können es die Guten nicht immer: Wenn nämlich das fällige Honorar zu oft erst nach Monaten und zahlreichen Mahnungen kommt. In der freien Wirtschaft ist seit den gedankenlosen Beschlüssen von "Basel" die üble Sitte des planmäßigen Zahlungsverzugs aufgekommen. Jeder schiebt seine Termine nach unten weiter. Und da die Tonmenschen am Ende sitzen (was aus verschiedenen, hier behandelten Gründen eh ein Fehler ist) werden sie dort von den besagten Hunden gebissen. Und die haben keinen Maulkorb, schon gar nicht, wenn sie vom Finanzamt kommen und sich einen Schmarren darum scheren, weshalb der bedauernswerte Tonmensch noch nicht zahlen kann.

9. Zusammengefasst

Der Versuch, dem erstrebenswerten Ziel einer voll integrierten Produkterstellung näher zu kommen, täte jedem Projekt gut. Es brächte ihm geschlossenere, schlüssigere Aussagen und dadurch bewusstere Beachtung und eine höhere Wertanmutung des behandelten Themas.

Das Wettrennen um den Lautheits-Sieg endet immer auf einem Pyrrhus-Podest. Wichtiger als laut sind die Idee, die Qualität und die Suggestivkraft des Produkts. Nicht der voll-gepackte, sondern der suggestiv-attraktiv-gepackte Spot fängt das Käufer-Ohr. Sound-Design kann seine Möglichkeiten nicht ausspielen, wenn es nur als Beiwerk verstanden wird. Der Hörsinn des Menschen führt in eines seiner empfindlichsten und zutiefst emotional ansprechbaren Geisteszentren. Diesem Umstand auch im Audio-Branding Rechnung zu tragen, ist ein Gebot der praktischen Intelligenz.

Bild-Technik und Ton-Technik sind Idealpartner. Ihre Konzepte, Ideen, Methoden und Instrumente sind im Produkt wertgleich wirkungsaktiv. Der kompetente Produzent wird sich – wie im Musiktheater auch – sinngemäß beider gleichermaßen bedienen.

10. Schlusswort

Was in diesem Beitrag hinsichtlich tontechnischer Ausgestaltung an Kritik und Anregungen diskutiert wird, gilt in vollem Umfang ganz allgemein für alle, die Tonaufnahmen herstellen und/oder verwerten. Es sind sozusagen zeitlose Basis-Rezepte, die unabhängig von Stil, Genre, Zeitgeschmack und Moden gelten; egal, ob Wagners Tristan oder ein Spot für Schmierseife dran ist. Und sie gelten auch dann, wenn jemand meint, solche "Feinheiten" seien heute angesichts der nur noch auf Events reduzierten Wahrnehmung des Publikums fehl am Platze. Das Letztere ist ein fundamentaler Irrtum. Wer kauft schon ein T-Shirt mit halboffenen Nähten? Das "Handwerk" muss immer stimmen!

Dem einen oder anderen Leser wird diese oder jene Passage vielleicht etwas zu hoch gegriffen vorkommen; oder zu weit von dem nüchternen Alltagsdruck der Bread-and-Butter-Projekte entfernt. Das mag sein. Aber wie die meisten Kompendien bezweckt auch das vorliegende, Ziele aufzuzeigen und aus dem "Ist" das "Soll" zu entwickeln. Das ist wie im Sport: Man legt die Meßlatte so hoch, dass die Guten drüber kommen. Das animiert andere, die auf dem Weg dorthin sind, es auch zu schaffen. Insgesamt macht das den Markt und die Branche vitaler und interessanter. Ein positives Lebensprinzip! Und ist das nicht auch ein Kernelement der Werbung?

Literatur

Ballou G.: Handbook for Sound Engineers, The New Audio Cyclopedia, Sec. Ed. Carmel, Indiana: Sams 1991

Breh K., Klingelnberg A.: Grundlagen der Hi-Fi Technik. Stuttgart: Vereinigte Motorverlage

Burkowitz P. K.: Die Welt des Klangs, Musik auf dem Weg vom Künstler zum Hörer. In: Stereoplay. Stuttgart: Vereinigte Motor-Verlage 1995

Burkowitz P. K.: Der Ton – Das Stiefkind der Medien, 21. Tonmeister-Tagung Hannover, Bildungswerk des Verbandes Deutscher Tonmeister. München: K. G. Saur 2000

Burkowitz P. K.: Zum Berufsbild des Tonmeisters, Festvortrag zum 40jährigen Bestehen der Tonmeister-Akademie Detmold, VDT-Magazin 1-2: 1988

Eska G.: Schall & Klang. Basel: Birkhäuser 1997

Fastl H.: Psychoacoustics and Sound Quality, Fortschritte der Akustik, DAGA 2002, S. 765-766. Oldenburg: Dt. Ges. für Akustik e.V. 2002

Feldgen H. L.: Machen uns Polymikrophonie, Mehrkanaltechnik, Entzerrung und Nachhall unabhängig vom Aufnahme-Raum?, Rundfunktechn. Mittlg. 22, 2, S. 75-78: 1978

Jourdain R.: Das wohltemperierte Gehirn. Heidelberg: Spektrum Akademischer Verlag 1998

Kalivoda M. T.: Taschenbuch der angewandten Psychoakustik. Wien: Springer 1998

Martin G.: All You Need is Ears. London: Macmillan 1973

o. V.: Blätter zur Berufskunde – Tonmeister, Toningenieur, Tontechniker. Bundesagentur für Arbeit

Read O., Welch W. L.: From Tin Foil to Stereo. Indianapolis/New York: Howard W. Sams 1955

Verhey J. L.: Psychoacoustics of spectro-temporal effects in masking and loudness perception. BIS Bibliotheks- und Informationssystem der Universität Oldenburg: 1999

Webers J.: Tonstudio-Technik. München: Franzis Verlag

H. Zukunftsmusik:
Klang in Wissenschaft und Gesellschaft

Was sind Sound Studies?

Hanna Buhl

Universität der Künste Berlin, Masterstudiengang Sound Studies –
Akustische Kommunikation

1. Einstimmung

Seit Menschen hören und über ihre Hörerfahrung reflektieren, gibt es Sound
Studies. Die Beschäftigung von Menschen mit den Klangumgebungen, in
denen sie sich befinden, lässt sich weit zurückverfolgen. Die Ursprünge liegen
im 19. Jahrhundert bei den Anfängen der Technischen Akustik oder noch
weiter zurück an den Ausgangspunkten der Musiktheorie und Musikphilo-
sophie. Im internationalen universitären Rahmen sind Sound Studies jedoch
eine sehr junge Disziplin.

Die Universität der Künste Berlin bietet seit April 2006 einen interdiszi-
plinären Masterstudiengang in der Akustischen Kommunikation an. Dabei ist
sie weltweit die erste Hochschule, die ein integriertes Studienangebot zum
Arbeiten mit Klang in den Feldern Klangkunst, akustische Mediengestaltung,
Sound Branding und Klanganthropologie offeriert.

Der Masterstudiengang Sound Studies – Akustische Kommunikation versteht sich als das akustische Pendant, die notwendige Ergänzung, zum seit den
frühen 70er Jahren institutionalisierten Fachgebiet der Visuellen Kommunikation.

Sound Studies stellen das Verhältnis eines Menschen zu seiner Klangumgebung in den Mittelpunkt und befassen sich mit der Möglichkeit, in diese
Umgebung einzugreifen. Denn keine Klangumgebung gibt es nicht – so lernen
die Studierenden in vier Semestern, vorliegende Klangumgebungen medialer,
architektonischer, urbanistischer oder werblicher Art zu beschreiben, analysieren und beurteilen und später auch selbst zu gestalten.

Die Lehre findet in den vier Fächern Klanganthropologie und Klangökologie, Experimentelle Klanggestaltung, Auditive Mediengestaltung und
Akustische Konzeption statt. Dabei werden die dreißig Studierenden von den

Leiterinnen und Leitern der vier Teilbereiche auf ihrem individuellen Weg in die Berufspraxis begleitet und gecoacht.

Im Laufe ihres Studiums spezialisieren sich die Studierenden auf eines dieser vier Fächer und legen dort auch ihre Prüfung ab. Dabei bietet das dritte Semester die Anwendung des Gelernten und einen Weg in die Berufspraxis; Studierende führen in Institutionen und Unternehmen Projektkooperationen durch, erweitern so ihre Kenntnisse und ihr berufliches Netzwerk und stellen bei potenziellen späteren Arbeitgebern ihr Können unter Beweis.

So bieten Sound Studies eine breitangelegte berufsqualifizierende Ausbildung zum Arbeiten mit Klang in künstlerischen, publizistischen, gestalterischen sowie konzeptuell-entwickelnden Berufsfeldern.

Die Anwendungsbereiche sind vielfältig; sie reichen von der Musik, Architektur, Produktgestaltung, Gesellschafts- und Wirtschaftskommunikation bis hin zur Klangkunst und Experimentellen Mediengestaltung.

2. Die Entstehung des Masterstudiengang Sound Studies – Akustische Kommunikation

Sound Studies blickt auf eine mehrjährige Entwicklung zurück. Der Masterstudiengang nahm seine ersten Anfänge im Herbst 2000, als eine Gruppe aus Lehrenden und Studierenden der Universität der Künste sich darum bemühte, für das Feld des Arbeitens mit Klang ein interdisziplinäres Studienangebot zu entwickeln. Ein erstes Seminarangebot wurde erstellt, das angeregt war von einzelnen Projekten und Seminaren zwischen Architektur und Musik, die schon seit einiger Zeit in den Fakultäten Musik und Gestaltung angeboten wurden.

Im Sommer 2001 wurden weithin beachtete Diskussionsveranstaltungen angeboten unter dem Namen soundXchange #1-3, in denen renommierte Vertreterinnen und Vertreter aus den unterschiedlichsten Feldern der Klanggestaltung (DJs, Komponisten, Kulturwissenschaftler, Programmierer, Instrumentalisten, Akustiker und Agenturvertreter) in öffentlichen Gesprächen – u. a. im Musikinstrumenten-Museum an der Berliner Philharmonie und im WMF Club – diskutierten, wie das Angebot in einem Weiterbildungs-Studiengang zum Bereich Klang aussehen könnte. Eine Website hierzu wurde aufgebaut (www.udk-sound.de).

Aus diesem großen Brainstorming entstand der Förderantrag für das Programm „Kulturelle Bildung im Medienzeitalter" des Bundesministeriums für Bildung und Forschung, das soundXchange seit dem Herbst 2002 förderte. Verbunden mit dieser Förderung war der Auftrag, in einem Modellversuch einen Masterstudiengang zu entwickeln, dessen Curriculum und dessen Lehrmethoden beispielhaft übertragbar sein können für andere Hochschulen und Universitäten.

In dieser zweiten Stufe begann ein Probebetrieb mit insgesamt 30 Seminaren und Workshops sowie Projektarbeiten. Hier konnten Lehrende und

Studierende gemeinsam wichtige Erfahrungen sammeln und sich zur Konzipierung eines neuen Masterstudienganges austauschen. Dieses Angebot wurde sowohl von den Studierenden der Universität der Künste als auch von Studierenden anderer Berliner Universitäten sowie von Hochschulen aus ganz Deutschland als einzigartig wahrgenommen. Damit konnte soundXchange diesem Auftrag nachkommen und entwickelte ein Curriculum, das Akustische Kommunikation anhand der Teilbereiche Klanganthropologie und Klang-ökologie, Experimentelle Klanggestaltung, Auditive Mediengestaltung und Akustische Konzeption vermittelt und erforscht.

In der dritten Stufe wurde das Angebot mit den aus der Praxis gewonnen Erkenntnissen in die Universität der Künste als Masterstudiengang Sound Studies – Akustische Kommunikation implementiert. Eine Studien-, Prüfungs- und Gebührenordnung wurde erarbeitet und die Konzeption des Master-studiengangs erhielt ihre erste vorläufige Akkreditierung durch den Berliner Senat. Die Einrichtung des Studiengangs in der Universität der Künste Berlin wurde von den zuständigen Gremien Ende 2004 beschlossen.

Das Projektteam aus Gastprofessor Dr. Holger Schulze, Gastprofessor Carl-Frank Westermann, Gastprofessorin Sabine Breitsameter, Gastprofessor Karl Bartos und mir als wissenschaftlichen Mitarbeiterin nutzte die von der Universität ermöglichte Situation, eine neue Disziplin zu begründen.

Der Lehrbetrieb für den ersten Jahrgang hat im April 2006 begonnen. 32 Studierende erhielten in einem Auswahlverfahren, das sich vor allem an ihren künstlerisch-gestalterischen Vorarbeiten und an ihrer Begabung orientierte, einen Studienplatz.

Unsere Absolventinnen und Absolventen sind damit die ersten, die nicht nur autodidaktisch und aus eigener Ambition heraus in dem Bereich Klangberatung und Klanggestaltung arbeiten, sondern mit einer fundierten multidisziplinären Ausbildung Klangumgebungen beurteilen und gestalten können.

Der erste Studierendenjahrgang zeigt sich als eine hochmotivierte und heterogene Gruppe, die sich auch selbst in die Weiterentwicklung des Studiengangs einbringt. Die Vielfalt der Ausbildungen, die sich bereits im Modellversuch 2002 - 2005 zeigte und welche eine Grundlage in der Konzeption dieser Weiterbildung darstellt, hat sich hier bestätigt: Die Studierenden kommen aus den unterschiedlichsten Bereichen wie beispiels-weise der Architektur, Musikwissenschaft, Klangkunst, Tontechnik und der Gestaltung.

3. Die Ausgestaltung des Masterstudiengangs

Der Masterstudiengang schließt mit einem Master of Arts nach vier Semestern ab. Da es sich um ein Weiterbildungsangebot im Rahmen des Programms „UdK plus" handelt, werden Studiengebühren von 400 Euro monatlich erhoben.

Sound Studies bildet für eine Berufspraxis der Klanggestaltung und -beratung aus. Die Ausbildung beginnt hierbei im ersten Semester mit der Vermittlung breiter Grundlagen der Akustischen Kommunikation. Diese Grundlagen setzen die Studierenden im zweiten Semester unmittelbar in projektbezogene Arbeiten um. Im dritten Semester wird eines der vier Teilfächer als Schwerpunkt gewählt und die Studierenden führen ihre Vorhaben in Projektkooperationen durch. Diese können eigenständig oder im Austausch mit öffentlichen Institutionen oder einem Kooperationspartner aus der Wirtschaft stattfinden. So können die Studierenden frühzeitig eine Berufspraxis unter realen Bedingungen erlangen.

Während der gesamten Zeit ihres Studiums werden sie dabei von den jeweiligen Professoren bzw. Professorin der Teilfächer gecoacht. Eine gute und frühzeitige Einbindung in die späteren Arbeitsfelder wird so gewährleistet. Der Abschluss der Ausbildung als Master of Arts – Sound Studies wird erlangt im vierten und letzten Semester durch die Erstellung einer klanggestalterischen Arbeit. Diese ist verbunden mit der Abfassung einer Masterthesis.

Das Studium richtet sich an Interessentinnen und Interessenten, die einen grundsätzlichen Bezug zum Arbeiten mit Klang vorweisen können. Ein Studienabschluss ist von Vorteil, aber bei entsprechender Begabung – entsprechend den Zulassungsbedingungen der Universität der Künste Berlin – keine zwingend notwendige Bedingung. Für die Bewerbung sind klangbezogene Arbeitsproben einzureichen. Einige der Bewerberinnen und Bewerber werden daraufhin zu einer Zulassungsprüfung vor Ort, mit Gesprächen und einer Prüfungsaufgabe, eingeladen.

Das Studium umfasst die genannten vier Teilfächer. Diesen Teilfächern steht jeweils eine Leitung vor, die auch die Studierenden als Coach während des gesamten Studiums betreut. Diese Position übernehmen bislang die zwei Gastprofessoren Bartos und Westermann, die Gastprofessorin Prof. Breitsameter und der Studiengangsleiter Gastprofessor Dr. Holger Schulze. Das Coaching begleitet die Studierenden bis zur Abschlussprüfung und führt sie auch während des Studiums in die Berufspraxis hinein. Die vier Teilfächer umspannen jeweils ein weites Themenfeld, welches hier kurz skizziert wird.

1. Klanganthropologie und Klangökologie

Im Zentrum der Klanganthropologie und Klangökologie steht die Frage, welche Rolle Klanggestalten bzw. akustische Umgebungen in den individuellen und sozialen Selbstentwürfen des Menschen spielen. Untersucht werden kommunikative und kybernetische Modelle, kulturgeschichtliche Ansätze, Wirkungstheorien sowie die Voraussetzungen einer Kultur des Hörens und Zuhörens. Im Zentrum stehen dabei unterschiedliche Bezugs- und Bedeutungssysteme des Klangs in Umwelt, Kunst und Medien. Dieser Teilbereich ist ausgesprochen interdisziplinär. Dabei kommen insbesondere Methoden der Kultur- und Sozialwissenschaften zur Anwendung.

Die Leitung dieses Teilfaches liegt bei Gastprofessor Dr. phil. Holger Schulze. Er ist Kulturtheoretiker und Autor und arbeitet inzwischen am dritten Band der Theorie der Werkgenese in drei Bänden: Das aleatorische Spiel – Heuristik – Intimität und Medialität. Seit dem Jahr 2000 arbeitet er im Gründungsteam mit. Als Studiengangsleiter führt er außerdem die konzeptuelle Entwicklung des Studienganges.

2. Experimentelle Klanggestaltung

Experimentelle Klanggestaltung beschäftigt sich mit der Geschichte und Gegenwart auditiver Formen jenseits konventionalisierter Gestaltungsweisen und -formate. Sie bezieht dabei sowohl elektro-akustische, mediale als auch reale Räume ein. Auf ihr experimentelles Potential hin untersucht werden akustische Form-, Struktur- und Materialbegriffe, Medienarchitekturen, Raum- und Zeitkonzepte, Rezeptionssituationen und Interaktionsstrategien sowie die alltägliche und gesellschaftliche Verortung von Klang und auditiven Medien. Betrachtet wird dabei ein breites Spektrum auditiver Gestaltausprägungen, von den Anfängen der Medienkunst, des Hörspiels und der Elektroakustischen Musik, über die Entwicklung der Radiokunst, der Klanginstallation und der Electronica bis hin zu Soundarbeiten in digitalen Netzwerken und multimedialen Datenräumen (u. a. Internet, CAVE, GPS).

Gastprofessorin Prof. Sabine Breitsameter hat seit 2004 die Leitung dieses Teilfaches inne und entwickelt den Studiengang mit. Sie ist experimentelle Radiomacherin, Spezialistin für akustische Medienkunst und leitete als künstlerische und wissenschaftliche Leiterin diverse internationale Symposien und Festivals. Ein wichtiger Arbeitsschwerpunkt ist Akustische Kunst in digitalen Netzwerken und multimedialen Datenräumen. Im Jahr 2005 leitete sie das Projekt des temporären deutsch-polnischen Künstlerradios Radio_Copernicus, welches in Kooperation mit der Universität der Künste Berlin und der Universität Wroclaw durchgeführt wurde, finanziert von der Kulturstiftung des Bundes. Radio_Copernicus wurde 2006 beim Prix Ars Electronica mit einer „Honorary Mention" in der Kategorie Digital Musics ausgezeichnet. Seit 2006 ist sie Professorin an der Hochschule Darmstadt am Fachbereich Media mit dem Schwerpunkt Sound Design and Production.

3. Auditive Mediengestaltung

Die auditive Mediengestaltung umfasst alle Klanggestaltungen, die sich zeitgenössischer Massenmedien zur Übertragung bedienen. Sie setzt sich mit den Möglichkeiten und medienrhetorischen Praktiken auseinander und entwickelt neue Formen und Genres der akustischen Darstellung in den Medien. Werbliche Umsetzungen sind hier ebenso Gegenstand wie Produktionen der Popmusik und des Mainstreamkinos.

Hier leitet Gastprofessor Karl Bartos das Teilfach. Er ist Musiker und Komponist und war bis 1991 Mitglied und Autor der Düsseldorfer Elektronik-Band Kraftwerk. Karl Bartos ist seither als Solo-Künstler, Produzent und

Autor in Europa und den USA tätig. Gleichfalls seit 2004 ist er Gastprofessor für das Teilfach Auditive Mediengestaltung und entwickelt den Studiengang mit.

4. Akustische Konzeption

Im Mittelpunkt der Akustischen Konzeption steht das Entwerfen von Klangumgebungen von der systematischen Planung bis zur Umsetzung. Dabei können alle Medien einbezogen werden. Ziel ist, Klangumgebungen in öffentlichen Räumen, in Unternehmens- und Gesellschaftskommunikation, in Architektur, Urbanistik und Landschaftsplanung professionell zu gestalten.

Dieses Teilfach wird von Gastprofessor Carl-Frank Westermann geleitet. Er ist Musiker, Diplomkaufmann und Leiter der Abteilung Corporate Sound der Kommunikationsagentur MetaDesign Berlin und arbeitet seit 2002 als Gastprofessor für den Teilbereich Akustische Konzeption an der Entwicklung der Sound Studies mit.

Vierzehn weitere Dozentinnen und Dozenten bringen ihr Fachwissen aus den Bereichen Komposition, Klangkunst, Kunst- und Kulturwissenschaften, Linguistik, Medienberatung und Kommunikationsdesign, Musikwissenschaften und Musikpsychologie, Theater-, Film- und Fernsehwissenschaften, Informatik, Tontechnik und Betriebswirtschaft in die Lehre ein. Auf die Bedürfnisse der Lehrenden und Lernenden ausgerüstete Studio- und Arbeitsräume stehen dabei zur Verfügung. Das Sound Studies-Team wurde und wird in der Entwicklung des Studienganges durch ein Netzwerk von Expertinnen und Experten aus Wirtschaft, Kunst und Wissenschaft unterstützt: dem sogenannten Klangrat.

Die Projektleitung lag bis zum Übergang des Projektes in einen realen Masterstudiengang im Frühjahr 2006 bei Prof. Martin Rennert, Präsident der UdK Berlin und Professor für Gitarrre, der die Entwicklung von Sound Studies – Akustische Kommunikation maßgeblich gefördert und vorangetrieben hat.

Als Kommunikationswissenschaftlerin und wissenschaftliche Projektmitarbeiterin durfte ich selbst seit 2002 im Team der Sound Studies mitarbeiten und die Begründung dieser neuen Disziplin mitgestalten. Unbedingt zu erwähnen im Entwicklungsprozess von Sound Studies – Akustische Kommunikation sind auch die insgesamt rund 40 Studierenden, die in der Zeit des Modellversuches bei uns studierten und durch ihre Teilnahme und ihr Feedback mitgewirkt haben. So sind auch jetzt die Studierenden des ersten Jahrganges ab April 2006 wichtige Partner für die Lehrenden und die Verwaltung. Nur durch Ihre hier gemachten Erfahrungen und ihr Feedback kann das Studienangebot sich laufend weiterentwickeln und damit seinem Auftrag gerecht werden.

Akustische Kommunikation in der europäischen Hochschullandschaft – Shatter Echo aus dem Jahr 2037

Holger Schulze

Universität der Künste Berlin – Sound Studies

Stellen Sie sich eine Welt vor, deren gestaltete Bestandteile Ihnen vornehmlich optisch oder gar rein in lateinischen Schriftzeichen gegenüber treten. Eine Welt, die ohne akustische Guidance auskommt, ohne dass Sie zumindest ansatzweise auch multisensorisch angesprochen würden, ohne dass Ihnen piktorale Ornamente entgegentreten, darin eingepasst und zweifellos außerhalb einer binär-alphanumerischen Kalligraphie entstanden. In einem Webcast, einem Kinomuseum, dem Erfahrungspark Ihrer Stadt.

Sie würden tagtäglich durch Gebäude gehen, auf dem Weg zu Ihrem Arbeitsplatz oder Ihrer Wohnung, die allein als eine optische Skulptur gebaut worden wären: Stellen Sie sich die Zitadellen-Architektur der 1990er und 2000er Jahre vor – besonders im Neuen Berlin –, wie sie groteskerweise und durchgängig akustik- und gesprächsbeeinträchtigend ausschließlich aus Stahl und Glas gebaut war, ohne jede Rücksicht auf die Notwendigkeiten menschlichen Sprechens und Hörens.

Können Sie sich vorstellen, tagtäglich in schlicht quadratischen Büroräumen mit durchgängig stehenden Wellen Ihre Klienten zu beraten und zu betreuen? In Konferenzräumen, in denen Ihnen das Klirren durch Glas und Stahl kaum mehr aus den Ohren geht – es sei denn, Sie arbeiten hier regelmäßig, Sie hätten gegenüber Ihren Kunden und Klienten dann einen Vorteil? In Tagungshallen, deren Verstärkeranlage kabel- und anschlussbedingt, beruhend auf skurrilen Sparmaßnahmen, durchgängig brummt und knistert, dumpf und flatternd verstärkt?

All dies war einmal Alltag, kaum lang vergangen, zu Beginn dieses 21. Jahrhunderts noch gewohnheitsmäßig.

1. Rückblick

Nach den Urheberrechtskriegen der 2010er Jahre und einem ganz aktuell immer noch mit militärischer Gewalt durchgesetzten Schutzrecht für Marken nach dem Vorbild religiöser Blasphemie befinden wir uns in einer Epoche, in der Audifizierung und Sonifizierung zu zentralen Arbeitsgebieten der Gestaltung und der Projektarbeit in Agenturen geworden sind.

Noch in den 2000er und 2010er Jahren war es, als an einigen Hochschulen – staatlichen und privaten, in Europa und im außereuropäischen Ausland – der Bedarf nach einer entsprechenden Ausbildung in Akustischer Kommunikation erstmals erkannt worden war in seinem weiter reichenden, gesellschaftlichen und wirtschaftlichen Nutzen.

Nach der anfänglichen, durchaus berechtigten Euphorie, kontrastiert von der üblichen, konservativen Abschätzigkeit, die die Gründung neuer, institutioneller Zweige stets begleitet, nach all diesen Jahren der Gründung zum Anfang diesen Jahrhunderts durften wir die – ebenfalls wenig überraschende – Überbetonung von Sound Branding und Sonifizierung, von Audioguides und Leitsystemen in den ausgehenden 2000er und beginnenden 2010er Jahren erfahren. Die New Sonic Economy.

Doch schon in dieser Sattelzeit der Akustischen Kommunikation waren die Konflikte, die sich in den letzten Jahrzehnten auftaten, schon deutlich erkennbar. Die Schule einer Acoustic Ecology positionierte sich recht schnell in nahezu klischeehaft vorhersehbarer Weise – trotz ihres starken Engagements in kommerziellen Anwendungen – recht klar im Gegensatz zu allzu stark anwendungsbezogenen Positionen des Sound Branding; die Corporate Sonification wiederum bemühte sich nicht selten etwas ungeschickt darum, erstere zu vereinnahmen und ihrer gesellschaftskritischen und revolutionären Spitze ganz zu berauben. Hier wurden unverzeihliche Fehler auf beiden Seiten gemacht.

Ähnlich gerieten auch experimentelle Klangkunst und Mediengestaltung in einen Gegensatz zueinander, der auf einem – wie wir heute wissen – kaum vereinbaren Verständnis hörerspezifisch relevanter Formanten eines Klanges und der jeweiligen Hörsituation und Hörhaltung beruht.

Die Klanganthropologie schließlich hatte sich, wohl nicht unbedacht, zielgenau zwischen alle Stühle gesetzt und musste sich hier zum einen Anfechtungen etablierter und sich etablierender neuro-akustischer Disziplinen wie auch Vereinnahmungen streng anwendungsbezogener Gestaltung erwehren. Der indes in die Jahrhunderte gekommene Streit um Vorherrschaft von Theorie oder Praxis fand aufgrund ihrer Anlage als Praxistheorie glücklicherweise kaum größere Ansatzpunkte.

Wir alle erinnern die Jahre teils kindlicher, vielen von uns heute noch unangenehmer Überaudifizierungen im Alltag. Nachdem die meisten der jungen Klanggestaltungs-Companies in den Kriegswirren der 2010er Jahren allerdings reihenweise die Tabloid-bekannten Hörstürze, Nervenzusammenbrüche und lang andauernden Erschöpfungszustände ihrer führenden Mitarbeiterinnen und Mitarbeiter, Gestalter und Komponistinnen zu verkraften hatten und dies unsere noch junge Branche bis an den Rand eines Unterganges brachte, setzten die Jahre der Konsolidierung und Besinnung ein.

Die Fachgeschichtsschreibung kommt denn auch darin überein, dass in den 2020er Jahren weitgehend das ehedem vorherrschende Apriori einer technisch-elektroakustischen Klanggestaltung seine Vormachtstellung fast zwangsläufig verlieren musste; die Methoden der Beschreibung und Bewertung einer ökologisch-anthropologischen Klanggestaltung begannen sich tatsächlich durchzusetzen. Eine Entwicklung, die bis heute andauert und – Sie erinnern sich vermutlich – auf der letzten internationalen Konferenz zur Akustischen Kommunikation in Lincoln weiter vorangetrieben wurde.

2. Forschung und Entwicklung

Die Areale wissenschaftlicher Forschung und künstlerisch-gestalterischer Entwicklung haben sich in den letzten Jahrzehnten deutlicher konturiert.

In urbanistischer und architekturtheoretischer Forschung der Akustischen Kommunikation liegen die Desiderate zunehmend auf spezifischeren Studien zur Normierung saluto-akustisch wirksamem, individuellem Haus- und Wohnungsbau; in der Stadtplanung als Vermittlung und Vereinbarung elektrosystemischer Schwingungen mit den Notwendigkeiten einer elektronischdrahtlosen Individualkommunikation wie auch den Interessen von Shop- und Malldesign und Gated Communities. Damit einhergehend untersucht die Akustische Kommunikation das Interface Design zuletzt vor allem als Konzert der Signaltöne im Zusammenhang der Sonifizierung im Alltag, bis hinauf zur Konzertierung der heterogenen akustischen Leitsysteme, die uns überallhin in der medial-artifizialisierten Welt begleiten und führen.

Selbst im Bereich der Klanggestaltung und der Klangberatung finden skandalöserweise auch heute immer noch Sitzungen und Konferenzen in Räumen statt, die technisch überfrachtet und elektroschädigend durch Verstärkeranlagen gestaltet werden, deren bauliche Maßnahmen jedoch kaum die Nutzung für Gespräche, Vorträge oder akustische Vorstellungen rechtfertigt.

Die Forschung an Auditiven Architekturen ist also noch keineswegs abgeschlossen, sondern tritt in unserer Zeit, in den 2030er Jahren, in eine Phase, da uns am teilweisen Rückbau überkommener Bauten wie auch an einer Durchsetzung der durchgängigen saluto-akustischen Normierung in europäischen Gesetzesblättern gelegen ist.

Die künstlerischen Entwicklungen in den letzten Jahrzehnten waren weitaus vielfältiger – wenn auch nicht weniger eindeutig.

Die Zunahme und endlich umfassende Umsetzung hyperrealer Immersionsräume brachte die akustische Kommunikation an einen Punkt, in dem auch ihre historische Bedeutung als Wegbereiter aktueller Immersionstechniken deutlich wurde. Derzeit ist sie wohl immer noch das stärkste Medium zum Erzeugen unmittelbarer und tiefgreifender Eintaucherfahrungen.

Die Klangspatialisierung hat sich sprunghaft weiterentwickelt – wenn auch nicht mit einer Ausbreitung wie sie in messianisch-fortschrittsgläubigen Prognosen der Jahrtausendwende uns angekündigt wurde. Die Schauspielhäuser in den großen Städten sind mittlerweile damit ausgestattet, auch die zu immersionsgeeigneten Mehrzweckhallen rückgebauten Großkinos des Jahrtausendausklanges haben sich diese neue Technik schnell angeeignet, wie auch die Großclubs in den Ballungsräumen und Industriegebieten im Stadtinneren.

Experimenteller allerdings wird derzeit mit Techniken gearbeitet, die Audifizierungen niedriger Komplexität in höherkomplexen Klangumgebungen umsetzen und so die Historizität und Kulturalität von Klang in einer Immersionsarbeit oder Komposition unmittelbar erfahrbar machen. Historische Aufführungspraxis war ehedem ein reichlich akademischer Begriff und ist in den letzten Jahrzehnten ein klangästhetisch deskriptiver Terminus geworden.

3. Wohin?

Nun könnte es so klingen, als hätte die Akustische Kommunikation schon mehr erreicht als je vorzustellen gewesen wäre – damals, Ende des letzten und Anfang dieses Jahrhunderts.

Doch schon in ihren ersten institutionellen Anfängen – im deutschsprachigen Raum in Forschungsprojekten und Modellversuchen der 1990er und 2000er Jahre etwa, in Halle, Weimar, Lüneburg, Berlin oder anderswo – in diesen allerersten, versuchsweisen Ausformulierungen dessen, wie eine universitäre Lehre des Arbeitens mit Klang sich gestalten könnte, schon damals wurde eine Herausforderung erkannt, die bis heute eine geblieben ist.

Ich spreche von der Erweiterung der Disziplinen der Visuellen und der Akustischen Kommunikation um eine – gleichermaßen fundierte, konzeptionell stringente und in Forschung und Entwicklung verankerte Gestaltung der vielen Sinne im Konzert.

Obwohl ein Begriff der Multisensorik besonders in diesen Tagen zu einem Unwort verkommen ist, bemerken wir aller Orten – ähnlich wie die geschmäcklerische Prädominanz des Akustischen um die Jahrtausendwende –, wie es an tatsächlicher Gestaltung immer noch mehr als mangelt.

Die konzeptuellen und realisatorischen Grundlagen einer Orchestrierung der vielen Sinne steht also auch heute noch aus. Hier sehen nicht nur wir an den Berliner Sound Studies, sondern auch die Kollegen anderer deutschsprachiger wie auch europäischer Institute einen Bedarf.

Wichtig scheint hierbei eine Auseinandersetzung und Zusammenfügung der bestehenden Teildisziplinen miteinander – ohne den Dogmatismus des eigenen Feldes allzu sehr hochzuhalten. Die Akzeptanz der gegenseitigen

Eigenständigkeit und der intrinsischen Wertewelten trug auch dazu bei, die Akustische Kommunikation als Gesamtheit zu etablieren; und könnte so auch für die Ausbildung in Multisensueller Gestaltung zukunftsweisend sein.

Index

Bücher zu den Themen

MEDIEN und KOMMUNIKATION

www.Verlag-Reinhard-Fischer.de

Die Autoren

Lukas Bernays

Gründer und Geschäftsinhaber von audio relation, Agentur für akustische Kommunikation und Corporate Sound. Ausbildung zum dipl. Kommunikationsfachmann und Kulturmanager in Zürich. Langjährige Berufserfahrung in der integrierten Kommunikation auf Kunden- und Agenturseite. Mit Musik bzw. Audio beschäftigt sich Lukas Bernays haupt- oder nebenberuflich seit über zwanzig Jahren: Als Musiker, Radiomacher und Produzent hat er sich fundiertes Knowhow erworben. In den 90-er Jahren gelang ihm auch der Sprung aufs internationale Parkett: Die mit Dieter Meier (Yello) und Lee Perry in Los Angeles produzierte CD „Technomajikal" wird seither vom New Yorker Label ROIR weltweit vertrieben.

Kai Bronner

Studium der Medienwirtschaft an der Hochschule der Medien Stuttgart. Abschlussarbeit: „Audio-Branding. Akustische Marken-kommunikation als Strategie der Markenführung?". Während des Studiums Praktika in Werbeagentur und Musikproduktion sowie Projekte in der Musikveranstaltungsbranche. Nach dem Studium arbeitete er an verschiedenen Projekten u. a. mit der acg audio consulting group Hamburg und Groves Sound Branding Hamburg. Musik ist Kai Bronners große Leidenschaft, der er als DJ, Plattensammler, Soundtüftler sowie mit dem Studium von unterschiedlichster Literatur zum Thema Musik nachgeht.

Prof. Dr. Herbert Bruhn

Geboren 1948, Professor für Musik an der Universität Flensburg. Erstes Studium Dirigieren und Klavier. Von 1972 bis 1985 in unterschiedlichen Positionen an westdeutschen Musiktheatern tätig. Die Begegnung mit dem rumänischen Dirigenten Sergiu Celibidache (1912-1986) und die Beschäftigung mit dessen Musikphänomenologie führte Herbert Bruhn zum Psychologie-studium mit Promotion (1988). Der weitere berufliche Weg führte u. a. über eine Gastprofessur in Kassel und die Position als Musikdirektor der Universität des Saarlandes zu Professuren in Kiel und Flensburg (seit 2002). Schwerpunkt von Forschung und Lehre sind Wahrnehmungspsychologie und Musikpsychologie. Herbert Bruhn ist Vertrauensdozent der Friedrich-Ebert-Stiftung und Vorsitzender der Deutschen Stiftung Musiktherapie.

Hanna K. Buhl

Studium der Publizistik- und Kommunikationswissenschaften, Politik und Soziologie an der Freien Universität Berlin. Ausbildung zur Verlagskauffrau bei Gruner + Jahr, Hamburg. Seit 2002 Mitarbeiterin des Projekts soundXchange an der Universität der Künste Berlin, aus welchem 2006 der Masterstudiengang Sound Studies – Akustische Kommunikation hervorging. Seit 2006 Geschäftsführerin bei Sound Studies.

Peter K. Burkowitz

V. P. (ret.), PolyGram Record Operations, jetzt Universal-Music; 1946-1967 bei RIAS und Electrola zwei Jahrzehnte Aufnahmepraxis mit namhaften Künstlern aller Stilarten. Mitglied von Normungs- und Verbands-Gremien; Autor der DIN 45544; AES Honorary Member, Mitbegründer der Europe Region, President 1979/80. Autor: "Die Welt des Klangs", Motorpresse/Stereoplay 1995. Zahlreiche weitere Veröffentlichungen und Patente, darunter das Grundlagen-Patent für autoadaptive Kompressoren und ein Reg. Design für erste moderne Röhrenmischpulte in portabler Modul-Flachbauweise (u. a. für EMI Abbey Road).

Prof. Dr. Gregor Daschmann

Studium der Publizistikwissenschaft, Politikwissenschaft und Psychologie. Langjährige journalistische Tätigkeit für Hörfunk und Fernsehen. 1995 bis 2002 Wissenschaftlicher Mitarbeiter und Wissenschaftlicher Assistent am Institut für Publizistik in Mainz. 2002 bis 2006 Professor für Medienwissenschaft am Institut für Journalistik und Kommunikationsforschung an der Hochschule für Musik und Theater Hannover. Seit Oktober 2006 Professor für Publizistik an der Universität Mainz. 2002 bis 2006 erster Sprecher der Fachgruppe Methoden der DGPuK. Veröffentlichungen und Vorträge u. a. in den Bereichen: Medienrezeption, Medienwirkung, empirische Forschungsmethoden.

Aaron Day

Leitete in den letzten 7 Jahren mehrere Sound-Branding-, Sound-Innovation- und Sound-for-Interface-Projekte für deutsche, US-amerikanische und koreanische Unternehmen. Nach dem Studium am Reed College in Portland (Oregon) sammelte er Erfahrungen bei dem US-amerikanischen Design- und Branding-Unternehmen Method Inc. 2001 gründete er zusammen mit dem Australier Robert Connelly *Receive-Transmit*. Aaron Day ist in den USA geboren und aufgewachsen, lebt aber seit mehreren Jahren in Berlin.

John Groves

Er gilt als Vorreiter auf dem Gebiet der akustischen Markenführung und befasst sich bereits seit den frühen 90ern gezielt mit der strategischen Entwicklung akustischer Markenidentitäten. Sein Know-how fußt dabei auch auf seiner langjährigen Tätigkeit als Komponist und Produzent für Musik in der Werbung (Mentos, Bacardi, Gerolsteiner, DEA, Visa, Audi, Wrigley's, ...). Er ist Vorstands-Mitglied im Composers-Club e.V., Vize-Präsident der Federation of Film & Audiovisual Composers of Europe (FFACE) und Mitglied des Art Directors Club. Sein Unternehmen Groves Sound Branding gilt als renommierte Adresse für Konzeption, Produktion und Implementierung jeglichen Markenklangs.

Dr. Michael Haverkamp

Geboren 1958 in Gütersloh, studierte er an der Universität Bochum Elektrotechnik mit den Schwerpunkten Akustik und Nachrichtentechnik. Doktorarbeit zur Wirkung von Fahrzeug-Schwingungen auf den menschlichen Körper und zur Schwingungswahrnehmung. Neben langjährigen Erfahrungen in Akustik und Schwingungstechnik – zur Zeit in der Automobilindustrie im FORD Entwicklungszentrum Köln – sowie in der Lehre, bilden Studien intermodaler Zusammenhänge einen wichtigen Schwerpunkt. Darüber hinaus widmet er sich künstlerischen Projekten und der improvisierten Musik. Zahlreiche Publikationen zu Akustik, Wahrnehmung, Sound-Design und Synästhesie. Lehrveranstaltungen in den Gebieten Grundlagen der Akustik, Raumakustik und multisensuelles Design.

Milo Heller

Gebürtiger Schweizer und seit 1989 bei Hastings Audio Network in Hamburg als Komponist und Sounddesigner tätig. Er hat u. a. für Audi, Aral, Postbank, Fiat und Nissan Audiologos komponiert.

Rainer Hirt

Geboren 1979 in Überlingen, studierte an der HTWG Konstanz Kommunikationsdesign. 2003 gründete er das Markenklang-Informationsportal www.audio-branding.de, eine in Fachkreisen bekannte Webseite zum Thema. Seine Diplomarbeit schrieb er über den Prozess einer Markenklang-Entwicklung. Nach dem Hochschulstudium Mitbegründer von Anemono Kommunikation, einer auf multisensorisches Corporate/Brand-Design spezialisierten Agentur. Schwerpunkte sind Entwicklungen akustischer, visueller sowie vermehrt auch olfaktorischer Kommunikationsstrategien und Gestaltungslemente.

Matthias Hornschuh

Hat Geige studiert (Musikhochschule Detmold) und als professioneller E-Gitarrist Studio- und Live-Erfahrung gesammelt. Langjährige Tätigkeit als Musikjournalist, immer wieder mit Bezug zur Filmmusik. Im Musikwissenschaftsstudium intensive Auseinandersetzung mit Musikpsychologie, speziell mit Wahrnehmung und Wirkung von Musik im filmischen Zusammenhang. Publikationen, Vorträge, Workshops. Gründer von mediamusic:nrw und SoundTrack_Cologne. Seit 2003 professionelle Tätigkeit als Komponist von Medienmusik, gemeinsam mit Bruder Andreas Hornschuh; beide wurden 2002 ausgezeichnet mit dem Europäischen Förderpreis 2002 bei der 4. Int. Filmmusik Biennale 2002, Bonn.

Sonja Kastner

Berät Unternehmen und Institutionen in den Bereichen Text/ Konzeption/Content Development. Tätigkeiten u. a. für Pixelpark Berlin, Filmfestspiele Berlin, Tagesspiegel Berlin, Akademie der Künste Berlin, Senatsverwaltung für Stadtentwicklung Berlin. Leitung von Studien zum Thema multisensuelle Markenführung und Lehrauftrag an der Universität der Künste Berlin. Sonja Kastner studierte Gesellschafts- und Wirtschaftskommunikation (Diplom-Kommunikationswirtin) an der Universität der Künste Berlin. Promotion und Veröffentlichungen zu den Themen Sonic Branding und multisensuelle Markenführung.

Karsten Kilian

Diplom-Kaufmann, Studium der Betriebswirtschaftslehre mit interkultureller Qualifikation an der Universität Mannheim und der University of Florida. Mehrjährige Berufserfahrung als Consultant bei Simon-Kucher & Partners und als Marketingleiter bei einem CRM- und Wissensmanagementanbieter. Seit 2003 Hochschuldozent und externer Doktorand an der Universität St. Gallen. Initiator von Markenlexikon.com, dem größten Markenportal im deutschsprachigen Raum.

Dennis Krugmann

Studium der Betriebswirtschaftslehre an der Universität Bremen mit den Schwerpunkten Marken- und Projektmanagement. Langjährige Erfahrungen im Bereich der Musikproduktion als begeisterter Musikproduzent und seit 2004 geschäftsführender Gesellschafter eines unabhängigen Musiklabels. Seit 2006 geschäftsführender Gesellschafter der identitätsbasierten Markenberatung MarkenRegie für innovative Medien und multisensuale Markenführung in Bremen.

Patrick Langeslag

Studium der internationalen Volks- und Betriebswirtschaft in Antwerpen (Master Degree). Gründer und Managing Partner der acg audio consulting group in Hamburg und London. Gemeinsam mit seinem Senior Partner Wilbert Hirsch berät er seit 2001 führende internationale Unternehmen in akustischer Markenführung und akustischer Corporate Identity. Aufsichtsratmitglied und -vorsitzender der Hifind Systems AG (Musikempfehlungssysteme) von 2003 bis zur Übernahme durch den SONY Konzern in 2005. Veröffentlichungen und Vorträge im Bereich akustische Markenführung. Seit 2003 Mitglied der New York Academy of Science.

Mark Lehmann

Wurde 1973 in Lübben/Spreewald geboren. Sein starkes Interesse für Musik und Klang führte den gelernten Koch Mitte der 90er Jahre in die Musikindustrie. Die Arbeit als Produktmanager gab er 1999 auf, um sich dem Studium der Wirtschaftskommunikation zu widmen. In der Auseinandersetzung mit der multisensorischen Kommunikation begeisterte er sich besonders für den Klang der Marken. In seiner Veröffentlichung „Voice Branding" setzt er sich als erster deutschsprachiger Autor ausführlich mit der Stimme im Kontext der Markenkommunikation auseinander. Mark Lehmann lebt in Berlin und berät Agenturen und Unternehmen zur akustischen Markenführung.

Steffen Lepa

Studium der Medienwissenschaften, Medientechnik und Psychologie (Magister Artium) sowie Medienmanagement (Master of Arts). Lehrbeauftragter für Informationspsychologie, FH Braunschweig-Wolfenbüttel. Lehrbeauftragter für Digitale Audiobearbeitung, HBK Braunschweig. Seit 2005 Wissenschaftlicher Mitarbeiter im DFG-Projekt „Kommunikatbildungsprozesse Jugendlicher und filmische Instruktionsmuster", Freie Universität Berlin. Freier Mitarbeiter & psychologisch-technischer Berater in diversen Multimediaproduktionen. Veröffentlichungen und Vorträge zu Jugend- und Populärkultur, Medienpsychologie, auditiven Medienwirkungen, Entwicklung empirischer Messinstrumente, Medienpädagogik.

Marcus Loeber

Hat sich nach Lehre und Studium als Musikproduzent und Komponist im Süden Hamburgs 1993 selbstständig gemacht. Sein musikalischer Schwerpunkt liegt im Bereich Produktwerbung und akustischer Markenführung. Er hat inzwischen für über 800 Werbefilme im In- und Ausland die Musiken geliefert. Als Mitglied im Composers-Club Deutschland und im Art Directors Club beschäftigt er sich viel mit Vergütungsmodellen, GEMA-Fragen und urheberrechtlichen Belangen. Er hält Vorträge zum Thema Einsatz und Wirkung von Musik im Film und Sounddesign. Parallel veröffentlicht er Tonträger mit eigener Klaviermusik, schreibt Kindergeschichten und ein Buch über akustische Markenführung.

Stefan Nerpin

Leiter Marketing und Kommunikation, ist verantwortlich für die gruppenweite Markenstrategie, Planung sowie Marketing und Kommunikation für die Marke Vattenfall. Vor seiner Tätigkeit bei Vattenfall arbeitete er u. a. für die weltweit tätige Post- und Expressversand Gruppe TNT als Corporate Identity Design und Kommunikationsmanager im Hauptsitz Amsterdam. Dort leitete er eines der weltweit größten Rebranding-Projekte der 90er Jahre. Zuvor war er bei TNT als Leiter Kommunikation und Marketing für die Märkte Russland, Baltische und Nordische Staaten verantwortlich.

Hannes Raffaseder

Studierte Nachrichtentechnik an der TU Wien. An der Fachhochschule St. Pölten leitet er den Bereich Audio. Er ist Kurator des Klangturms St. Pölten und Leiter des Komponistenforums Mittersill. Sein Fachbuch Audiodesign ist 2002 erschienen. In mehreren Publikationen beschäftigt er sich mit der Tonspur in den Medien. Auch als Komponist und Medienkünstler ist er erfolgreich tätig. Neben zahlreichen Kompositionen (u. a. Orchester-, Kammer- und Vokalmusik, Live Elektronik) realisiert er Klanginstallationen und multimediale Projekte. Er wurde mehrfach mit Preisen ausgezeichnet und für Vorträge und Performances zu internationalen Medienfestivals eingeladen.

Cornelius Ringe

Seit frühester Kindheit gilt Cornelius Ringes Leidenschaft der Musik. Neben der Musik interessiert er sich vor allem für Markenkommunikation. Er studierte Betriebswirtschaft an der Universität Augsburg mit dem Studien-Schwerpunkt Werbepsychologie. Im Rahmen seiner Diplomarbeit beschäftigte er sich mit dem Einsatz von Musik in der Werbung und Markenkommunikation. Zu diesem Thema veröffentlichte er auch 2005 das Buch „Audio Branding: Musik als Markenzeichen von Unternehmen". Nach Erfahrungen im Marketing bei Universal Music arbeitet Cornelius Ringe seit 2005 als Berater bei der acg audio consulting group in Hamburg. Gleichzeitig promoviert er über das Thema „Glaubwürdigkeit im Popsponsoring".

Prof. Dr. Holger Schulze

Studium der Vergleichenden Literaturwissenschaft, Theater- und Medienwissenschaft und Philosophie. 1998 Promotion an der Friedrich-Alexander-Universität Erlangen-Nürnberg mit der Arbeit „Das aleatorische Spiel". Seit 2006 Gastprofessor für Klanganthropologie und Klangökologie sowie Leiter des Masterstudiengangs Sound Studies - Akustische Kommunikation an der Universität der Künste Berlin. Habilitationsprojekt: „Intimität und Medialität – Theorie der Werkgenese, Bd.3". Veröffentlichungen und Vorträge in den Bereichen Klanganthropologie und Mediologie; radiophone Stücke, Erzählungen und Lesungen sowie Autor des Weblogs mediumflow ~ published presence and compassion.

Georg Spehr

Gelernter Kommunikationstechniker und Multimedia-Designer. Bis 1998 bei Studer Deutschland als Studiotechniker für professionelle Audiotechnik tätig. 1999 bis 2002 als Multimedia-Designer angestellt bei der Crossmedia- und Internetagentur raumstation gmbh. Seit 2002 Freiberufler für akustische Gestaltung und Multimedia Design u. a. tätig für MetaDesign Berlin. 2003 bis 2005 Lehrauftrag an der FH-Potsdam im Lehrgebiet Interfacedesign. Seit 2006 Dozent für den Masterstudiengang "Sound Studies" an der UdK Berlin im Fachbereich "Akustische Konzeption". Vorträge in den Bereichen: Audio-Branding, Sound & Internet, akustische Gestaltung, funktionale Klänge.

Christian Ulrich

Studium der Angewandten Medienwissenschaften an der TU Ilmenau. Vertiefung im Bereich Medienmanagement. Mehrjährige Berufserfahrung in den Bereichen Markenführung, -inszenierung und -konzeption, Marktforschung und Planning. Seit Anfang 2006 Strategischer Planer bei der NEW IMAGE creative web solutions GmbH.

Richard Veit

Geschäftsführer Interbrand Zintzmeyer & Lux GmbH und Managing Direktor des Hamburger Büros. Interbrand Zintzmeyer & Lux entwickelt und begleitet Corporate- und Brand-Identity-Prozesse von der Evaluation über die Kreation bis zum wertegesteuerten Markenmanagement. Die Markenspezialisten sind vertreten in Hamburg, Köln, Moskau, München und Zürich und ins weltweite Netz der Interbrand Group eingebunden. Interbrand Zintzmeyer & Lux betreut namhafte Kunden wie BMW, Deutsche Telekom, TUI und die Schweizerische Post. Im Bereich Corporate Sound hat Interbrand Zintzmeyer & Lux bereits erfolgreich für die Deutsche Telekom, TUI oder Koelnmesse gearbeitet.

Praxisforum
Medienmanagement

Band 7:
Beate Schneider und Stefan Weinacht (Hrsg.)

Die Musikwirtschaft
Aus der Perspektive der Medien

Jeder der 24 Beiträge blickt aus einer anderen Perspektive auf die Musikwirtschaft, ihre Entwicklungen und die Rolle der Medien in diesem Veränderungsprozess. Einblicke in die Produktion geben Künstler, Produzenten, Labelmanager der verschiedensten operativen Bereiche und Unternehmenstypen sowie Konzertmanager auf der Grundlage ihrer langjährigen Berufserfahrung.
290 Seiten, € 25.-, ISBN 978-3-88927-421-2, 2007

Band 6: Ralf Kaumanns / Veit Siegenheim
Eva Marie Knoll

BBC - Value for Money & Creative Future
Strategische Neuausrichtung der British Broadcasting Corporation

Die BBC soll innerhalb eines Zeithorizonts von drei bis fünf Jahren rapider und radikaler verändert werden, als jemals zuvor. Dargestellt werden die wesentlichen Aspekte der strategischen Neuausrichtung.
171 Seiten, € 25.-, ISBN 978-3-88927-419-9, 2007

Band 4:
Wiebke Möhring und Beate Schneider

Praxis des Zeitungsmanagements
Ein Kompendium

Die Tageszeitung ist in der Krise. Innovative Ideen und kreative Manager sind deswegen besonders gefragt. In diesem Band geben Praktiker Antworten zu den Herausforderungen in der Geschäftsführung, dem Vertrieb, der Redaktion, im Marketing- und Anzeigenbereich sowie zur Gewinnung neuer Leser.
273 Seiten, € 22.-, ISBN 978-3-88927-412-0, 2006

Band 3:
Klaus Goldhammer, André Wiegand, Ellen Krüger, Jonas Hartle

Musikquoten im europäischen Radiomarkt
Quotenregelungen und ihre kommerziellen Effekte

Die Studie untersucht die bereits bestehenden Quotenregelungen für einheimische Musik und neue einheimische Künstler auf nationalen Radioprogrammen in verschiedenen europäischen Ländern.
200 Seiten, € 22.-, ISBN 978-3-88927-387-1, 2005

Band 2:
M. Friedrichsen, S. Jenzowsky, A. Dietl, J. Ratzer

Die Zukunft des Fernsehens: Telekommunikation als Massenmedium
Die Verschmelzung der TIME-Industrie auf einer Home Entertainment Plattform: Geschäftsmodelle und Schutzmechanismen für neue Fernseh-Dienste
204 Seiten, € 22.-, ISBN 978-3-88927-384-0, 2006

Band 1:
Mike Friedrichsen

Deutschquote im Radio
Analysen und Positionen in einem klassischen Diskurs der Musikwirtschaft

Seit Jahren wird in der deutschen Musikbranche und in der Kulturpolitik über eine Quotierung deutscher Musikproduktionen im Radio diskutiert. Das Für und Wider werden diskutiert und aus ökonomischer, kultureller und politischer Perspektive analysiert.
230 Seiten, € 22.-, ISBN 978-3-88927-378-9, 2005

Verlag Reinhard Fischer

Weltistr. 34, 81477 München
Tel: 089 / 791 88 92, Fax: 089 / 791 83 10
www.Verlag-Reinhard-Fischer.de

Band 5: Hans Paukens,
Uschi Wienken (Hrsg.)

Handbuch Lokalradio

Auf Augenhöhe mit dem Hörer

Radio ist mehr als die Summe
von Musik, Nachrichten und
Moderation...

203 Seiten, € 15.-,
ISBN 3-88927-357-2, 2005

Band 6: Hans Paukens,
Sandra Uebbing (Hrsg.)

Tri-Medial Working in European Local Journalism

Content is produced only once
and then exploited on distinct
medial publishing platforms via
digital technologies...

163 Seiten, € 15.-,
ISBN 3-88927-399-8, 2006

Band 3: Uschi Wienken (Hrsg.)

Radiomoderatoren und ihre Erfolgskonzepte

Von den besten Lernen

Einblicke in den Arbeits-
alltag von Moderatoren mit
Tipps und Hinweisen zu den
Schlüsselthemen: Karriere,
Formate und Personality.

156 Seiten, € 15.-,
ISBN 3-88927-338-6, 2004

Band 4: Patrick Lynen

Das wundervolle Radiobuch – Personality, Moderation und Motivation

Der Band ist das Ergebnis der
langjährigen Erfahrung des
Autors als Moderator und
Coach.

178 Seiten, € 15.-,
ISBN 3-88927-339-4, 2004

Band 8: Hans Paukens,
Sandra Uebbing (Hrsg.)

Journalistische Weiter- bildung im Zeitalter der Konvergenz

Der Journalist von heute muss
nicht nur Kenntnisse über sein
Kernmedium besitzen, sondern
muss kontinuierlich Know-how
in angrenzenden Medienbe-
reichen aufbauen.

180 Seiten, € 18.-,
ISBN 3-88927-413-7, 2006

Verlag Reinhard Fischer

Weltistr. 34, 81477 München
Tel: 089 / 791 88 92
Fax: 089 / 791 83 10

www.verlag-reinhard.fischer.de